바다의 미래, 어떠한 위험에 처해 있는가

지속가능성 시리즈 7

바다의 미래, 어떠한 위험에 처해 있는가

슈테판 람슈토르프 · 캐서린 리처드슨 지음 | 오철우 옮김
유네스코한국위원회 · 한국지질자원연구원 공동 기획

도서출판 길

지속가능성 시리즈 ❼

바다의 미래, 어떠한 위험에 처해 있는가

2012년 3월 25일 제1판 제1쇄 찍음
2012년 3월 30일 제1판 제1쇄 펴냄

지은이 | 슈테판 람슈토르프 · 캐서린 리처드슨
옮긴이 | 오철우
펴낸이 | 박우정

기획 | 유네스코한국위원회 · 한국지질자원연구원
편집 | 조성진

펴낸곳 | 도서출판 길
주소 | 135-891 서울 강남구 신사동 564-12 우리빌딩 201호
전화 | 02)595-3153 팩스 | 02)595-3165
등록 | 1997년 6월 17일 제113호

Printed in Seoul, Korea
ISBN 978-89-6445-047-5 04500

* 이 책은 유네스코한국위원회와 한국지질자원연구원의 지원을 받아 출판되었습니다.

지속가능성 시리즈 한국어 판 발간에 부쳐

온실가스의 급증으로 야기된 전 지구적 기후 변화
점차 고갈되어 가는 천연자원을 둘러싼 국제 분쟁
급증하는 세계 인구와 하루 소득 1.25달러 미만의 절대빈곤 인구
멸종 위험에 처한 전 세계 동식물종
세계경제를 위협하는 국제 유가의 급등락
……

21세기 들어 인류는 더욱더 빈번하게 기후 변화, 에너지 고갈과 경쟁, 빈곤, 인구 문제와 식량 부족, 물 부족과 오염, 생물 다양성 위기, 선진국과 저발전국의 격차 확대, 세계 금융 위기 등과 같은 전 지구적 도전과 위협에 직면하고 있습니다. 이들은 직접적으로는 인류의 지속가능성에 대한 도전이면서 더 근본적으로는 인류가 한 부

분을 차지하고 있는 우리의 행성 지구와 거기에서 사는 모든 존재들의 현재와 미래에 대한 위협이라 할 수 있을 것입니다.

현재 우리가 부닥치고 있는 전 지구적 도전은 과거 우리가 대비하도록 교육받았던 문제들과는 질적으로 다른 차원에 위치해 있습니다. 한 지역 또는 한 국가 차원에서는 넘어설 수 없는, 기존의 분과 학문의 벽을 허물지 않고서는 해결하기 어려운 과제들입니다. 그 해결의 열쇠는 우리 모두가 그동안 유지해 온 기존의 삶의 방식에 대한 근본적인 성찰을 바탕으로 인종과 문화, 종교와 국적의 차이를 뛰어넘어 힘과 지혜를 모으는 데 있습니다.

이러한 문제의식 속에서 국제 사회는 1992년 리우 선언과 2000년 새천년발전목표MDGs, 2002년 지속가능발전교육 10년(2005~2014) 등을 선포함으로써 지속가능한 세계를 만들기 위한 인류 공동의 노력을 기울여왔으며, 특히 유엔의 교육과학문화 전문 기구인 유네스코는 지속가능발전교육 10년 사업의 선도 기구로서 지속가능성에 대한 인류의 이해와 인식을 높이고 실천 방안들을 제시하는 다양한 교육 프로그램들을 개발해 왔습니다. 우리 한국도 그동안 국내에서 수행해 온 정부와 민간 차원의 다양한 지속가능발전 노력과 그 성과들을 기반으로 2009년 유네스코지속가능발전교육한국위원회를 설치, 더욱 체계적이고 파급력 있는 활동을 펼치고 있습니다.

이러한 노력의 일환인 '지속가능성 시리즈'는 2007년 독일에서 처음 발간되어 지속가능성에 대해 기대 이상의 대중적 관심과 반향을 불러일으켰습니다. 이 시리즈는 에너지, 기후 변화, 식량, 물, 질병, 생물 다양성, 바다, 인구, 국제 정치 등 인류가 당면한 과제를 주제별로 조명하면서도 동시에 그들 사이의 상호연관성을 유기적 체계로서의 지구라는 전체적인 관점에서 천착하고 있다는 점에서 지속가능성 분야의 가장 체계적이면서 독보적인 저작의 하나로 꼽을 수 있을 것입니다. 특히 관련 분야 전문가는 물론 일반 독자들도 쉽게 읽고 이해할 수 있도록 서술되었을 뿐만 아니라 각 권마다 주제와 관련된 흥미롭지만 결코 간과해서는 안 될 다양한 사례들을 제시하고 있다는 점에서 국내에서는 보기 드문 지속가능성 종합 교재라 할 수 있을 것입니다.

지난 2010년에 우선 번역 발간된 『우리의 지구, 얼마나 더 버틸 수 있는가』, 『에너지 위기, 어떻게 해결할 것인가』, 『기후 변화, 돌이킬 수 없는가』 등 세 권에 이어, 유네스코한국위원회는 한국지질자원연구원과 더불어 올해에도 네 권을 연이어 발간합니다. 『경제성장과 환경 보존, 둘 다 가능할 수는 없는가』, 『전염병의 위협, 두려워만 할 일인가』, 『생물 다양성, 얼마나 더 희생해야 하는가』, 『바다의 미래, 어떠한 위험에 처해 있는가』를 통해 지난해와 마찬가지로 국내 지속가능성 이해와 논의가 활성화되고 대중의 참여와 실천이 확대되기를 희망합니다. 특히 일반 독자는 물론 에너지 · 기후 변화 이슈의 전문가를 양성하고 미래 세대의 교육 활동에 종사하는 기관 · 단체에서도 널리 활용될 수 있기를 기대합니다. 이 책들이 한국 독자들의 지속가능성 의식을 깨우는 '탄광 속의 카나리아'가 되기를 바라며 관심 있는 여러분들의 일독을 권합니다.

끝으로, 어려운 출판 환경 속에서도 흔쾌히 출판을 맡아주신 도서출판 길 박우정 사장님과, 텍스트를 정확하고 매끄러운 우리말로 담아주신 옮긴이 여러분들께 깊은 감사를 드립니다.

2011년 12월

유네스코한국위원회 사무총장 전택수

한국지질자원연구원 원장 이효숙

엮은이 서문

지속가능성 프로젝트

이 시리즈의 독일어 판은 예상을 훌쩍 뛰어넘는 판매고를 기록했다. 언론의 반응도 호의적이었다. 이 두 가지 긍정적 지표로 보건대 이 시리즈가 일반 독자들도 쉽게 이해할 수 있는 언어로 적절한 주제를 다루고 있음을 알 수 있다. 이 책이 광범위한 주제를 포괄하면서도 과학적으로 엄밀할뿐더러 일반인도 쉽게 접근할 수 있는 언어로 씌었다는 점은 특히 주목할 만하다. 이것은 사람들이 아는 것을 실천함으로써 지속가능한 사회로 나아가는 데 정말이지 중요한 선결 요건이기 때문이다.

이 책의 일차분이 출간된 직후인 몇 달 전, 나는 유럽의 주변 국가들로부터 영어 판을 출간해 더 많은 독자가 이 책을 접할 수 있게 했으면 좋겠다는 이야기를 들었다. 그들은 이 시리즈가 국제적인 문제를 다루고 있느니만큼 될수록 많은 이들이 이 책을 읽고 지식을 바탕으로 토론하고 국제 차원에서 실천할 수 있도록 해야 한다고 역설했다. 한 국제회의에 파견된 인도 · 중국 · 파키스탄의 대표들이 비슷한 관심을 표명했을 때 나는 마음을 굳혔다. 레스터 R. 브라운 Lester R. Brown이나 조너선 포리트 Jonathan Porritt 같은 열정적인 이들은 일반 대중이 지속가능성 개념에 유의하도록 이끌어준 인물이다. 나는 이 시리즈가 새로운 개념의 지속가능성 담론을 불러일으킬 수 있으리라 확신한다.

내가 독일어 판 1쇄에 서문을 쓴 지도 어언 2년이 지났다. 그 사이 우리 지구에서는 지속불가능한 발전이 유례 없이 난무했다. 유가는 거의 세 배까지 올랐고, 산업용 금속의 가격도 걷잡을 수 없이 치솟았다. 옥수수 · 쌀 · 밀 같은 식량 가격이 연일 최고치를 경신한 것도 뜻밖이었다. 이 같은 가격 급등 탓에 중국 · 인도 · 인도네시아 · 베트남 · 말레이시아 같은 주요 발전도상국의 안정성이 크게 흔들리리라는 우려가 전 지구적 차원에서 짙어지고 있다.

지구 온난화에 따른 자연재해도 잦아지고 심각해졌다. 지구의 여러 지역이 긴 가뭄을 겪고 있으며, 그로 인한 식수 부족과 흉작에 시달리고 있다. 그런가 하면 세계의 또 다른 지역에서는 태풍과 허리케인으로 대규모 홍수가 나 지역민들이 커다란 고통에 빠져 있다.

거기에다 미국 서브프라임 모기지 위기로 촉발된 세계 금융 시장의 혼란까지 가세했다. 금융 시장 혼란은 세계 모든 나라들에 영향을 끼쳤으며, 불건전하고 더러 무책임하기까지 한 투기가 오늘의 금융 시장을 어떻게 망쳐놓았는지 생생하게 보여주었다. 투자자들이 자본 투자에 따른 단기수익성을 과도하게 노린 바람에 복잡하고 음습한 금융 조작이 시작되었다. 기꺼이 위험을 감수하려는 무모함 탓에 거기 연루된 이들이 모두 궤도를 이탈한 듯 보인다. 그렇지 않고서야 어떻게 우량 기업이 수십 억 달러의 손실을 입을 수 있었겠는가? 만약 각국의 중앙은행들이 과감하게 구제에 나서 통화를 뒷받침하지 않았더라면 세계경제는 붕괴하고 말았을 것이다. 공적 자금 사용이 정당화될 수 있는 것은 오로지 이러한 환경에서뿐이다. 따라서 대규모로 단기 자본 투기가 되풀이되는 사태를 서둘러 막아야 한다.

이 같은 발전의 난맥상으로 미루어볼 때 지속가능성에 관해 논의해야 할 상황은 충분히 무르익은 것 같다. 천연자원이나 에너지의 무분별한 사용이 심각한 결과를 초래하며, 이는 미래 세대에만 해당하는 일이 아니라는 사실을 점점 더 많은 이들이 자각하고 있다.

2년 전이라면 세계 최대의 소매점 월마트가 고객과 지속가능성에 관해 대화하고 그 결과를 실행에 옮기겠다고 약속할 수 있었겠는가? 누가 CNN이 「고잉 그린」Going Green 같은 프로그램을 방영할 수 있으리라고 생각이나 했겠는가? 세계적으로 더 많은 기업들이 속속 지속가능성이라는 주제를 주요 전략적 고려 사항으로 꼽고 있다. 우리는 이 여세를 몰아 지금 같은 바람직한 발전이 용두사미에 그치지 않고 시민 사회의 주요 담론으로 확고히 자리 잡을 수 있도록 해야 한다.

하지만 개별적인 다수의 노력만으로는 지속가능한 발전을 이룰 수 없다. 우리는 우리 자신의 생활양식과 소비 및 생산 방식에 근본적이고 중대한 질문을 던져야 하는 상황에 놓여 있다. 에너지나 기후 변화 같은 주제에만 그치지 않고, 미래 지향적이고 예방적으로 지구 전체 시스템의 복잡성을 다루어야 하는 것이다.

모두 열두 권에 달하는 이 시리즈의 저자들은 우리가 지구 생태계를 파괴함으로써 어떤 결과에 이르렀는지를 종전과는 다른 각도에서 조망하고 있다. 그러면서도 지속가능한 미래를 일굴 수 있는 기회는 아직 많이 남아 있다고 덧붙인다. 하지만 그러려면 지속가능한 발전이라는 원칙에 입각해 올바로 실천할 수 있도록 우리의 지식을 총동원해야 한다. 지식을 행동으로 연결시키는 조치가 성과를 거두려면 모든 이들을 대상으로 어렸을 적부터 광범위한 교육을 실시해야 한다. 미래에 관한 주요 주제를 학교 교육 과정에서 다뤄야 하고, 대학생은 지속가능한 발전에 관한 교양 과정을 필수적으로 이수하게 해야 한다. 남녀노소를 불문하고 모든 이들에게 일상적으로 실천할 기회를 마련해 주어야 한다. 그래야 스스로의 생활양식에 대해 비판적으로 사고하고 지속가능성 개념에 기반해 바람직한 변화를 도모할 수 있다. 우리는 책임 있는 소비자행동을 통해 지속가능한 발전으로 나아가는 길을 기업들에게 보여주어야 하며, 여론 주도층으로서 영향력을 행사하면서 적극 나서야 한다.

바로 그러한 이유에서 내가 몸담고 있는 책임성포럼Forum für Verantwortung과 ASKO유럽재단ASKO Europa Foundation, 유럽아카데미 오첸하우젠European Academy Otzenhausen이 협력해, 저명한 '부퍼탈기후환경에너지연구소' Wuppertal Institute for Climate, Environment and Energy가 개발한 열두 권의 책과 함께 볼 만한 교육용자료를 제작했다. 우리는 프로그램을 확대해 세미나를 진행하고 있는데, 초창기의 성과는 매우 고무적이다. 일례로 유엔은 '지속가능발전교육' Educaton for Sustainable Developement; ESD이라는 10개년 프로젝트를 진행하기로 했다. 이 같은 '지속가능성 확산' 운동이 순조롭게 진행됨에 따라 객관적인 정보나 지식에 대한 대중의 관심과 수요는 날로 늘 것으로 보인다.

기존 내용을 보완하느라 심혈을 기울이고 애초의 독일어 판을 좀 더 세계적인 맥락에 맞도록 손봐 준 지은이들의 노고에 감사드린다.

통찰력 있고 책임감 있는 실천

"우리 인간은 제2의 세계를 창조할 수 있는 신, 즉 초월적 존재가 되어가는 중이다. 자연계를 그저 새로운 창조를 위한 재료쯤으로 써먹으면서 말이다."

이것은 정신분석학자이자 사회철학자 에리히 프롬Erich Fromm이 쓴 『소유냐 존재냐』(1976)에 나오는 경고문으로, 우리 인간이 과학 기술에 지나치게 경도된 나머지 빠지게 된 딜레마를 잘 표현하고 있다.

자연을 이용하기 위해 자연에 복종한다는 우리의 애초 태도("아는 것이 힘이다.")는 자연을 이용하기 위해 자연을 정복한다는 쪽으로 변질되었다. 수많은 진보를 이룩한 인류는 초기의 성공적 경로에서 벗어나 그릇된 길로 접어들었다. 셀 수도 없는 위험이 도사리고 있는 길로 말이다. 그 가운데 가장 심각한 위험은 정치인이나 기업인 절대다수가 경제 성장을 늦추지 말아야 한다고 철석같이 믿고 있다는 데에서 비롯된다. 그들은 끝없는 경제 성장이야말로 지속적인 기술 혁신과 더불어 인류의 현재와 미래의 문제를 모조리 해결해 줄 수 있으리라 믿고 있다.

지난 수십 년 동안 과학자들은 자연과 필연적으로 충돌할 수밖에 없는 이러한 믿음에 대해 줄곧 경고를 해왔다. 유엔은 1983년에 일찌감치 세계환경발전위원회 World Commission on Environment and Development; WCED를 창립했고, 이 위원회는 1987년에 '브룬틀란 보고서' Brundtland Report를 발간했다. '우리 공동의 미래' *Our Common Future*라는 제목의 그 보고서는 인류가 재앙을 피하고 책임 있는 생활양식으로 돌아갈 수 있는 길을 모색하는 데 유용한 개념을 제시했다. 장기적이고 환경적으로 지속가능한 자원 사용이 그것이다. 브룬틀란 보고서에 쓰인 '지속가능성'은 "미래 세대가 그들의 욕구를 충족시킬 수 있는 능력에 위협을 주지 않으면서 현 세대의 욕구를 충족시키는 발전"을 의미하는 개념이다.

숱한 노력이 있었지만 안타깝게도 생태적으로 · 경제적으로 · 사회적으로 지속가능한 실천을 위한 이 기본 원칙은 제대로 구현되지 않고 있다. 시민 사회가 아직 충분한 지식을 갖추고 있지도 조직화되어 있지도 않은 탓이다.

이러한 상황을 배경으로, 그리고 쏟아지는 과학적 연구 결과들과 경고를 바탕으로, 나는 내가 몸담은 조직과 함께 사회적 책임을 맡기로 했다. 지속가능한 발전에 관한 논의가 활성화되는 데 힘을 보태고자 한 것이다. 나는 지속가능성이라는 주제에 관한 지식과 사실을 제공하고, 앞으로 실천하면서 선택할 수 있는 대안을 보여주고자 한다.

하지만 '지속가능한 발전'이라는 원칙만으로는 현재의 생활양식이나 경제 활동을 변화시키기에 충분치 않다. 그 원칙이 일정한 방향성을 제시해 주는 것이야 틀림없지만, 그것은 사회의 구체적 조건에 맞게 조율되어야 하고 행동 양식에 따라 활용되어야 한다. 미래에도 살아남기 위해 스스로를 재편하고자 고심하는 민주주의 사회는 토론하고 실천할 줄 아는 비판적이고 창의적인 개인들에게 의존해야 한다. 따라서 지속가능한 발전을 실현하려면 무엇보다 남녀노소를 가리지 않고 그들에게 평생교육을 실시해야 한다. 지속가능성 전략에 따른 생태적 · 경제적 · 사회적 목표를 이루려면 구조적 변화를 이끌어내는 잠재력이 어디에 있는지 알아보고 그 잠재력을 사회에 가장 이롭게 사용할 줄 아는 성찰적이고 혁신적인 일꾼들이 필요하다.

그런데 사람들이 단지 '관심을 기울이는 것'만으로는 여전히 부족하다. 우선 과학적인 배경 지식이나 상호 관계를 이해하고 나서 토론을 통해 그것을 확인하고 발전시켜야 한다. 오직 그렇게 해야만 올바로 판단할 수 있는 능력이 길러진다. 이것이 바로 책임 있는 행동에 나서기 위해 미리 갖춰야 할 조건이다.

그러려면 사실이나 이론을 제기하되, 반드시 그 안에 주제에 적합하면서도 광범위한 행동 지침을 담아내야 한다. 그래야 사람들이 그 지침에 따라 나름대로 행동에 나설 수 있다.

이 같은 목적을 실현하기 위해 나는 저명한 과학자들에게 일반인도 이해할 수 있는 방식으로 '지속가능한 발전'에 따른 주요 주제의 연구 상황과 가능한 대안을 들려달라고 요청했다. 그렇게 해서 결실을 맺은 것이 바로 이 지속가능성 시리즈 열두 권이다. (아래의 각 권 소개 참조.) 이 작업에 참여한 이들은 다들 지속가능성을 향해 사회가 단일대오를 형성하는 것 말고는 달리 뾰족한 대안이 없다는 데 뜻을 같이했다.

- 우리의 지구, 얼마나 더 버틸 수 있는가(일 예거 Jill Jäger)
- 에너지 위기, 어떻게 해결할 것인가(헤르만-요제프 바그너 Hermann-Josef Wagner)
- 기후 변화, 돌이킬 수 없는가(모집 라티프 Mojib Latif)
- 경제성장과 환경 보존, 둘 다 가능할 수는 없는가(베른트 마이어 Bernd Meyer)
- 전염병의 위협, 두려워만 할 일인가(슈테판 카우프만 Stefan Kaufmann)

– 생물 다양성, 얼마나 더 희생해야 하는가(요제프 H. 라이히홀프 Josef H. Reichholf)
– 바다의 미래, 어떠한 위험에 처해 있는가(슈테판 람슈토르프 · 캐서린 리처드슨Stefan Rahmstorf & Katherine Richardson)
– 수자원: 효율적이고 지속가능하며 공정한 사용(볼프람 마우저 Wolfram Mauser)
– 천연자원과 인간의 개입(프리드리히 슈미트-블레크Friedrich Schmidt-Bleek)
– 과밀한 세계? 세계 인구와 국제 이주(라이너 뮌츠 · 알베르트 F. 라이터러Rainer Münz & Albert F. Reiterer)
– 식량 생산: 지속가능한 농업을 통한 환경 보호(클라우스 할브로크 Klaus Hahlbrock)
– 새로운 세계질서 구축: 미래를 위한 지속가능한 정책(하랄트 뮐러 Harald Müller)

공적 토론

내가 이 프로젝트를 추진할 용기를 얻고, 또 시민 사회와 연대하고, 그들에게 변화를 위한 동력을 제공해 줄 수 있으리라 낙관하게 된 것은 무엇 때문이었을까?

첫째, 나는 최근 빈발하는 심각한 자연재해 탓에 누구나 인간이 이 지구를 얼마나 크게 위협하고 있는지 민감하게 깨달아가고 있음을 알게 되었다. 둘째, 지속가능한 발전이라는 개념을 시민들이 이해하기 쉬운 언어로 포괄적이면서도 집중적으로 다룬 책이 시중에 거의 나와 있지 않았다.

이 시리즈 일차분이 출간될 즈음 대중은 기후 변화나 에너지 같은 주제에는 큰 관심을 기울이고 있었다. 이는 2004년 지속가능성에 관한 공적 담론에 필요한 아이디어와 선결 조건을 정리할 무렵에는 기대하기 힘들었던 것이다. 특히 다음과 같은 사건들이 계기가 되어 이러한 변화가 가능했다.

첫째, 미국은 2005년 8월 허리케인 카트리나로 뉴올리언스가 폐허로 변하고 무정부 상태가 이어지는 모습을 속절없이 지켜보아야 했다.

둘째, 2006년 앨 고어Al Gore가 기후 변화와 에너지 낭비에 관해 알리는 운동을 시작했다. 그 운동은 결국 다큐멘터리 「불편한 진실」An Inconvenient Truth로 결실을 맺었는데, 이 다큐멘터리는 전 세계 모든 연령층에 강렬한 인상을 남겼다.

셋째, 700쪽에 달하는 방대한 스턴 보고서Stern Report가 발표되면서 정치인이나 기업인들의 경각심을 이끌어냈다. 영국 정부가 의뢰한 이 보고서는 2007년 전직 세계은행 수석 경제학자인 니컬러스 스턴Nicholas Stern이 작성하고 발표했다. 스턴 보고서는 우리가 "과거의 기업 행태를 답습하고" 기후 변화를 막을 수 있는 그 어떤 적극적 조치도 취하지 않는다면 세계경제가 얼마나 큰 피해를 입을지 분명하게 보여주었다. 더불어 스턴 보고서는 우리가 실천에 나서기만

한다면, 그 피해에 치를 비용의 10분의 1만 가지고도 얼마든지 대책을 세울 수 있으며, 지구 온난화에 따른 평균기온 상승을 2°C 이내로 억제할 수 있다고 주장했다.

넷째, 2007년 초에 발표된 기후 변화 정부간 위원회Intergovernmental Panel for Climate Change; IPCC 보고서가 언론의 열렬한 지지를 얻고 상당한 대중적 관심을 모았다. 그 보고서는 상황이 얼마나 심각한지를 이례적으로 적나라하게 폭로하며 기후 변화를 막을 과감한 조치를 촉구했다.

마지막으로, '지구를 살리자'Save the world라는 빌 클린턴의 호소와 빌 게이츠, 워런 버핏, 조지 소로스, 리처드 브랜슨 같은 억만장자들의 이례적 관심과 열정을 꼽을 수 있다. 전 세계 사람들에게 각별한 인상을 남긴 그들의 노력을 빼놓을 수는 없다.

이 시리즈 열두 권의 지은이들은 각자 맡은 분야에서 지속가능한 발전을 지향하는 적절한 조치를 제시해 주었다. 우리 행성이 경제 · 생태 · 사회 분야에서 지속가능한 발전으로 성공리에 이행하려면 하루아침이 아니라 수십 년이 걸리리라는 사실을 우리는 늘 유념해야 한다. 지금도 여전히 장기적으로 볼 때 가장 성공적인 길이 무엇일지에 대해서는 딱 부러진 답이나 공식 같은 게 없다. 수많은 과학자들, 혁신적인 기업인과 경영자들은 이 어려운 과제를 풀기 위해 창의성과 역량을 총동원해야 할 것이다. 갖가지 난관에도 불구하고 우리는 희미하게 다가오고 있는 재앙을 극복하기 위해 과연 어떤 목적의식을 가져야 하는지 확실하게 인식할 수 있다. 정치적 틀이 갖춰져 있기만 하다면, 전 세계의 수많은 소비자들은 날마다 우리 경제가 지속가능한 발전으로 옮아가도록 돕는 구매 결정을 내릴 수 있다. 더욱이 국제적 관점에서 보자면 수많은 시민들이 의회를 통해 민주적으로 정치적 '노선'을 마련할 수도 있을 것이다.

최근 과학계 · 정치계 · 경제계는 자원 집약적인 서구의 번영 모델(오늘날 10억 명의 인구가 누리고 있는)이 나머지 50억 명(2050년이 되면 그 수는 최소 80억으로 불어날 것이다)에게까지는 확대될 수 없다는 데 의견을 같이한다. 인구가 지금 같은 추세로 증가한다면 조만간 지구의 생물물리적biophysical 수용 능력으로는 감당이 안 되는 지경에 이를 것이다. 현실이 이렇다는 데 대해서는 사실 논란의 여지가 없다. 다만 우리가 그 현실에서 어떤 결론을 이끌어내야 할 것인가가 문제일 뿐이다.

심각한 국가간 분쟁을 피하고자 한다면 선진국은 발전도상국이나 문지방국가threshold countries, 선진국 문턱에 다다른 국가보다 자원 소비량을 한층 더 줄여야 한다. 앞으로 모든 국가는 비슷한 소비 수준을 유지해야 한다. 그래야 발전도상국이나 문지방국가에게도 적절한 번영 수준을 보장해 줄 수 있는 생태적 여지가 생긴다.

이처럼 장기적 조정을 거치는 동안 서구 사회의 번영 수준이 급속도로 악화되지 않도록 하려면, 높은 자원 이용 경제에서 낮은 자원 이용 경제로, 즉 생태적 시장경제로 한시바삐 옮아가야 한다.

한편 발전도상국과 문지방국가도 머잖아 인구 증가를 억제하는 데 힘을 쏟아야 할 것이다. 1994년 카이로에서 유엔 국제인구발전

회의International Conference on Population and Development; ICPD가 채택한 20년 실천 프로그램은 선진국의 강력한 지지를 기반으로 이행되어야 한다.

만약 인류가 자원과 에너지의 효율을 대폭 개선하는 데, 그리고 인구 성장을 지속가능한 방식으로 조절해 가는 데 성공하지 못한다면, 우리는 생태 독재eco-dictatorship라는 위험을 무릅써야 할지도 모른다. 유엔의 예견대로 세계 인구는 21세기 말 110억에서 120억 명으로 불어날 것이다. 에른스트 울리히 폰 바이츠제커Ernst Ulrich von Weizsäcker가 말했다. "국가는 안타깝게도 제한된 자원을 분배하고, 경제 활동을 시시콜콜한 부분까지 통제하고, 환경에 이롭도록 시민들에게 해도 되는 일과 해서는 안 되는 일까지 일일이 제시하게 될 것이다. '삶의 질' 전문가들이 인간의 어떤 욕구는 충족될 수 있고, 또 어떤 욕구는 충족될 수 없는지를 거의 독재자처럼 하나하나 규정하게 될는지도 모른다."(『지구정치학』*Earth Politics*)

때가 무르익다

이제 근원적이고 비판적으로 재고해 보아야 할 때가 되었다. 대중은 자신이 어떤 유의 미래를 원하는지 결정해야 한다. 진보, 삶의 질은 해마다 일인당 국민 소득이 얼마 증가하느냐에 달린 게 아니며, 우리의 욕구를 충족시키는 데 그렇게나 많은 재화가 필요한 것도 아니다. 이윤 극대화나 자본 축적 같은 단기적 경제 목표야말로 지속가능한 발전의 가장 큰 걸림돌이다. 우리는 지방분권화되어 있던 과거의 경제로 되돌아가야 하고, 그리고 세계 무역이나 그와 관련한 에너지 낭비를 의식적으로 줄여가야 한다. 만약 자원이나 에너지에 '제값'을 지불해야 한다면 세계적인 합리화나 노동 배제 과정도 달라질 것이다. 비용에 따른 압박이 원자재나 에너지 분야로 옮아갈 것이기 때문이다.

지속가능성을 추구하려면 엄청난 기술 혁신이 필요하다. 하지만 모든 것을 기술적으로 혁신해야 하는 것은 아니다. 삶의 모든 영역을 경제 제도의 명령 아래 놔두려 해서도 안 된다. 모든 이들이 정의와 평등을 누리는 것은 도덕적이고 윤리적인 요청일 뿐 아니라 길게 봐서는 세계 평화를 보장하는 가장 중요한 수단이기도 하다. 그러므로 권력층뿐 아니라 모든 이들이 공감할 수 있는 새로운 토대 위에 국가와 국민의 정치 관계를 구축해야 한다. 또한 국제 차원에서 합의한 원칙 없이는 이 시리즈에서 논의하고 있는 그 어떤 분야에서도 지속가능성을 실현하기 어렵다.

마지막으로, 지금 같은 추세라면 21세기 말쯤에는 세계 인구가 110억에서 120억 명에 이를 것으로 추산되는데, 과연 우리 인류에게 그 정도로까지 번식을 해서 지구상의 공간을 모조리 차지하고 그 어느 때보다 극심하게 다른 생물종의 서식지와 생활양식을 제약하거나 파괴할 권리가 있는지 곰곰이 따져보아야 한다.

미래는 미리 정해져 있지 않다. 우리의 실천으로 스스로 만들어가야 한다. 우리는 지금껏 해오던 대로 할 수도 있지만 그렇게 한다면

50년쯤 후엔 자연의 생물물리학적인 제약에 억눌리게 될 것이다. 이것은 아마도 불길한 정치적 함의를 띠는 것이리라. 하지만 아직까지는 우리 자신과 미래 세대에게 좀 더 공평하고 생명력 있는 미래를 열어줄 기회 또한 있다. 그 기회를 잡으려면 이 행성 위에 살아가는 모든 이들의 열정과 헌신이 필요하다.

2008년 여름

클라우스 비간트Klaus Wiegandt

• 차례 •

일러두기

- 본문 중 오른쪽에 ■ 기호가 붙은 용어는 본문 뒤 부록으로 실은 「용어 설명」에서 자세한 내용을 확인할 수 있습니다.
- 이 책 16~17쪽에 나오는 지속가능성 시리즈의 책 제목들은 처음 일곱 권을 제외하고는 아직 한국어 판이 나오지 않은 것들로, 추후 한국어 판이 출간될 때에 그 제목이 바뀔 수 있습니다.

1 바다, 그리고 기후 변화에서 그 역할

우주에서 지구를 바라본다면 이내 지구가 물의 행성임을 알아차릴 것이다. 우리 태양계에서 독특하게 지구는 마치 파란 진주와 같은 모습으로 우주 공간에서 운동한다. 알려진 모든 행성 중에서 지구는 유일하게 바다를 갖고 있다. 지구 표면의 71퍼센트가 바다이다. 그러므로 우리 행성의 이름으로는 "지구"Earth보다 "수구"Ocean라는 말이 더 어울릴지도 모른다는 말도 있다.

이런 물의 기원에 관한 지배적인 이론에서는 증기가 뜨거운 젊은 지구의 내부에서 지속적으로 솟아올랐다고 본다. 지구 표면이 끓는점 아래의 온도로 식자, 비가 끊임없이 내리기 시작했고, 이 모든 물이 낮은 지역들에 모였다. 이처럼 많은 양의 물은 여러 가지로 의미가 깊다. 가장 중요하게는, 이것이 지상에서 생명체가 탄생하는 근거가 되었다는 점이다.

지리적 배경

이 책을 시작하면서 먼저 세계 대양들에 관한 몇 가지 중요한 사실을 익혀두자. 표면적은 3억 6100만 제곱킬로미터이고 평균 수심이 3,800미터인 대양들의 총 부피는 13억 7000만 세제곱 킬로미터에 이른다. 우리 행성의 물 중에서 97퍼센트 이상이 바다에 있으며, 2퍼센트는 빙상■에 갇혀 있다.(주로 그린란드와 남극에 있다.) 0.02퍼센트는 전 세계의 호수, 강, 저수지에 있으며 0.001퍼센트는 대기■에 있다.

대양 바닥의 절반가량은 광대하고 비교적 편평한 해저 평원으로 이뤄져 있다. 일반적으로 수심 3,000~5,000미터에서 볼 수 있는 이런 해저 평원들은 바닷물의 수직분포를 따라 위에서 밑으로 가라앉은 물질의 퇴적층■으로 덮여 있다. 이 물질은 일반적으로 생물학적 활동의 산물이다. 그러므로 깊은 대양의 바닥은 어찌 보면 지구의 쓰레기장과도 같은데, 중력의 영향으로 인해 지구의 움직이는 입자들이 결국에 도달하는 종착지이기도 하다. 심해저 평원은 대륙 경사면과 접하는데, 대륙 경사면은 바다 바닥이 솟아오르며 북해North Sea 같은 얕은 대륙붕을 이루는 곳이다. 대부분 대륙은 얕은 대륙붕에 둘러싸여 있다. 이런 얕은 대륙붕 바다의 수심은 일반적으로 100~200미터이다.

깊은 대양에는 중앙해령mid-oceanic ridges이라는 거대한 산맥과 심해에서 솟아오르는 큰 규모의 해저 화산도 있다. 이들 중에서 일부는 표면을 찢고 나와 하와이제도 같은 잘 알려진 형상을 만든다. 또한 북태평양의 마리아나해구Mariana Trench와 같은 해구trench〔좁고 길게 움푹 꺼진 해저 지형—옮긴이〕들이 깊은 곳에 존재하는데 마리아나해구는 최대 수심 1만 923미터까지 뻗어 있다.

바다 지형의 이런 기본 형상들은 판구조론plate tectonics, 즉 지구 껍질을 이루는 해양판과 대륙판의 운동으로 설명할 수 있다. 대륙판은 해양판에 견줘 더 가벼운 물질로 이뤄져 있기 때문에, 판 밑에 있는 연성의 물질 속으로 가라앉는 게 덜하고, 그래서 해양판보다 더 높게 떠 있다. 얕은 대륙붕은 바닷물이 대륙판의 가장자리에 이른 곳이면 어디에서나 나타난다. 그렇기 때문에 훨씬 더 많은 양의 물이 대륙 빙상에 갇혀 있는 바람에 해수면이 지금보다 120미터 더 낮았던 마지막 빙하기에는 지금의 많은 대륙붕들이 존재하지 않았다. 가파른 대륙 경사면이 대륙판의 가장자리를 이루는 데 반해, 해양판의 표면은 심해 평원으로 이뤄져 있다. 모두가 지구의 연성 맨틀 위에 떠 있으므로, 대륙판과 해양판의 상대적인 높이는 저마다 다른 밀도와 바다 바닥을 누르는 바닷물의 무게에 따라 달라진다. 그리하여 대륙판에 맞닿는 해수면의 바로 그 높이가 형성된다.

중앙해령에서는 해양판이 갈라지면서 새로운 물질이 지구 내부에서 솟아오르면서 새로운 해저 바닥이 형성된다. 일본 해안의 바다에서 그런 것처럼 해양판의 일부가 대륙판의 밑으로 밀려들어 가는 곳에서는 깊은 해구가 형성된다.

지중해, 북해, 발트해와 동해처럼 역사적으로 항해와 교역의 길로 선호되었으며 언제나 거대 규모의 해안 인구를 먹여 살려온, 육지에 거의 에워싸인 대양 끝자락의 바다들은 특별한 관심거리다. 오늘날 이 지역들에서 대양과 주고받는 해수 교환이 제대로 이루어지지 못한다는 것은 이곳들이 현재 쓰레기 축적과 관련해 수많은 문제에 직면해 있음을 뜻한다.

바닷물

해양학자들이 보기에 바다는 단지 물만으로 채워져 있는 게 아니다. 해양학자들은 서로 다른 물 덩어리를 구분하는데, 그것들은 정제된 포도주와 마찬가지로 각자 특별한 자신만의 "향취"와 빈티지를 지닌다. 이런 물 덩어리는 북대서양 심층수NADW, 사르가소 해수, 남극 해저 저층수▪AABW나 북태평양 중층수와 같은 이름과 약자를 지닌다. 수만 년 전부터 존재했다고 여겨지는 물 덩어리의 이름도 있는데, 북대서양 얼음 중층수GNAIW가 그것이다. 이는 지난 빙하기 동안에 대서양 북부의 상층부를 채웠던 물 덩어리이다.

서로 다른 물 덩어리를 만드는 가장 중요한 두 가지 속성은 온도와 염도▪이다. 이에 관해서는 나중에 더 자세하게 다루겠다. 물론 산소와 영양소 함량, 산성도, 탄산칼슘▪ 포화 같은 다른 특징도 바다 생물에는 아주 중요하다. 해양학자들은 또한 어떤 바닷물이 해수면 아래로 가라앉은 이래로 얼마나 시간이 흘렀는지, 마지막으로 대기와 접촉한 때가 언제인지, 즉 물 덩어리의 나이도 분석한다. 그것은 중요한 일이다. 바닷물이 공기와 만나면 그 구성 성분이 바뀌기 때문이다. 산소 함량은 증가하고 불안정한 탄소 동위원소의 일부는 대기 중의 탄소 동위원소로 바뀐다. 대기에서는 우주선cosmic ray의 영향으로 방사성 탄소 동위원소 ^{14}C가 지속적으로 생성된다. 바닷물이 표층을 떠나 깊숙이 가라앉으면 동위원소의 방사성 붕괴 때문에 ^{14}C의 농도는 서서히 줄어들게 마련이므로 이런 사실을 이용해서 바닷물의 나이를 측정할 수 있다. 태평양 북부의 깊숙한 곳에서는 대략 2,000년의 나이로 보이는 가장 오래된 바닷물이 발견된다. 그래서 바닷물의 '순환 시간turn-over time'을 다음과 같이 추산할 수도 있다. 즉 바닷물은 1초당 0.04세제곱킬로미터의 평균속도로 가라앉으며, 따라서 앞에서 얘기한 전체 바닷물은 대략 1,000년에 한 번씩 새로 채워진다.

바다 온도

바닷물의 온도가 지역에 따라 다른 것은 무엇보다도 햇빛이 지구 전역을 골고루 비추지 않기 때문이라는 것은 자명한 사실이다. 열대 지방의 위도에 있는 표층수는 섭씨 30도 안팎으로 따뜻하지만 극지방 위도의 표층수 온도는 어는점(짠 바닷물은 거의 영하 2도)에서 크게 벗어나지 않는다. 광활한 바다 중에서 가장 따뜻한 곳은 열대지방의 서부 태평양 표층수이다. 이곳은 "따뜻한 물웅덩이"warm pool라고도 불린다. 연평균 온도는 30도에 육박한다. 물론 이보다 훨씬

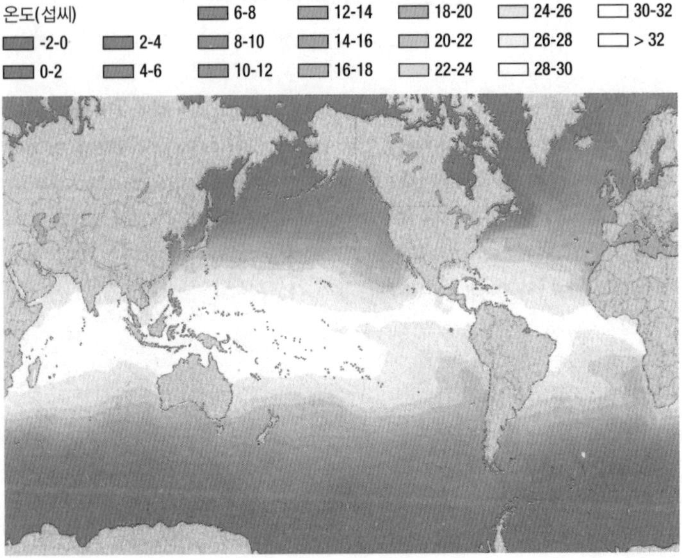

그림 1-1 위성 관측으로 본 2006년 5월 바다의 표면 온도 지도

더 따뜻한 바닷물이 여름철 몇 달 동안 얕은 해안선의 일부 바다에서 발견될 수도 있다.

그렇지만 햇빛은 세계 대양의 해수면만을 뚫고 들어갈 뿐이지 그 거대하고도 캄캄한 심연까지 뚫고 들어가지는 못한다. 사실 대부분의 바닷물은 아주 차갑다. 바다 총량의 80퍼센트는 섭씨 5도 이하이다. 그 이유는 간단하다. 극지방 위도에서 바닷물이 해수면 아래로 가라앉고, 이 차가운 물이 전 세계의 깊은 바다를 채운다.(해류를 다루는 이 장 뒷부분에서 더 얘기하겠다.) 이와는 대조적으로 열대와 아열대 지방의 따뜻한 바닷물은 가볍기 때문에 상대적으로 얇은 수백 미터 두께의 표층수를 형성한다. 그러니까 이 따뜻한 표층수가 차가운 심층수 위에 떠다니는 셈이다. 이런 사실은 1751년에 영국 노예무역선박의 선장인 헨리 엘리스Henry Ellis가 처음 발견했다. 그는 긴 밧줄과 영국 성직자 스티븐 헤일스Stephen Hales 신부가 준 '양동이 측심기'를 이용해 아열대 지역의 대서양에서 깊은 바닷물을 길어 올렸다. 엘리스 선장은 대략 1마일 깊이에서 길어 올린 바닷물이 차갑다는 사실을 발견했다. 갑판에서 측정한 온도는 고작 섭씨 12도였다. 엘리스 선장이 헤일스 신부한테 보낸 편지를 보면 엘리스는 당시에 그 발견이 지닌 크나큰 의미를 짐작조차 하지 못했던 것으로 보인다. 그는 이렇게 썼다. "처음에는 그저 호기심을 채울 요량으로 생각했지만, 그 실험은 실제 하는 동안에 우리한테 무척 도움이 되었습니다. 그것을 이용해서 차가운 물로 목욕도 하고 차가운 포도주와 물도 신나게 마셨습니다. 이 이글대는 기후에서 우리에게 엄청나게 흡족한 일이었습니다."

왜 바닷물은 짤까

물순환은 끊임없이 갖가지 물질 입자들을 땅에서 바다로 옮겨다 놓는다. 빗물은 암석이나 다른 지표면에 떨어져 광물을 용해한다. 그리하여 세계의 강들은 해마다 40억 톤 정도로 추정되는 염분을 바다로 실어 나른다. 물이 해수면에서 증발하면 염분은 그대로 남는다. 그러면서 염분은 바다에 축적되며, 바닷물의 염분 농도는 강물보다 훨씬 더 높게 된다. 염분이 끊임없이 보태지는 만큼씩 끊임없이 사라지는 지점에 도달하면 이제 어떤 평형에 이른다. 물에서 가라앉는 대부분의 물질은 마침내 해저 바닥에서 퇴적물이 되고, 결국에는 해저 바닥의 특정 지역이 대륙판 아래로 말려들어 갈 때 지각 안으로 쓸려가 사라지게 된다. 흐르지 않는 다른 모든 수역들도 큰 바다들처럼 용해된 입자의 저장소가 되기 때문에 마찬가지로 짜다. 예를 들어 미국 유타 주에 있는 그레이트솔트 호Great Salt Lake나 러시아의 카스피 해Caspian Sea가 그렇다.

용해된 물질이 대양에서 제거되는 방식은 그 종류에 따라 다르다. 어떤 것들은 그저 포화 수준을 넘기면 더 이상 용해되지 않아 그 초과분은 그대로 가라앉는다. 화학반응을 거치는 다른 것들도 있다. 실리콘과 칼슘 같은 것들은 바다 유기체들이 크고 작은 껍질을 만드는 데 널리 사용된다. 껍질이 비 내리듯이 해저로 쏟아져 내려 퇴적물이 되는 과정은 그런 물질을 바닷물에서 제거하는 주요 메커니즘으로 작용한다.(여러 지역의 퇴적물은 주로 이런 껍질로 이뤄져 있다.)

바닷물에 용해된 물질의 85퍼센트는 염화나트륨(일상 식탁에 오르는 소금의 성분)이다. 염화나트륨이 바닷물에 이렇게 많은 것은 이 물질이 물에 아주 잘 용해되며 생물학적 메커니즘에 의해 제거되지 않기 때문이다. 바다의 소금 함량은 바닷물 1킬로그램당 35그램이다. 그러니까 3.5퍼센트(백분율)인데 전통적으로 해양학자들은 바닷물의 소금 함량을 천분율로 나타내 35퍼밀(‰)로 표시한다. 앞에서 얘기한 바닷물의 총량을 넣어 계산하면 바다에는 대략 5×10^{16}톤의 소금이 있다고 말할 수 있다. 해마다 4×10^{9}톤이 유입된다고 보면, 평균적으로 머문 시간은 10^{7}년, 즉 천만 년이다. 이런 수치는 해류와 난류에 의해 바닷물이 뒤섞이는 시간 규모보다 훨씬 큰 단위의 규모다. 그러므로 우리는 지구 대양을 통틀어 염분이 극도로 잘 뒤섞여 있는 상태라고 생각할 수 있다. 실제로 바다 염분의 구성 성분은 어디를 가나 거의 정확하게 똑같다. 이것이 바로 19세기 후반에 저 유명한 최초의 해양학 탐사로 이뤄진 '챌린저' 원정탐사에서 얻은 여러 발견 중 하나다.

이런 사실 덕분에 해양학자들의 삶은 좀 더 간편해졌다. 서로 다른 온갖 염분들을 측정할 필요 없이 총 염분 농도, 즉 염도를 보고하면 됐으니 말이다. 염도를 측정하기 위해서 해양학자들은 물의 전도성을 이용한다. 염도는 매우 역동적인 의미를 지니는데, 왜냐하면 온도, 압력(수심이 깊을수록 높아진다)과 더불어 염도는 바닷물의 밀도를 결정하고, 바다의 압력 분포나 해류 모두에 영향을 주기 때문이다.

바다의 염도 차이는 민물의 유입과 저장에 의해 조절되지 염분 자체의 유입과 저장에 의해 조절되지는 않는다. 민물은 염분보다 규모면에서 훨씬 더 크기 때문이다. 해마다 4×10^{14}세제곱미터의 물이 바다에서 증발하며(대략 해마다 1미터 높이에 해당하는 순손실이다), 바다 전체는 대략 3,000년마다 물갈이를 한다. 그래도 이런 시간은 바다의 염분이 대체되는 데 걸리는 천만 년에 비하면 아무것도 아니다. 이 때문에 증발량이 강수량보다 많은 지역, 즉 온난하고 건조한 아열대 지역에서는 늘 염도가 높고, 고위도 지역이나 더 작은 규모로는 강어귀 근처에서는 염도가 낮다. 적도 근처에서는 넓은 면적의 구름이 나타나고 남북 회귀선 사이의 열대성 지대(그 유명한 열대성 강수 벨트)에 강수량이 많아 염도가 상대적으로 낮다.

해안에서 멀리 떨어진 세계의 대양 대부분에서 염도는 33퍼밀과 38퍼밀 사이이다. 물론 에워싸인 바다 일부에서는 그 수치가 아주 다르다. 강수량과 강물 유입량이 증발량을 크게 초과하는 발트 해의 염도는 핀란드 말단에서 대략 5퍼밀이나 스카게라크 해협에서는 15퍼밀에 달한다. 스카게라크 해협은 북해와 대양에 얕게 이어지는 곳이다. 다른 극적인 사례로서 증발량이 매우 높은 홍해와 페르시아만에서는 염도가 거의 40퍼밀이나 된다. 지중해도 또한 유입되는 것보다 더 많은 민물이 사라지는(대략 1년에 1미터) 분지구조이어서 그곳에서는 물과 염도 수지의 균형을 맞추기 위해서 지브롤터 해협을 통해 양방향의 흐름이 활발하게 나타난다. 이런 흐름으로 인해 상대적으로 민물에 더 가까운 바닷물이 지중해 표층수로 들어오며 더 짠 바닷물은 그 밑으로 흘러나간다.

해류

바다는 끊임없이 운동한다. 세 가지 힘이 이런 운동을 일으킨다.

첫째는 달과 태양의 중력 작용인 기조력tidal force이다. 그것이 우리에게 낯익은 밀물과 썰물의 진동을 일으킨다. 본질적으로 밀물 썰물은 달이 바닷물을 '부풀어 오르게' 잡아당겨 생긴 결과이다. 그래서 지구가 자전하는 동안에 달이 그 위에 떠 있는 곳의 수위는 더 높아진다. 충분히 명확하지 않은 점이 있는데 그것은 지구의 대부분 지역에서 만조가 왜 하루에 한 번이 아니고 두 번 나타나느냐는 것이다. 그것은 원심력 때문에 지구 반대편에서 두 번째로 바닷물이 부풀어 오르기 때문이다. 지구는 달의 중력장 안에서 '자유낙하' 운동을 하기 때문에 원심력과 중력은 지구의 중심에서 정확하게 균형을 이룬다. 달을 바라보는 면의 지표에서 달의 중력은 더 강하여 바닷물을 위쪽으로 잡아당기게 된다. 먼 곳의 반대 면에서 달의 중력은 더 약하게 작용해 바닷물은 달에서 멀어지니, 지구에서 볼 때 바닷물은 다시 상승하게 된다. 이런 이중의 부풀어 오름 때문에 하루에 두 번의 간만 주기가 일어나는 것이다.

비슷하지만 상대적으로 약한 태양 중력의 작용이 보태지는 중첩 현상은 이른바 한사리■와 조금■ 주기의 원인이 된다. 한사리(폭풍 해일과 혼동해서는 안 된다)는 2주에 한 번씩 일어난다. 달은 지구 둘레를 29일마다 한 바퀴씩 공전하기 때문에 달과 태양이 한 줄로 정렬할 때 지구에 끼치는 달과 태양의 중력 효과는 중첩하여 나타나게 마련이다.

이런 간단한 그림은 지구가 완전히 물로 덮였다면 일어날 수 있는 '평형 조수'를 정확하게 설명해준다. 그렇지만 문제는 더 복잡하다.

해안선도 있고 또한 그렇게 많은 바닷물이 바로 위에 뜬 달을 좇아 갈 정도로 빠르게 움직일 수 없기 때문이다. 항공 여행을 하면서 알게 되었듯이 지구의 자전 속도를 따라가려면 음속 이상의 속도로 여행해야 한다. 지구의 자전에 의한 물 운동의 쏠림deflection(아래 참조)도 조수가 움직이는 방식에 영향을 줄 수 있다. 그리하여 현실에서 조수의 부풀어 오름은 거대한 대양의 분지를 따라 한 바퀴 돌며 나타나고 해안과도 상호작용을 한다. 일부 지역에서는 해안선의 모양이 특히나 거대한 조수를 일으키는 동조 현상을 만들기도 한다. 그런 지역이 조력발전의 최적지이다. 캐나다 동부 펀디 만은 세계에서 가장 큰 조류가 나타나는 곳으로 유명한데, 만의 말단에서 조수 간만의 차■는 15미터가 넘는다.

바닷물의 운동을 만드는 두 번째 힘은 바람이다. 바람과 물의 마찰은 해수면의 파도와 해류를 일으키는 원인이 된다. 밀물 썰물은 하루에 네 차례씩 그 방향을 완전히 뒤집어 "바닷물을 뒤로 앞으로 출렁이게 할" 뿐이지만, 다른 해류는 바닷물을 더 먼 거리까지 옮길 수 있다. 대부분 사람들의 눈에 이런 거대 규모의 해류가 운동하는 방식은 직관에 반한다. 지구는 회전하는 구체인데 해류는 코리올리의 힘Coriolis force■ 때문에 편향해 일어나기 때문에 그렇다.(엄밀하게 말해 코리올리의 힘은 전혀 힘이 아니며 단지 회전하는 좌표계에 있는 관찰자가 느끼는 착시일 뿐이다.) 예를 들어 동쪽에서 지속적으로 불어오는 바람은 전반적으로 북반구에서는 바닷물을 북쪽으로(좀 더 일반적으로는 말하면 바람 방향의 오른쪽으로 90도 각도로) 움직이게 하며 남반구에서는 남쪽으로(왼쪽으로 90도 각도로) 향하게 한다. 열대 위도에서, 동쪽에서 불어오는 무역풍■이 물을 적도에서 멀어지게 해 남반구와 북반구로 갈라지게 하는 것은 이 때문이다. 이렇게 물이 빠져나간 자리는 적도 부근의 밑에서 솟아오르는 물로 채워진다. 이런 바닷물의 '적도 용승■' equatorial upwelling은 해양학에서 중요한 현상이다. 적도 지역에서는 그 덕분에 영양소가 표층수까지 공급될 수 있기 때문에 특히 그렇다.

바람이 만드는 해양 순환의 주요한 특징 중 하나는 거대한 아열대 환류subtropical gyre이다. 그것은 대략 15~50도 위도에 있는 모든 대양 분지에 존재한다. 이 환류는 대양의 상층 몇백 미터에서 수평 상태로 돌아가는 거대한 물레방아와 비슷하다. 환류의 서쪽 경계부에서 이런 회전운동의 흐름은 극지방 쪽을 향해 좁고 빠르게 흐르는 해류를 형성한다. 북대서양의 멕시코만류Gulf Stream, 북태평양의 일본해류(구로시오), 남대서양의 브라질 해류, 남태평양의 동오스트레일리아 해류가 그렇다. 다른 쪽에서 적도를 향해 되돌아오는 흐름은 넓고도 좀 더 완만하여 해당 대양 분지의 폭을 거의 다 아우르며 퍼진다. 1940년대에 헨리 스토멜Henry Stommel이 이런 '서안 강화' westward intensification 현상에 대해 이론적 설명을 찾았을 때, 그것은 해양학에서 중요하고 획기적인 발견이 되었다. 그 현상의 원인은 자전하는 지구에서 각운동량의 보존법칙으로 설명된다.

모든 아열대 환류의 중앙에는 거대하고도 거의 균일한 물 덩어리가 존재한다. 거기에 표층수가 모이고 또 서서히 수천 미터 아래로 가라앉는다. 북대서양에 있는 이런 물 덩어리가 사르가소 해인데, 알렉산더 폰 훔볼트Alexander von Humbolt가 그의 글 '자연의 풍경' Views of Nature(1807)에서 생생하게 묘사한 대로 그곳에는 믿기 어려울 정도로 무성한 해초 지대seaweed mat가 몰려 있다. 콜럼버스의 해초 지대 목격 이래 이어진 여러 항해일지들을 연구하면서 얻은 정보를 토대로, 훔볼트는 특히나 몇백 년 동안 바다풀들이 같은 장소에서 발견되었다는 사실에 매료되었다. "위대한 자연현상이 줄기차게 이어진다는 증거들은 그것이 늘 움직이는 바다에서 생겨난다는 점을 생각할 때에 자연철학자의 관심을 두 배로 사로잡는다."(『대초원과 사막에 대해』, 주석 7)

이런 얘기를 하다 보니 자연스럽게 조력과 바람 이외에 해류를 일으키는 제3의 주요한 추동력, 즉 '열염 강제력'thermohaline forcing에 관한 얘기로 이어진다. 이 용어는 대양의 표층에서 물을 더 따뜻하게 또는 차갑게 하거나 소금기를 더 높이거나 낮추게 하는 열과 민물의 교환을 의미한다. '열'은 온도 변화를 뜻하며, '염'은 염도 변화를 뜻한다. 앞에서 이미 설명했듯이, 온도와 염도의 변화는 물의 밀도에 영향을 주며, 유체 안에서 밀도의 차이는 압력의 차이를 일으킨다. 당연히 압력의 차이는 흐름을 만들어낼 것이다.

열염 강제력의 가장 중요한 특징은 그것이 바닷물이 표층에서 심해로 가라앉을 수 있는 지점이 어디인지 결정한다는 점이다. 즉 이런 일은 표층수의 밀도가 매우 높은 곳에서 일어난다. 세제곱미터당 1,028킬로그램에 가까운 표층의 밀도는 세계의 대양에서 세 곳에서만 나타난다. 북대서양(특히 래브라도 해와 그린란드-노르웨이 해), 남극 주변(로스 해와 베델 해), 그리고 지중해가 그곳이다. 앞의 두 지대에서 높은 밀도는 주로 차가운 온도 때문에 생기는 데 비해, 지중해에서는 높은 염도 때문에 생긴다. 지중해가 대서양으로 이어지는 통로는 오직 얕은 지브롤터 해협뿐이기 때문에, 대양에 끼치는 지중해의 영향은 제한적이다. 그렇지만 두 극 지대에서 일어나는 과정은 지구 전체의 해양 체계에 지대한 영향을 끼친다.

'심해수■ 형성' deep water formation이라고 불리는 과정으로 물이 가라앉는 곳이 바로 이곳 극 지대이며, 그 이후에 가라앉은 물은 심해에서 세계 각지로 퍼진다. 세계 대양의 심해수와 저층수는 이런 심해수 형성 과정에서 생성된다. 표층 부근의 환원수는 이런 '대양의 물 빠짐 구멍' ocean plughole 쪽으로 이동하고, 거기에서 가라앉은 물의 빈 자리를 채운다. 이로 인해 세계 대양의 거대한 역전 운동이 일어난다. 그것은 대략 30에스브이Sv 크기의 유동 속도로 운동한다.(Sv는 흐름의 해양학 단위로 스베르드루프Sverdrup■의 약자인데, 스웨덴 해양학자 하랄 울리크 스베르드루프의 이름을 따서 붙인 것이다. 1Sv는 1초당 1세제곱미터의 유동 속도를 뜻한다.)

이처럼 일단 심해가 고밀도의 바닷물로 채워지면, 밀도가 낮은 다른 지역의 바닷물은 확실히 심해로 가라앉을 수 없다. 이런 저밀도의 물 덩어리는 밀도가 더 높은 물 위에서 떠다닐 수밖에 없다. 똑똑한 독자라면 여기에서 어떤 패러독스를 눈치챌지도 모르겠다. 바다가 가장 높은 밀도의 물로 채워지고 난 뒤에도 바닷물은 왜 계속 가

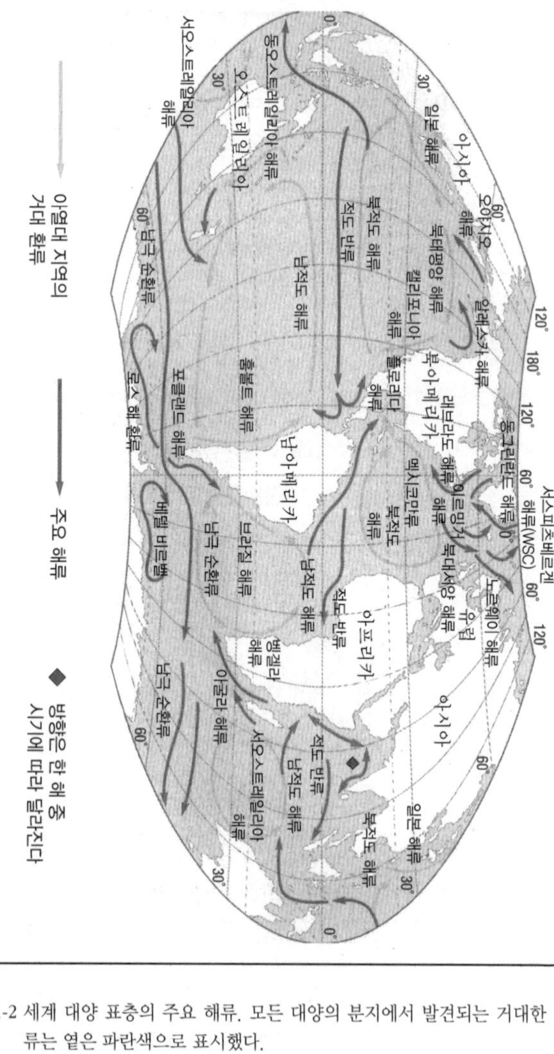

그림 1-2 세계 대양 표층의 주요 해류. 모든 대양의 분지에서 발견되는 거대한 아열대 환류는 옅은 파란색으로 표시했다.

라앉는가? 그리고 왜 대양의 대역전은 서서히 멈추지 않는가? 그 큰 이유는 대양의 난류가 따뜻한 표층에서 심해 쪽으로 천천히 열을 섞어주면서 시간이 흐를수록 더 깊은 물의 밀도가 낮아지기 때문이다. 이렇게 끊임없이 밀도가 낮아지니까 심해수는 극지방 위도에서 오는 '신선한' 물로 계속 대체될 수 있는 것이다.

19세기에 멕시코만류 같은 대양의 큰 해류를 일으키는 것이 무엇인지, 그것이 바람의 강제력인지 열염 강제력인지를 둘러싸고 학자들 사이에 거센 논쟁이 있었다. 이런 해류들은 바람이 일으키는 해류인가, 아니면 당시의 용어로 말해 '대류 해류'convection currents인가 하는 문제였다.

어떤 점에서 보면, 이 논쟁은 오늘날에도 여전히 해결되지 않고 있다. 우리는 멕시코만류를 비롯해 많은 해류들이 이 두 가지 요인에 의해 생기며, 바람의 추동과 열염 강제력은 둘 다 의미 있는 구실을 하지만 그 영향력이 각각 얼마인지 양으로 재기 어렵다는 것을 알고 있다.

멕시코만류는 북대서양에 있는 아열대 환류의 서쪽 경계에서 일어나는 서안 해류이다. 앞에서는 그것을 바람이 일으키는 해류라고 소개한 바 있다. 그렇지만 방금 전 얘기한 열염 역전의 일부로서 북쪽으로 향하는 표층 흐름이 거기에 더해져 멕시코만류의 일부가 된다. 대서양의 중위도 지역에서 이런 역전의 규모는 15~20스베르드루프인 것으로 추정돼 왔다. 멕시코만류의 전체 흐름은 대략 70스베르드루프이다(국지적인 역류를 고려했을 때). 그러므로 멕시코만류 흐름의 사분의 일은 열염에 의한 것이며, 사분의 삼은 바람에 의한 것이라고 말할 수도 있다. 하지만 이것은 대략적인 추정일 뿐이다. 대양에서 바람이 일으키는 해류와 열염에 의한 해류는 비선형의 방식으로 상호작용을 하며 둘을 엄밀하게 구분하는 방법은 없기 때문이다.

지구에서 가장 센 대양 해류는 남극 대륙의 둘레를 순환한다. 남극 순환류가 그것이다. 이 해류는 120~140스베르드루프의 유동 속도를 보이는데, 이는 아마존 강보다 천 배 넘게 빠른 속도이다. 그 흐름은 표층수에서 바로 아래 대양 저층수 쪽으로 향한다. 서쪽에서 부는 바람과 열염 강제력(남극 주변은 차갑다)이 둘 다 이런 대규모 흐름을 일으키는 데 기여하지만, 그런 힘이 생기는 주된 이유는 대륙 때문에 흐름이 막히는 일이 없다는 점이다. 회전하는 구체에서는 바람과 해류가 서풍 벨트처럼 자연스럽게 위도를 따라 정렬해 띠를 이루며 흐르게 마련이다. 하지만 해류의 경우에 이런 경로는 어디에서나 대륙에 의해 막힌다. 그런데 드레이크 해협Drake Passage의 위도인 남반구 56~63도 지역의 경우는 예외이다. 그래서 남극 순환류는 대륙이라는 장애물에 막히는 일 없이 서쪽에서 동쪽 방향으로 지구를 순환할 수 있다.

지도에 나타나는(이 책에서도 그렇지만) 단순한 그림이 보여주는 것과는 아주 다르게, 진짜 대양 해류의 흐름은 직선도 아니고 안정적이지도 않다. 대부분은 매우 혼란스럽고 불안정한 흐름이다. 구불구불한 흐름과 소용돌이는 늘 변화한다. 해양학 연구기관이 슈퍼컴퓨터에서 돌리는 고해상도의 해양 순환 모형이 그러하듯이, 인공위성은 구불구불한 흐름을 생생한 영상으로 보여준다. 이런 소용돌이와 구불구불함은 바다에 널리 퍼져 나타나며, 이 분야 연구의 기초가 되는 유체역학적 유동 방정식의 불안정성 때문에 컴퓨터 모형에서도 역시 나타난다.

대양의 난류는 열, 염분, 영양소 같은 요소들을 뒤섞어 주기 때문에 매우 중요하다. 또한 이렇게 뒤섞어 줌으로써 난류는 바닷물의 밀도와 대규모 해류에, 오염물질의 분산에, 그리고 생물의 번식력에 많은 영향을 끼친다. 오늘날 물리 해양학의 거대한 도전 중 하나는 이런 난류의 속성을 더 잘 이해하여, 난류의 지역 분포와 시간에 따른 변화를 모형으로 만들어내는 일이다.

파도

파도는 해양 동역학에서 볼 때 매력적인 또 하나의 현상이다. 파도타기를 즐기는 사람들은 완벽하게 부서지는 파도를 찾아 세계를 누빈다. 반면에 호안 구조물이나 앞바다의 유정 굴착장치 구조물을 설계하는 사람은 파도가 풀어놓는 거대한 힘을 자신의 설계에 세심하게 통합해야 한다. 예를 들어 2006년 11월 1일, 북해에서 그해 첫 번째 가을 폭풍이 거의 20미터나 되는 파도를 일으켜 75명이 탄 노르웨이 석유개발대oil platform를 부수어 흩뜨린 일도 있었다. 다행히도 사람들은 모두 다 구조되었다.

대부분 파도는 바다 표면에 가하는 바람의 작용에 의해 일어난다. 폭풍은 큰 파도를 일으키며 그런 파도는 수천 킬로미터나 여행할 수 있다. 파도가 나아가는 길을 따라, 파도는 파장의 크기로 분류된다. 다른 파장을 지닌 파도는 이동속도가 다르기 때문이다. 파도를 일으킨 폭풍에서 멀리 떨어지면 파도는 지극히 규칙적으로 출렁인다. 파도는 얕은 물에 이를 때 아래쪽부터 제동이 걸려 파도의 마루가 골을 덮치면서 부서진다.

극한의 경우에는 해저지진이나 바닷속의 산사태도 '쓰나미'■라고 불리는 아주 긴 표면파를 일으킬 수 있다.(쓰나미는 간혹 '해일'이라고 잘못 불리는 경우도 있다.) 그것은 불과 몇 시간 만에 대양 분지 전체를 가로질러 달려가 해안에 몰려들 때에는 크나큰 파괴를 초래한다. 파장이 100~700킬로미터 정도로 길기 때문에 매우 빠르게 이동하며, 그 속도는 최대 시속 700킬로미터가량에 이른다. 먼바다 바깥에서는 거대하고 위험한 쓰나미라 해도 높이가 30센티미터 정도에 불과해 먼바다에서 배에 타고 있을 때에는 쓰나미가 그 아래로 지나쳐가도 알아차리지 못할 것이다. 그렇지만 바람이 일으키는 파도가 그런 것처럼 쓰나미가 얕은 해안 바다에 도달할 때에는 아래쪽부터 제동이 걸려 다 함께 압축되면서 파도는 매우 높게 일어난다.

2004년 12월 26일 쓰나미는 인도양의 해안을 따라 거의 30만 명의 인명을 앗아갔다. 대서양 지진과 쓰나미는 1755년 항구도시 리스본을 파괴했으며, 1883년에는 화산섬 크라카타우Krakatoa의 화산 분출로 일어난 거대 쓰나미가 인도네시아를 강타했다. 태평양에서는 1946년 이래 쓰나미 경보 시스템이 가동돼 왔다. 잠재적으로 위험한 해저지진이 탐지되었을 때에 쓰나미 파의 확산을 예측하는 데에는 컴퓨터 모형이 사용된다. 만일 쓰나미가 몰려오고 있다면 해안 거주민들한테 라디오 방송과 사이렌이나 다른 수단을 써서 경보를 내린다.

상당한 규모를 지니는 쓰나미뿐 아니라 이보다는 더 작은 규모로 '기상 쓰나미'meteo tsunami라는 것도 있다. 그것은 기압의 어떤 요동들로 촉발되는데 과거에 주로 지중해에서 주목받아 왔다. 기상 쓰나미는 신비스럽게 큰 파도를 만들어낸다. 메노르카 섬에 있는 시투아델라 같은 항구들의 남빛 바다에서 생기는 기상 쓰나미는 때때로 상당한 피해를 초래한다. 갑작스럽게 일어나는 이 파도는 다른 이름을 갖고 있다. 메르노카에서는 리사가Rissaga라고 불리고, 몰타에서는 밀구바Milghuba, 시칠리아에서는 마루비오Marrubio라고 불린다.

대부분 사람은 파에 관한 이야기를 들을 때 바다 표면만을 생각한다. 그러나 사실 파wave는 바다 속에서도 일어난다. 대개 이런 파는 해수면에서는 전혀 볼 수 없다. 파나 여타 진동은 일반적으로 무언가가 평형의 위치에서 빠져나갈 때 복원력return force이 그것을 되잡아 당기면서 발달한다. 예를 들면 물의 일부가 편평한 물 표면에서 위로 빠져나갈 때 작용하는 중력이 여기에서는 복원력이다. 복원력은 물이 수직으로 대양의 내부로 빠져나갈 때에도 일어난다. 이런 일은 대양의 바닷물이 층을 이루고 있기 때문에 생기는 것이다. 앞에서도 말했듯이 상대적으로 가벼운 물은 좀 더 무거운 물 위에 떠다닌다. 친숙한 예를 들어 말하면 샐러드드레싱 그릇 안에서 식초와 섞이기 이전에 식초 위에 기름이 떠다니는 것과 마찬가지다. 기름과 식초가 뒤섞일 때에는 완전히 조용하게 표면을 떠나는 파가 시작될 것이다. 바다의 내부는 그런 파로 가득하다. 이를 '내부파' internal wave라고 부른다. 그 주파수는 아주 낮지만 진폭은 크다. 밀도 차이가 더 작은 이런 곳에서 복원력은 표면에 작용하는 복원력에 비해 훨씬 약하기 때문이다. 내부파는 표면파와 마찬가지로 이동할 수도 있고 부서질 수도 있다. 그래서 바다 내부에서 일어나는 난류의 중요한 근원이 된다.

해안선

바다와 땅이 맞닿은 해안은 많은 사람들한테 특별한 장소이다. 휴가 얻은 사람들은 해안을 찾고 뉴욕, 도쿄, 상하이, 뭄바이 같은 많은 세계 거대 도시는 바로 해안에 있다. 그리고 해안에 사는 수백만 명은 고기잡이나 다른 해양 활동에서 생계비를 벌고 있다. 오늘날 대략 3억 명의 사람들이 평균 해수면 고도에서 5미터 미만인 높이에서 살고 있다. 이 점은 나중에 제4장에서 해수면 상승을 논할 때에 다시 얘기하겠다.

지구에는 굉장히 기나긴 해안선이 있다. 해안선의 정확한 길이는 그것을 측량하는 데 쓸 자의 길이 단위에 달려 있다. 해안선은 프랙털 구조를 지니기 때문에 측량에다 해안의 구불구불한 선을 더욱 더 정교하게 포함할수록 그 길이는 점점 길어지게 마련이다. 그렇지만 대략 추산하고 몇 킬로미터 길이 단위의 자로 측량할 때 전 세계의 해안선은 대략 100만 킬로미터에 달한다. 이 정도면 매우 길다고 느껴지지만, 사실 우리가 현재 지구에 사는 60억 명의 사람을 모두 다 해안선을 따라 한 줄로 정렬시킨다면 1미터마다 6명이 서 있어야 하기에 해안은 매우 북적거릴 것이라는 점을 주목할 필요가 있다. 이런 비교는 인간 활동이 어떻게 바다에 큰 영향을 끼칠 수 있는지 이해하는 데 도움을 줄 수 있다.

해안선은 정적이지 않다. 땅과 물 간의 중단 없는 상호작용을 겪으며 끊임없이 자기 모양을 형성한다. 이런 모든 상호작용 중에서 가장 중요한 것이 파도의 강력한 작용인데, 이로 인해 해안 지대, 그리고 앞바다 바닥의 모습이 형성된다. 파도에는 해안선을 침식하는 에너지가 담겨 있다. 게다가 파도는 퇴적 입자를 바닷물 속에 띄운다. 해안으로 들어오는 파도는 연안류를 만들어 모래를 운반한다. 그런 상황에서 또한 파도는 수영에 미숙한 사람에게 위험할 수 있는 이안류offshore rip current를 일으키기도 한다. 일반적으로 말해 바람이 세고 파도의 에너지가 큰 환경에서 해변은 굵은 물질(굵은 모래, 자갈, 또는 돌멩이)로 덮이고 경사도가 가팔라지는 경향이 있다. 열대 지역이나 둘러싸인 만에서 자주 보이는, 좀 더 고요한 해안의 해변은 고운 모래로 이뤄지고 종종 드넓고 완만한 경사면을 지닌다. 해변이 넓은 곳에서는 밀물 썰물의 폭도 크다.

해안선이 침식되는 양은 또한 지질학적 조건에 따라 달라진다. 견고한 암석(현무암 같은)은 약한 물질(사암 같은)에 비해 침식을 훨씬 더 잘 견딘다. 수백 미터 떨어진 앞바다에 남아 있는 작은 섬들에서 볼 수 있듯이 사암 해안은 자주 침식되어 급속히 움푹해진다.

튀어나온 곶이나 하구를 침식해서 생기는 해변 물질은 해류와 파도에 의해 멀리 운반되어 만이나 비교적 조용한 바다 바닥 같은 장소에 쌓인다. 바람은 또한 모래를 내륙 쪽으로 날려 모래언덕을 만들고, 결국에 그런 곳은 식물이 자리 잡으면서 안정화한다. 해변의 모양은 시간이 흐르면서 바람 조건의 변화에 맞춰, 또는 더 긴 시간에 걸쳐 해수면의 변화에 맞춰 변하기도 한다. 해안에 운반된 모래는 종종 모래톱을 이루기도 한다. 뉴질랜드의 페어웰 스핏 지역이나 북해 동쪽의 질트처럼 울타리 구실을 하는 섬이 그런 모래톱이다. 해양학자들은 인공 해변을 갖춘 거대한 파도 탱크 안에서 그런 변화의 동역학을 연구한다.

해안 환경에서 특별하고도 인기가 있는 곳은 강의 어귀이다. 문명이 시작된 이래 인간은 그런 장소에서 거주하기를 좋아했다. 강어귀에는 고기를 잡을 수 있는 기회가 많고 또한 농사를 지을 수 있는 비옥한 평원이 있기 때문이다. 게다가 그런 곳에는 종종 아늑한 항구가 들어서고, 또한 강은 쓰레기 처리는 물론이고 내륙 운송에도 편리한 곳이다.

강어귀의 모양을 이해하려면 해수면이 지난 빙하기의 말엽에 지금부터 대략 5,000년 전까지 120미터나 상승했다는 것을 알아야 한다. 그러므로 편평한 해안 평원에 있는 강어귀는 플라이스토세

Pleistocene 시대에는 그저 강이었으나 상승한 바닷물이 흘러들어 이제 강어귀가 된 것이다. 고위도 지역에서는 빙하기에 빙하가 바로 아래 바다까지 가파른 계곡을 만들었는데(예를 들어 노르웨이나 뉴질랜드에서), 물이 들어찼던 이런 계곡들이 지금은 간혹 거의 수직의 벽을 지녀 장관을 이루는 아름다운 피오르fjord 지형이 되었다. 강어귀에서는 밀도 낮은 민물이 넘쳐, 짜고 밀도 높은 바닷물과 만나면서 특별한 순환뿐 아니라 특별한 생태 조건을 만들어낸다.

바다는 어떻게 기후에 영향을 끼치나

지금까지 우리는 바다의 지리학적인 특징과 동역학적 특징, 즉 대양 분지와 물 덩어리, 해류, 그리고 해안선에 관해 배웠다. 그런데 바다는 기후 체계에서 어떤 구실을 할까? 우선 간단히 요약하면 바다는 다섯 가지의 중대한 일을 한다. 즉, 바다는 열을 저장하고, 지구 곳곳에 열을 실어 나르고, 대기에 수분을 제공하고, 얼고, 이산화탄소■ 같은 기체를 저장하며 대기와 교환한다. 그러므로 바다는 기후 체계에서 없어서는 안 될 부분을 차지하며 대기만큼이나 중요하다. 이제 그런 요인을 하나씩 설명하겠다.

지구의 대부분이 바다로 덮여 있으며 대기가 대체로 투명하여 태양복사를 통과시킨다는 사실은 태양에너지의 대부분이 바다에 흡수됨을 의미한다. 바다는 이 열을 저장하고 해류를 통해 지구 곳곳에 옮기며, 결국에는 대기에 다시 방출한다. 그러므로 바다는 태양에너지가 기후 체계에 들어오고 그것을 추동하는 방식을 주요하게 제어할 수 있다.

열을 저장하는 바다의 거대한 용량은 기후의 변동을 줄여주는 완충 효과를 만들어낸다. 가장 중요한 사례는 기후의 계절 변동이다. 대부분 사람들은 대륙 기후와 비교하면 해양 기후가 훨씬 작은 계절 편차를 보인다는 사실을 잘 알고 있다(그림 1-3). 예컨대 북아메리카 내륙에서 여름과 겨울 온도의 편차는 섭씨 44도이며, 시베리아에서는 심지어 56도에 달한다. 이와는 대조적으로 같은 위도에 있는 해안 근처에서는 계절 변화의 범위가 대체로 섭씨 8도 이내이다.

또한 바다가 지닌 이런 열 저장 용량은 계절별 온도 변화를 늦추는 효과를 낸다. 북반구에서 태양복사량이 최대에 이르는 때는 6월 20일(천문학으로 볼 때 여름이 시작하는 날)이지만, 가장 높은 온도는 대륙 기후에서 7월 말에, 해양 기후에서는 8월에 나타나며 바다 표면 온도는 9월에 정점에 달한다.

계절에 따라 다른 열 저장은 바다 전체가 아니라 얇은 표층, 즉 이른바 '혼합층'mixed layer과 관련이 있다. 이유는 간단하다. 거의 모든 햇빛은 대양 상층 몇 미터의 바닷물에 흡수된다.(정확한 투과 깊이는 바닷물이 얼마나 깨끗한지에 따라 다르다.) 이 열이 바닷물의 수직분포water column를 따라 더 깊숙이 전달되려면 유입 에너지가 필요할 것이다. 왜냐하면 따뜻한 물은 차가운 물보다 가벼워 자연스럽게 위쪽에 떠다니기 때문이다. 유입 에너지는 바람이 제공한다. 바람은 상층 수십 미터의 바닷물을 휘젓고 그리하여 열을 아래쪽으로 섞어

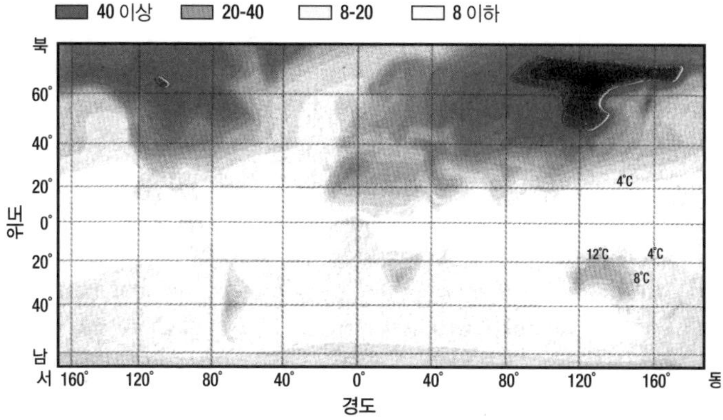

그림 1-3 지구 기후의 계절별 차이

이 그림은 한 해 중에 가장 더운 달과 가장 추운 달 간의 온도 편차(수년간의 평균값)를 보여준다. 바다는 계절의 차이를 상당한 정도로 누그러뜨린다.

준다. 혼합에 쓰일 수 있는 바람 에너지의 양과 어떤 깊이까지 열을 휘저어 보내는 데 필요한 에너지의 양 사이에서 이뤄지는 균형에 따라 이런 혼합층의 두께가 달라진다. 여름에는 혼합층이 얇고(수십 미터), 겨울에는 매우 깊어질 수 있다(일반적으로 대략 100~200미터). 표면이 차가워지면 물이 무거워져 가라앉으므로 더 쉽게 혼합되기 때문이다. 앞에서 논했듯이, 겨울에 가장 높은 물의 밀도에 이르는 지역에서, 물은 가라앉고 수천 년에 걸쳐서 세계의 심해를 채운다. 열대와 아열대 지역에서 따뜻한 표면수는 거대한 찬물 위에서 얇은 층을 이루며 떠다닌다.

바다의 열 완충 효과는 그것이 계절 차이의 충격을 어떻게 줄이느냐의 관점에서도 중요하며, 더 기나긴 시간 규모로 나타나는 기후 변화로 보더라도 중요하다. 바다 표면의 혼합층은 물론이고 더 깊은 층도 거대한 양의 열을 저장하는 데 관여해, 기후 체계에 반응하고 표면의 교란을 늦추는 효과를 낸다. 현재의 지구 온도 상승(4장에서 자세히 말하겠다)과 관련해서 보면, 바다의 열 흡수 규모(바다 온도 측정에 따르면 지구 표면 1제곱미터당 0.6와트 정도)는 인간이 일으키는 에너지 수지(유입과 유출) 교란의 규모와 비교해 그 2분의 1 내지 3분의 1에 해당하는 것으로 추산된다. 달리 말하면, 만일 인간이 추가로 1.6와트의 열(온실가스■뿐 아니라 더 불확실한 에어로졸■ 냉각의 차감 효과에 따라 달라지므로 이 수치는 다소 불확실하다)을 유입하고 바다는 그 중 0.6와트를 흡수한다면, 우리는 그저 나머지 1.0와트(모든 1제곱미터마다)의 효과만을 실감하게 된다. 우리 인간이 일으킨 지표면 온난화의 거의 절반은 우리가 느낄 수 없으며 (여전히) 차가운 물로 덮인 바닷속으로 '사라져버린' 것이다. 그러나 결국에는 앞으로 수십 년 안에 바다는 점차 따뜻해질 것이다.

이런 시간 지체는 고맙기도 하고 걱정스럽기도 한 일이다. 한편에서 그것은 기후 변화의 효과를 줄이며 지금까지 관측되는 것보다 더 빠르고 더 심각한 온난화가 진행되는 것을 막아준다. 다른 편에서 그것은 대중과 정치인의 눈을 가려 안심하게 만드는 데 한몫을 해온 측면도 있다. 우리는 밑에서 진행되는 지구 온난화를 부분적으로만 알아차릴 수 있다. 기후 변화는 시간 지체 현상 때문에 더 느리게 모습을 갖춰 나가지만 또한 이 때문에 인간의 어떤 대응책에도 느리게 반응한다. 만일 우리가 바로 지금 대기 중 온실가스 농도의 증가를 막아도, 지구 기후는 21세기 말까지 지속적으로 섭씨 0.5도가량 더 온난화할 것이다. 21세기 말이 되어서야 바다는 온난화를 따라잡고서 더 많은 열의 흡수를 서서히 멈출 것이다.

바다의 열 저장에서 열 운반으로 얘기를 옮겨보자. 바다는 단지 물로 가득한 거대한 양동이도 아니며 열을 수동적으로 저장하기만 하는 것도 아니다. 바다는 해류를 통해 엄청난 양의 열을 지구 곳곳에 운반하며 우리 기후에 아주 능동적이고 역동적인 역할을 한다. 열의 일부는 아열대 환류, 그리고 또 바다의 더 작은 규모의 와류(소용돌이)에 의해 운반된다. 이와 비슷하게 대기에서도 열은 일반적으로 적도에서 극지방 쪽으로, 즉 따뜻한 곳에서 차가운 곳으로 온도의 경사를 따라 내려가는 방향으로 운반된다. 이 과정은 열대에서 흡수한 과잉 태양열의 균형을 맞추는 데 도움이 된다. 고위도에서는 열이 우주 공간으로 방출돼 복사평형이 유지된다.

그러나 더 흥미로운 점은 앞에서도 얘기한 열염순환■의 역할이다. 열염순환은 북대서양과 남극 주변에 있는 침전 지역sink area 쪽으로 많은 양의 열을 운반하는 구실을 한다.(그림 1-4) 대서양에서는 열염순환이 기후학자들 사이에서 '이상한' 열 운반이라고 불리는 현상을 일으키는데, 그 순환이 대서양 전체에 걸쳐, 심지어 남반구의 대서양 지역에서도, 북쪽을 향한다는 점 때문이다. 이는 남대서양에서는 열염순환이 열을 적도 쪽으로, 즉 차가운 곳에서 따뜻한 곳으로 온도의 경사를 거슬러 운반한다는 뜻이다. 이 열은 적도를 지나

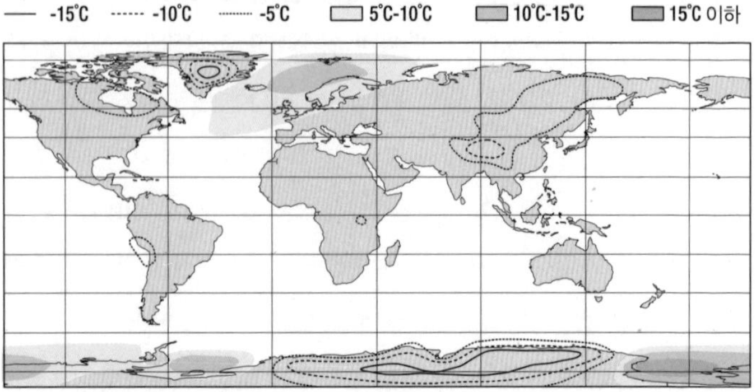

그림 1-4 위도별 평균값에 대한 기후 온도(climatic temperature)의 편차
북대서양과 남극해에서 대양의 심해수가 형성되는 지역의 대기 온도는 같은 위도의 다른 지역에 비해 섭씨 10도 이상 더 높다.

더 북쪽으로 계속 이동하여 마침내 중-고위도의 북대서양에서 방출된다. 이처럼 적도를 지나 많은 양의 열이 북쪽으로 운반되는 현상은 왜 지구의 북반구가 남반구보다 더 따뜻한지 설명해주는 주요한 이유가 된다. 그것은 대서양이 대륙 사이에서 '샌드위치'처럼 끼어 있기 때문에 가능하다. 즉 이런 조건으로 인해 남-북 간 흐름이 활발해질 수 있는 것이다. 이런 조건이 없다면 대기에서 그런 것처럼 흐름은 적도를 지나는 교류는 거의 없이 동-서 방향에 맞춰 이뤄질 것이다.

지구의 최근 역사를 볼 때에 이런 바다 순환은 매우 불안정한 것임이 증명되어 왔다. 순환의 경로를 열었다 닫았다 하고 돌연하며 극적인 기후 변화를 초래하기도 한다. 이런 일들은 10만 년 전과 1만 년 전 사이에 일어났던 최근의 큰 빙하기에 잘 기록돼 있다. 빙하기의 대부분 시기에 대서양의 순환은 오늘날과는 다소 달랐다. 퇴적층에서 얻은 데이터를 보면, 당시에 심해수 형성은 오늘날과는 달리 그린란드-노르웨이 해가 아니라 훨씬 더 남쪽인 아이슬란드 남쪽으로 먼 대서양 바다에서 일어났던 것으로 보인다. 그래서 대서양은 열을 더 높은 위도 지역으로 운반하지 못했다. 이것이 이 위도 지역에 모진 추위가 나타났던 이유이다. 그렇지만 수천 년마다 그린란드의 온도는 수십 년에 걸쳐 섭씨 10도 이상씩 뛰어올랐다. 지금 그린란드의 온도까지는 아니라 하더라도 그것은 중요한 온난화였다. 이런 일이 지난 10만 년 동안에 스무 차례 이상 일어났는데, 이 사건을 일러 단스고르-외슈거 사건Dansgaard Oeschger events■이라고 한다. 처음으로 이런 사건을 보고한 덴마크 과학자 빌리 단스고르Willi Dansgaard와 그의 스위스 동료 과학자 한스 외슈거Hans Oeschger의 이름을 따서 만든 용어이다.

이런 사건들은 노르딕 해Nordic Sea에서 갑작스레 심해수 형성이 시작되고, 그 영향으로 온난하고 염도 높은 대서양 바닷물이 북쪽을 향해 대규모로 밀려온 데에서 비롯한 것으로 보인다. 아이슬란드 근처의 퇴적층들은 그린란드의 온도가 오를 때마다 바다의 염도가 갑자기 상승했음을 보여준다. 더욱이 최근에 남극에서 이뤄진 유럽 과학자들의 얼음 시추작업(유럽 남극얼음 시추 프로젝트EPICA의 하나)의 결과를 보면, 그린란드에서 온도가 뛰어오를 때마다 남극에서는 온도가 점진적 온난화 경향에서 점진적 한랭화 경향으로 전환했던 것으로 나타난다. 이것은 대서양에서 열 운반이 증가했음을 명백하게 보여준다. 또한 단스고르-외슈거 사건의 컴퓨터 모형 시뮬레이션에서도 똑같은 패턴이 나타났다.

바다 순환의 갑작스런 변화를 보여주는 또 다른 유형, 즉 북대서양에서 심해수 형성이 완전히 중단된 사건에 대한 훌륭한 증거도 있다. 이런 사건은 지구 역사에서 몇 차례 일어났는데, 대량의 민물이 북대서양으로 유입된 데 따른 것이었다. 그 민물은 대륙빙continental ice이 대량 유입되거나(이른바 하인리히 사건Heinrich events■으로 거대한 빙산 무리가 대서양을 가로질러 떠다녔다), 최근 빙하기 말에 얼음이 녹으면서 흘러들었다. 예를 들어 8,200년 전에 북아메리카 대륙에서는 얼음이 녹아 생긴 아가시Agassiz라는 큰 호수를 막고 있었던 얼음 둑이 터지면서, 그린란드의 시추 얼음ice core에서도 나타나는 강력한 한랭화라는 최근 사건을 일으켰다. 대양 순환의 정지는 또한 유럽에 한랭 사건을 일으켰음을 의미한다. 그런 사건들은 꽃가루 데이터나 퇴적물 시추 시료에 잘 기록돼 있다. 이는 모두 물리적으로 이해된다. 민물이 큰 규모로 대서양에 유입된다면 민물만의 '덮개'lid가 형성되어 바닷물이 가라앉지 못하고, 그리하여 열염순환을 위해 필요한 심해수 형성을 가로막게 된다.

북대서양 위도에서 일어나는 이런 한랭 기후 단계와는 대조적으로, 단스고르-외슈거 온난화 사건에서 특별히 흥미로운 점은 이런 해류 변화를 일으키는 거대한 방아쇠의 징조를 데이터에서 도무지 찾을 수 없다는 것이다. 우리는 기후에 나타나는 어떤 아주 작은 변동이, 아마도 태양주기의 약화가 대양의 변화를 촉발하기에 충분했을 것이라고 믿고 있다. 당시에 바다 순환은 매우 불안정했으며, 틀림없이 큰 변화가 시작되는 '임계' 문턱값(역치)에 아주 가깝게 접근했을 것이기 때문이다. 이것은 단순한 추측이 아니다. 이미 임계 문턱값에 관한 물리학은 아주 잘 밝혀져 있다. 북대서양 염도의 정교한 균형, 특히 비와 강물, 얼음 녹은 물에서 생기는 민물의 유입 그리고 해류를 통해 남쪽에서 오는 염도 높은 바닷물의 추가 공급 사이에서 정교한 균형이 그런 변동의 원인이 된다. 흐름은 염도에 따라 달라지고(앞에서 이미 살펴보았듯이) 염도는 흐름에 따라 달라지기 때문에, 여기에는 고전적인 양의 되먹임 메커니즘feedback mechanism이 나타난다. 물리학자라면 누구나 이 되먹임이 불안정한 거동이 일어나기에 좋은 어떤 것, 그리고 갑자기 다른 상태로 '건너뛰는' 잠재력을 지닌 것이라고 인식할 것이다. 이런 문턱 거동threshold behavior을 체계적으로 연구하는 데에는 기후 모형■이 이용되어 왔다. 제4장에서 우리는 미래에 다시 일어날 해류 불안정성의 위험에 관해 논할 것이다. 지금으로서는 해류라는 것은 아주 불안정할 수 있으며 이런 불안정성이 어느 지역의 큰 기후 변화를 일으킬 수 있다는 점을 기후 역사의 교훈으로 기억해 둘 필요가 있다.

우리한테 익숙한 기후에서도 바다의 동역학 그리고 해류, 바람, 수온 간의 상호작용은 요동으로 이어진다. 그중에서 가장 중요한 요동으로 알려진 것이 엘니뇨■ 현상(남방 진동Southern Oscillation으로도 알려져 있다), 그리고 북대서양 진동North Atlantic Oscillation이다. 엘니뇨라는 이름은 애초에 동쪽의 열대 태평양(남아메리카 해안에서 멀리 떨어진 바다)에서 3~7년마다 한 번씩 일어나 몇 달 동안 지속되는 바다 온도의 갑작스런 온난화 현상에 붙여진 말이었다. 지금은 이것이 무역풍이 잦아들고 열대 온난해수 지역warm pool(앞에서 한 설명을 참조)의 따뜻한 물이 태평양 서쪽에서 동쪽으로 밀려드는 자연 요동의 과정에서 일어나는 온난 국면이라는 것이 알려져 있다. 이는 다시 무역풍의 약화를 더 가속화한다(고전적인 양의 되먹임 메커니즘). 그리하여 예컨대 인도네시아와 오스트레일리아에는 가뭄이 들고 남아메리카에는 더 많은 비가 내리게 한다. 마침내 적도를 따라서 태평양을 가로질러 달려가는 파랑이 이 현상의 마지막을 장식한다. 이 체제는 이렇게 앞뒤로 진동한다. 이에 비해, 북대서양 진동NAO은 해수면 압력의 시소 현상에 의해 생기는데, 압력의 시소는 아이슬란드 지역의 저압과 아조레스제도 지역의 고압 사이에서 일어난다. 이는 수온의 영향도 받는다. 그리하여 유럽 전반에 강한 서풍을 동반하는 폭풍의 겨울이 될지 온화한 겨울이 될지(북대서양 진동의 양의 국면), 춥고 건조한 겨울이 될지(음의 국면)가 결정된다.

바다가 기후에 영향을 주는 세 번째 방식은 증발을 통해 대기에 물을 공급하는 것이다. 사람들은 비나 눈으로 땅에 떨어지는 물이 궁극적으로는 바다에서 왔다는 것(그리고 물순환의 마지막 단계가 바다에서 끝나리라는 것)을 안다. 이런 식으로 이동하는 물의 양은 어마어마하다. 해마다 40만 세제곱킬러미터가 넘는 물이 바다에서 증발하는데, 이는 발트 해의 물에 견줘 대략 20배나 많은 양이다. 평균적으로 바다 위의 대기는 수증기를 80퍼센트가량 머금고 있다.(즉 상대습도가 80퍼센트이다.) 바다에서 증발한 물은 대기에서 대략 평균 10일 정도 머문다.(다시 말해 10일마다 대기의 모든 물이 교체된다는 뜻이다.) 증발한 물은 다시 빗물이 되기 전까지 대략 1,000킬로미터를 이동한다. 그렇지만 전반적으로 보면 대기는 놀라울 정도로 적은 양의 물을 머금고 있다. 만일 모든 수증기가 한꺼번에 비가 되어 내린다 해도 해수면은 고작 3센티미터만 오를 것이기 때문이다.

물론 물은 구름의 기반이 되며, 또한 구름양cloud cover의 변화는 지구의 에너지 수지, 그러니까 지구 전체의 평균온도를 변하게 하는 몇 가지 안 되는 방식 중 하나이다. 그런 변화는 지구로 들어오는 태양복사의 변화(예컨대 태양 활동의 변동으로 인해)를 통해서만 일어날 수 있다. 반사되는 태양복사 부분(이른바 '알베도'■인데 여기에서 구름이 큰 몫을 한다)이 변하거나 지구 밖으로 나가는 긴 파장 복사에 변화가 생길 때 그렇게 된다. 바다는 구름을 만드는 충분한 물을 공급함으로써 기후에는 냉각 효과를 끼친다.

사람들이 잘 모르는 사실은 물순환이 에너지 순환에도 아주 밀접하게 연계되어 있다는 점이다. 물의 증발에는 많은 열(이른바 증발잠열latent heat of evaporation)이 소모되는데, 증기 상태의 물이 액체 상태의 물보다 더 높은 에너지 상태에 있기 때문이다. 수증기가 물방울로 응결하자마자(즉 구름을 형성할 때), 이 열은 다시 방출된다. 그러므로 증발은 바다 표면에 있는 열 저장소heat sink인 셈이며, 바다 표면에 도달하는 태양열의 많은 부분을 소비하는 셈이다. 구름 고도에서 일어나는 응결은 한 동전의 뒷면일 뿐이다. 응결은 대기에 다시 열을 방출하는 원천이 된다.

이런 연계를 보여주는 특별하고도 중요한 사례가 열대성 폭풍 tropical storm이다. 바다 표면의 증발은 폭풍의 주요한 에너지원이 된다. 열대성 폭풍이 육지에서는 생기지 않는 이유가 여기에 있다.(육지에 상륙한 직후에는 빠르게 잦아든다.) 또 차가운 바닷물 위에서도 생기지 않는다.(그런 곳에서는 증발량이 너무 적다.) 허리케인의 중심에서는 물을 머금은 대기가 상승하는데, 상승기류가 있는 동안에는 기압이 떨어져 대기는 냉각되고 초포화 상태가 된다. 뒤이어 열이 방출된다. 이로써 대기 일부는 주변의 대기보다 더 따뜻해지고, 다시 이 때문에 대기는 훨씬 더 빠르게 상승한다. 그리하여 왕성하게 솟아오르는 대기 기둥이 생성되며, 그 바다 표면 근처에서 이곳으로 대기가 유입되어 기류 상승을 돕는다. 바다에서 부는 세찬 바람은 폭풍에 에너지 공급을 도와주는 증발을 가속화한다. 코리올리의 힘은 폭풍 중심을 향해 모여드는 바람들을 비끼게 하며, 그리하여 허리케인은 뱅뱅 돌게 된다. 폭풍은 북반구에서는 반시계 방향으로, 남반구에서는 시계 방향으로 회전한다. 코리올리의 힘은 적도에서는 바로 사라지기 때문에 적도에서는 허리케인이 없다. 허리케인은 적도의 북쪽과 남쪽으로 적어도 위도 5도 그 이상에서만 발생한다.

바다가 기후에 영향을 주는 네 번째 방식은 얼음을 통해서 이뤄진다. 앞에서도 말했듯이 지구 열의 수지(유입 · 유출)에 영향을 끼치는 한 가지 방식은 알베도, 즉 지상 또는 대기에서 반사되는 햇빛의 양에 나타나는 변화이다. 이런 변화를 일으키는 특별히 효과적인 방식은 바닷물이 얼음이 되거나 거꾸로 얼음이 바닷물이 되게 하는 것이다. 바닷물은 섭씨 영하 1.8도 부근에서 언다. 바닷물의 염분은 어는 것을 어느 정도 막는 구실을 한다. 위성 영상에서 볼 수 있듯이, 바다는 지구에서 가장 어두운 표면에 속해 바닷물이 지구에 들어오는 태양복사를 90퍼센트 넘게 흡수한다. 반면에 가장 밝은 표면인 얼음은 태양복사의 90퍼센트 이상을 반사한다. 이런 사실로 인해 바다는 기후에 강력한 영향을 끼칠 수 있다. 극지방이 온난화하고 바다얼음 면적이 줄어들면, 햇빛을 더 적게 반사하고 더 많이 흡수하여 온난화를 증폭한다.(제4장에서 더 논하겠지만 이런 중대한 과정이 바로 지금 북극에서 진행되고 있으며, 그것은 최근 수십 년 동안 북극 지역에 나타난 유난히 큰 규모의 온난화를 설명할 때에도 중요한 요인이 된다.) 그런데 바다는 바다얼음만을 만드는 게 아니라 땅에 내리는 눈 그리고 빙하와 대륙빙의 수분을 공급하기도 한다. 눈과 빙하, 대륙빙은 육지에서도 마찬가지로 얼음 알베도의 되먹임 효과를 만들어낸다. 지난 빙하기의 절정 시기인 2만 년 전에 지구 해수면은 지금보다 120미터나 낮았다. 우리가 오늘날 경험하는 해수면과 당시 해수면의 차이는 바다가 당시 육지에 거대한 얼음 덩어리를 만드는 데에 얼마나 많은 물을 제공했는지 보여준다.

마지막으로 바다가 기후에 큰 영향을 끼치는 다섯 번째 방식은 바다와 대기 간의 기체 교환을 통해서 이뤄진다. 이런 기체 중에서 가장 중요한 것이 이산화탄소CO_2이다. 대기는 이산화탄소의 형태로 대략 8000억 톤의 탄소를 머금고 있다.(인간의 배출이 시작되기 전에는 6000억 톤이었다.) 이런 수치가 많아 보인다면, 바다가 머금고 있는 그 양은 이보다 50배나 많다는 점을 생각하라. 이 거대한 저장소는 대기와 짝을 이루고 있다. 바다 표면에서 바다는 대기에 기체를 방출하고 또 대기의 기체를 흡수할 수 있다. 이런 식으로 바다가 대기와 교환하는 양은 사실상 한 해에 900억 톤에 달한다. 산업화 시대 이전의 수천 년 동안에 바다는 방출한 만큼 흡수했으며 그 체제는 평형을 이루었다. 이는 시추얼음 시료의 데이터에서 관찰할 수 있는데, 그 데이터를 보면 이산화탄소의 대기 농도는 수천 년 동안 일정하게 유지되었다. 그렇지만 오늘날 인간은 해마다 대기에 60억 톤의 이산화탄소를 배출하고 있다. 그중에서 20억 톤이 바다 표면의 기체 교환 과정을 통해 바다로 들어간다. 그 결과로 수천 번의 측정을 통해 기록되었듯이, 대기뿐 아니라 바다 상층에서도 이산화탄소 함량은 증가하고 있다. 바다가 이런 부담의 일부를 지고 있다는 사실은 축복이면서 동시에 불행이다. 바다의 대기 중 이산화탄소 흡수는 이산화탄소의 증가 속도를 줄임으로써 지구 온난화의 효과를 줄여주지만(제4장 참조), 다른 측면에서 그것은 바다 산성화■의 증가를 초래한다(제5장 참조).

2 바다의 생명

생명은 바다에서 시작했다. 그리고 바다는 언제나 헤아릴 수 없이 많은 매력적이고 아름다운 식물과 동물의 안식처가 되어 왔다. 지구 역사를 통틀어 바다에서 진화하고 그 안에서 살아온 유기체의 대부분은 이제 사라졌지만, 이는 생명이 끊임없이 변화하며 진화하고 있다는 사실을 보여주는 하나의 표현일 뿐이다. 오늘날 세계 대양에서는 유기체의 놀라운 다양성을 확인할 수 있다. 바다가 얼마나 많은 생물에게 삶터가 되고 있는지는 아무도 정확하게 알지 못한다. 그러나 그 숫자는 천만 종 이상일 것으로 추정된다. 그 중에서 고작 30만 종이 과학에 의해 기록되었지만 그 유기체의 다수는 여전히 인간의 눈에 띄지 않고 있다.

바다의 생명과 '지구'라는 시스템

바닷속의 생명은 '지구'라는 전체 시스템(체계)을 지금 우리가 아는 행성의 모습으로 만드는 데 중요한 구실을 해왔으며 또한 여전히 그러고 있다. 대략 34억 년 전, 원시 바다에 살았던 작고 원시적인 식물('시아노박테리아' cyanobacteria■라고 불리는 광합성 박테리아만이 살았다) 중 일부가 부산물로 산소를 생성하는 광합성의 형태로 발전했다. 그 덕분에 오늘날 우리가 경험하는 대기의 21퍼센트가량은 산소로 구성될 수 있었다. 이런 농도는 인간 같은 다세포 유기체가 생존하기에 충분할 정도로 높은 것이다. 그것만으로 충분하지 않았는지 바다 식물에 의한 산소 생산은 결국에 15~50킬로미터 상공의 성층권■에 오존■층도 발달시켰는데, 이 오존층은 태양의 자외선을 차단하여 육상에서도 유기체가 살 수 있는 환경을 조성했다. 오존층이 발달하기 이전에 지구 생명체는 자외선을 차단하는 물이 있는 바다에서만 살 수 있었다. 그러니 우리가 지금 존재할 수 있는 것은 맨눈으로 볼 수 없을 정도로 매우 작은 바로 이 시아노박테리아 덕분이다.

바다 유기체가 우리 인간이 의지하는 환경을 창조하는 데 얼마나 중요한 구실을 하는지 생각하면, 대부분 사람이 바다의 자연에 관해 거의 모르거나 관심을 두지 않는다는 점은 이상하게 여겨질 법하다. 대부분 사람은 인간의 여러 육상 활동이 유기체들이 의지하는 생활 조건이나 서식처를 바꿔놓아 자연을 위협한다고 인식한다. 그래서 많은 나라들은 환경에 해를 끼치는 활동의 장소와 범위를 제한하는 법률을 갖추고 있다. 또한 자연 또는 그 일부가 인간의 개입에서 벗어나 어느 정도 자유롭게 발전하도록 보호 구역도 설정하고 있다. 전 세계에서 대략 180만 제곱킬로미터의 육지 면적이 자연보호 규제를 받고 있다. 바다의 자연이 육지의 자연에 견줘 덜 중요하거나 보호할 가치가 덜하다고 말할 근거는 절대 없는데도, 자연보호 규제가 적용되는 바다 면적은 현재 190만 제곱킬로미터뿐인 것으로 추산된다. 지구 표면에서 바다로 덮인 면적은 땅 면적의 두 배가 넘는다는 사실로 볼 때, 왜 자연을 보호하려는 노력이 바다에서는 제한적으로 이뤄지는지 의아하게 생각할 수 있다.

의심할 바 없이 그 대답은 바다가 우리 인간에게는 매우 이국적이고 친절하지 않은 환경이라는 사실에 있다. 만일 우리가 바다에 던져진다면, 대부분의 경우에 우리는 아주 오래 동안 생존하지는 못할 것이다. 그러므로 우리는 대개 바다 주변에서 바다를 바라볼 뿐이며, 이는 우리가 바다 속을 들여다보거나 그 속의 생명체에 시선을 보내기보다는 그저 바다를 멀리서 관망할 뿐임을 말해준다. 우리는 배를 타고서 바다를 내려다볼 수 있지만, 역시 바다가 품고 있는 자연을 볼 수는 없다. 일부 사람들은 다이빙 장비나 잠수함을 이용해 제한된 시간 동안이나마 더 깊은 바다 속으로 들어가지만, 그때에도 우리 감각의 한계로 인해 바다 속에 존재하는 자연의 대부분을 볼 수 없고 감상할 수 없다.

육지 생명체는 바다 생명체와 얼마나 다른가

잠시 생각해 보자. 숲길을 걸으면서 우리는 무엇을 보는가? 가장 분명하게 눈에 띄는 것은 나무, 풀, 그리고 벌레나 새 같은 작은 동물이다. 가끔 운이 좋아서 사슴, 멧돼지, 여우 같은 큰 동물도 볼 수 있을지 모른다. 그리고 정말로 재수가 좋다면 먹이사슬의 꼭대기에 있는 독수리나 늑대 같은 몸집 큰 육식동물까지도 볼 수 있을 것이다. 그렇지만 숲의 자연에 대한 우리의 전반적인 인상은 숲이라는 게 풀을 먹거나 풀 먹는 유기체를 잡아먹는 작은 유기체들이 지배하는 곳이라는 것이다. 이제 시야가 트인 초원으로 가서 자연을 관찰해 보자. 무엇이 보이는가? 서로 다른 식물과 완전히 다른 동물들이 있다. 서로 다른 새들이 날고, 저 멀리 토끼가 보이고, 뱀은 햇볕 쬐고, 그리고 숲 바닥의 검은 딱정벌레 대신에 나비들이 난다. 우리는 직관으로도 안다. 이렇게 서로 다른 두 환경에서 자연이 서로 다르게 보이며 다르게 움직이는 것은 각각의 영역에는 서로 다른 식물이 자라고 있기 때문이다.

다시 이제는 바다로 가서 자연을 관찰해 보자. 무작정 바다에 풍덩 뛰어들어 거기에서 전체를 대표할 만한 곳을 찾는다고 생각해 보자. 그러려면 우리는 해안과 즐겨 찾는 해변에서 멀리 떨어져 있어야 한다. 자 이제, 사방에 육지는 전혀 보이지 않는 곳에 와 있다고 생각하자. 발밑에는 해저 바닥이 수천 미터까지는 아니라 해도 수백 미터 아래에 있다. 무엇이 보이는가? 아무것도 안 보인다. 풀도 없고 곤충도 없고 작은 동물도 없다. 충분히 오래 기다리면 물고기 한 마리나 작은 물고기 떼가 다가올지도 모르고 심지어 (매우) 드물게 작은 물고기를 잡아먹는 더 큰 물고기 또는 물개나 고래 같은 포유류가 헤엄쳐 지나가는 모습을 볼지도 모른다. 그렇기 때문에 시야가 트인 바다에서 당신이 본 자연은 어떠한지 설명해 달라고 요청하면, 대부분 사람은 그저 물고기, 상어, 고래의 모습을 그려낼 뿐이지 그런 동물을 먹여 살리는 생태계를 생각하지는 못한다.

우리는 육지의 자연 그리고 생태계를 만드는 요인에 대해 직관적으로 이해하고 있다. 대체로 식물의 범위가 어떤 유형의 초식동물이 존재할 수 있을지 결정한다는 점을 알며, 생태계의 나머지를 구성하는 것이 무엇인지 이해한다. 또한 우리는 물과 빛, 영양소를 얻는 일이 식물의 생존에 중요한 도전이 된다는 점을 받아들인다. 이 때문에 육지의 식물은 종종 거대한 뿌리의 네트워크를 갖추고 있다. 여러 식물은 더 많은 빛을 받으려고 아주 높게 자란다. 그러기 위해서 식물의 꼭대기까지 바로 물을 운반할 수 있는 강한 가지와 줄기를 발달시켜야 했다. 식물의 생존을 위해 물 운반, 세포벽 강화, 광합성 같은 여러 가지 다른 기능을 수행하는 다른 세포들의 다세포 생물이 되어야 했다. 몸집이 커지고 다세포 생물체가 되는 것은 육지의 식물한테는 경쟁력 있는 이점이 된다. 육상에서는 물과 빛이 서로 떨어져 있어, 물은 땅 속 깊은 곳에 있고 빛은 지구 표면 위에 풍부하기 때문이다.

바다 식물한테 물은 아무런 문제가 되지 않는다. 그러니 고도로 발달한 육지 식물에 일반적으로 나타나는, 상대적으로 몸집이 크고 더 분화된 형태가 바다 식물한테는 필요 없다. 사실, 대양에 살면서 몸집이 크다는 것은 바다 식물한테는 경쟁력이 떨어지는 불이익이 될 수 있다는 주장도 할 수 있다. 왜냐하면 몸집 큰 바다 식물은 가라앉아 빛이 거의 도달하지 못하는 심연으로 곧바로 떨어질 수도 있기 때문이다. 그래서 바다 식물의 대부분은 상당히 작다. 바다에서 일어나는 광합성의 95퍼센트 이상은 너무 작아 맨눈으로 식별할 수 없는 식물에 의해 이뤄진다. 바다에서도 식물 활동(광합성)은 육지의 식물 못잖은 규모로 일어난다.

바다 식물: 식물플랑크톤

이런 작은 식물을 아울러 피토플랑크톤phytoplankton, 즉 식물플랑크톤■이라고 부른다. 피토phyto는 식물을 뜻하는 그리스 말에서 온 것이며, 플랑크톤plankton은 너무 작거나 약해서 물의 흐름이 있을 때 자기 자리를 지키기조차 힘든 유기체를 뜻하는 말이다. 우리는 식물플랑크톤을 직접 볼 수는 없기 때문에, 분류학으로 볼 때 그것들이 서로 다른 수많은 그룹으로 이뤄져 있고 그 특징도 매우 다르

그림 2-1 플랑크톤 먹이사슬

작은 식물플랑크톤은 작은 동물플랑크톤(해류에서 발견되는 작은 동물)에게 잡아먹힌다. 더 큰 식물플랑크톤은 큰 동물플랑크톤에게 잡아먹히며, 큰 동물플랑크톤은 다시 물고기 유생(새끼)의 영양소가 된다. 그러므로 식물플랑크톤이 번성한 곳에서는 먹이사슬이 매우 짧고 효율이 높으며, 그런 곳에는 물고기도 많이 산다.

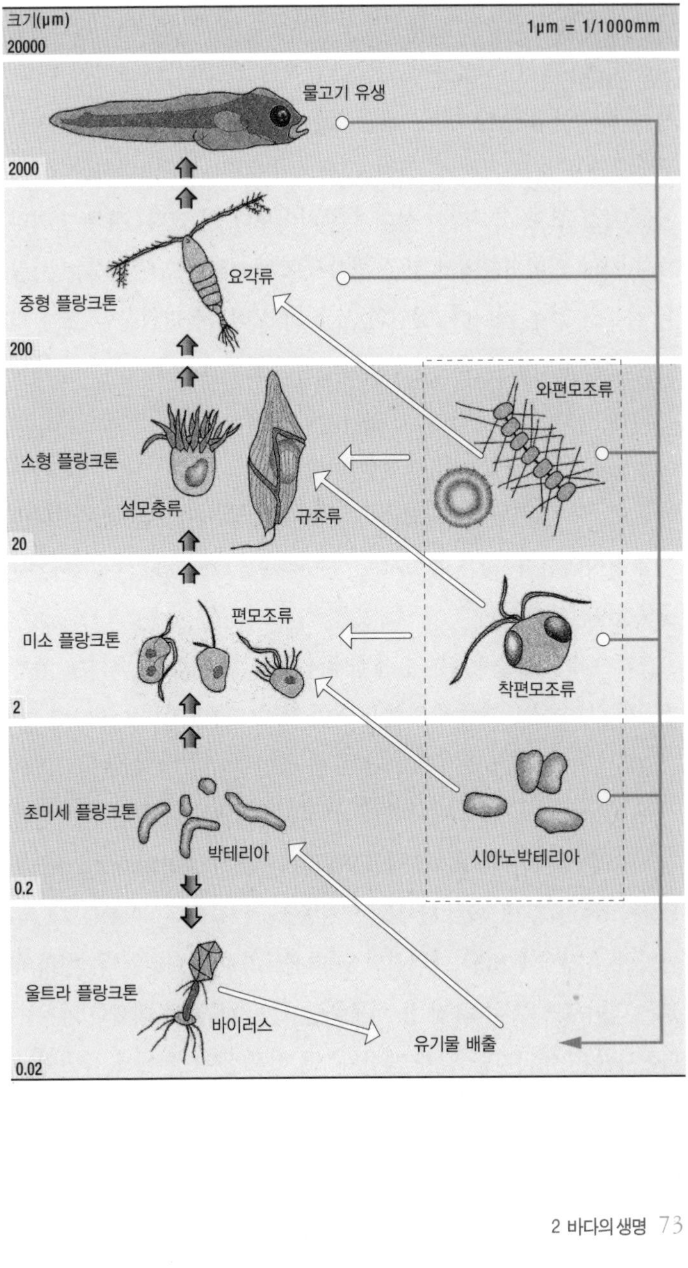
크기(μm)
1μm = 1/1000mm
20000
물고기 유생
2000
요각류
중형 플랑크톤
200
와편모조류
소형 플랑크톤
섬모충류
규조류
20
편모조류
미소 플랑크톤
착편모조류
2
초미세 플랑크톤
박테리아
시아노박테리아
0.2
울트라 플랑크톤
바이러스
유기물 배출
0.02

다는 사실을 받아들이지 않는 경향이 있다. 게다가 비교의 측면에서 말하면 서로 다른 식물플랑크톤 종 간에는 크기의 차이도 엄청나다. 물론 우리 몸집과 비교하면 모든 식물플랑크톤이 매우 작지만, 식물플랑크톤 중에서 가장 큰 것과 가장 작은 것의 상대적인 크기의 차이는 사실 쥐와 코끼리의 상대적인 차이보다 더 크다. 쥐와 코끼리가 육지의 먹이사슬에서 같은 방식으로 참여한다고 주장하는 사람은 아무도 없을 것이다. 당연히 서로 다른 식물플랑크톤의 크기 차이는 그들을 잡아먹는 동물들한테 엄청나게 중요하다.

20마이크로미터μm(1μm=0.001mm) 넘는 세포 길이를 지닌 큰 식물플랑크톤은 몸집 큰 동물플랑크톤zooplankton■한테 직접 잡아먹히고, 몸집 큰 동물플랑크톤은 물고기 유생이나 작은 물고기한테 직접 잡아먹힌다. 작은 물고기 중에는 식물플랑크톤을 직접 먹는 것들도 있다.(그림 2-1)

그러므로 식물플랑크톤의 세계에서 몸집 큰 종들이 대세를 이루면, 먹이사슬에는 광합성 과정을 거쳐 햇빛에서 포획한 에너지가 물고기의 단계에 도달하기까지 한두 개의 연결이나 단계만이 존재하게 된다. 먹이사슬에서 에너지가 하나의 단계에서 다른 단계로 이전될 때마다(즉 작은 물고기가 식물을 먹을 때, 식물을 먹은 동물을 더 큰 동물이 잡아먹을 때. 이런 단계를 '영양단계'trophic level■라 부른다), 잡아먹힌 유기체에 있던 에너지의 90퍼센트가량은 사라진다. 따라서 짧은 먹이사슬은, 즉 몸집 큰 식물플랑크톤 세포들이 대세를 이루는 먹이사슬은 에너지를 일차 생산자■인 식물플랑크톤에서 물고기로 이전하는 데 가장 효율적이다. 그러므로 우리는 몸집 큰 식물플랑크톤이 무성한 지역이 작은 식물플랑크톤이 지배하는 지역에 비해 더 많은 물고기를 먹여 살린다는 점에서 더 생산적일 거라고 예측할 수 있다. 실제로도 그렇다. 큰 식물플랑크톤이 때때로 풍부해질 수 있는 온대 지역에서 어획량(일정 단위의 노력으로 잡아들이는 물고기의 양)은 작은 플랑크톤 종이 언제나 대세를 이루는 열대 지역의 어획량보다 훨씬 더 많다.

어느 지역에 식물플랑크톤 중에서 작은 놈이 대세를 이루느냐 큰 놈이 대세를 이루느냐를 결정하는 것은 무엇일까? 답은 단순하다. 영양소의 이용도nutrient availability이다. 식물이 성장하는 데에는 물, 영양소, 그리고 빛이 필요하다. 바다 유기체에는 물이 문제가 되지는 않는다. 그러나 풍부하게 공급되는 영양소와 빛을 찾는 일은 문제다. 식물플랑크톤이 영양소를 섭취하는 일은 세포벽을 통해 일어나는 에너지 집약적인 과정이다. 영양소의 이용도가 제한된 환경에서는 작은 몸집이 유리하다. 작은 세포가 큰 세포에 비해서 부피당 표면적의 비율이 더 크기 때문이다. 따라서 영양소가 부족한 곳에서는 언제나 더 작은 플랑크톤 세포가 대세를 이루게 마련이다.

먼바다에서는 질소N의 이용도가 식물의 활동성을 제한하는 요인이 된다. 그러나 일부 해안 지역에서는 인P이 그 활동성을 주기적으로 제한한다. 또한 최근 몇 년 동안에는 남태평양의 많은 지역에서 철Fe의 농도가 식물플랑크톤의 활동성을 조절한다는 것도 분명해지고 있다. 이것은 특히나 흥미로운 관찰이다. 대기의 산소가 지구 역사를 통틀어 왜 일정하게 발달하지 않았는지 이해하는 데 도움을 주기 때문이다. 화산 활동의 결과로 철 티끌이 바다로 전해지고, 이로 인해 바다에서 철의 이용도가 제한되었을 지역에서 광합성, 즉 산소의 생산이 촉진되었다.

빛을 이용할 방법을 획득하는 것은 식물플랑크톤에게 도전 과제이다. 바닷속에서도 빛은 태양에서 오기 때문이다. 당연히 빛은 바다의 최상층에서만 풍족하다. 수심이 깊어질수록 이용할 수 있는 빛은 급격하게 약해진다. 빛의 양이 감소하는 속도는 물이 얼마나 맑으냐에 따라 다르다. 표층수에 영양소가 많고 식물플랑크톤이 풍부한 곳에서는 빛이 바닷물을 깊숙이 뚫고 들어갈 수 없다. 일반적으로는, 바닷물로 입사하는 햇빛 중 1퍼센트라도 존재하는 정도의 깊이에서도 식물플랑크톤이 성장할 수 있다고 말한다. 이는 다시 말해서 표층수의 영양 농도가 높은 바닷물에서(즉 온대 지역의 어떤 계절에) 식물플랑크톤은 바닷물의 상층 10~20미터 이내에서 성장할 수 있음을 뜻한다. 이와는 반대로 영양소의 이용도가 매우 제한된 곳에서, 즉 대부분 열대지방의 바닷물 같은 곳에서 광합성은 100미터가 넘는 깊이에서도 여전히 가능하다.

집과 정원의 식물들을 보면서 우리는 일부 종은 빛을 충분히 받을 때 번성하는 데 비해 어떤 종은 빛이 적은 환경을 더 좋아한다는 것을 배운다. 식물플랑크톤도 마찬가지이다. 상대적으로 안정된 물의 수직분포에서, 즉 위와 아래의 물이 잘 섞이지 않는 바닷물에서, 식물플랑크톤의 종 분포는 더 밝은 표층수에서 훨씬 아래의 캄캄한 상태로 내려갈수록 매우 다르게 나타난다. 그러므로 육지 식물과 마찬가지로 어떤 종이 생존할 수 있는 빛 세기에도 특정한 범위가 존재하게 마련이다. 잘 섞이는 물의 수직분포에서, 식물플랑크톤은 물의 수직분포 전체의 여기저기에 운반된다. 그러므로 그런 곳에서 식물플랑크톤은 높고 낮은 빛의 세기를 모두 다 잘 견딜 수 있어야만 한다. 그렇지만 물의 수직분포가 성층화되어 있다면, 즉 위아래로 나뉘어 층을 이루는 서로 다른 물 덩어리들로 이뤄져 있다면, 식물플랑크톤이 자신에게 가장 적합한 빛의 상태를 '선택'할 수도 있다. 성층화한 바닷물에서 발견되는 많은 식물플랑크톤 종들은 편모를 지녀, 헤엄칠 수도 있고 안정된 곳으로 자신을 이동시킬 수 있다.

이제 우리는 광합성에 필요한 충분한 빛은 바다의 표면에 있음을 안다. 표층수에 있는 영양은 광합성 과정에서 식물플랑크톤이라는 유기 입자와 한 몸이 되어 결국에는 식물플랑크톤을 먹고 사는 유기체 안으로 들어간다. 영양소를 머금은 입자가 물보다 더 무거워지면 표층에서 아래로 가라앉는다. 식물플랑크톤이 가라앉는다는 것은 결국 이들이 몸에 섭취한 양양소를 바다의 심층수로 가져간다는 것을 의미한다. 바닷물의 수직분포에서 온도나 염도를 측정해 보면 지구 대양의 대부분 지역에서 바닷물의 위아래는 잘 섞여 있지 않음을 알 수 있다. 달리 말해 바다에는 위아래로 서로 다른 물 덩어리가 두 개 이상 존재한다는 말이다. 이런 물 덩어리는 온도와 염도가 서로 다르다. 밀도도 서로 다르다. 그러니 물 덩어리들은 샐러드드레싱의 기름과 식초와 마찬가지로 그 체제에 에너지가 투입되지 않는다면 쉽게 섞이지 않는다.

만일 바다의 아래층에 있는 영양소 풍부한 물과 표층수가 서로 섞이지 않는다면, 바다에는 식물플랑크톤도 살지 못하고 또한 식물플랑크톤에 의지해 생존하는 모든 유기체들도 살지 못할 것이다. 심해수에서 표층수로 영양소를 운반할 수 있는 메커니즘이 존재하는 것은 천만다행이다(제1장 참조). 심해수가 표층으로 솟아오르는 용승 현상은 서쪽 해안(예를 들어 아프리카와 남아메리카 해안)을 따라 일어난다. 그곳에서는 서로 다른 물리적 과정들의 상호작용으로 인해 표층수가 해안에서 바깥쪽으로 밀려가는 현상이 일어난다. 그러면 심해수가 위쪽으로 이동해 표층수의 자리를 대신 차지한다. 영양소가 풍부한 심해수의 용승은 적도에서도 일어나는데, 그곳에서는 지구의 자전과 이에 따른 코리올리의 힘 때문에 북반구와 남반구의 표층수는 반대 방향으로 흐르며 서로 멀어진다(제1장 참조). 적도와 해안 지역의 두 가지 용승 체제에서 그런 것과 마찬가지로, 주요한 용승 현상은 남극 근처에서도 일어난다. 주요한 용승 체제들이 영양소를 표층수 쪽으로 운반함으로써 식물플랑크톤의 성장이 촉진된다는 점은 표층수에 나타나는 광합성 색소인 엽록소(식물플랑크톤의 양을 보여주는 지표이다)의 지리적 분포에서도 확인할 수 있다.

심해수의 용승 현상은 해저 바닥의 작은 언덕 지형이나 국지적인 바람 상태 때문에 국지적으로 일어나기도 한다. 이런 소규모의 용승 때문에 식물플랑크톤 분포가 조각조각으로 나타날 수 있다. 달리 말하면 어느 대양에서 영양소를 심해수에서 표층수로 운반하는 데 도움이 되는 국지적인 물리적 조건들 덕분에, 대양 전체에 식물플랑크톤의 수평분포는 고르게 나타나지 않는다는 것이다. 어떤 경우에는 고작 수백 미터의 규모에서도 식물플랑크톤 양의 차이가 극적일 수도 있다. 앞에서 보았듯이, 햇빛이 잘 비치는 곳에서 식물플랑크톤의 수직분포도 반드시 고른 것은 아니다. 바다 표층에서 식물플랑크톤의 농도가 아주 낮게 나타나는 곳도 종종 있다. 이런 현상은 바다 표면에 영양소가 부족하거나 빛의 수준, 즉 너무 강한 자외선이 바다 표면의 식물플랑크톤에 해를 끼칠 때 일어날 수 있다. 이런 경우에는 식물플랑크톤의 농도가 정점에 달하는 곳은 종종 바닷물의 좀 더 아래쪽에서 나타나곤 한다. 그런 식물플랑크톤의 정점은 두 물덩어리가 만나는 곳에 곧잘 형성되는데, 때때로 정점 영역은 너무도 폭이 좁아 겨우 몇 미터나 그 미만의 수직 거리뿐이다.

수면 아래의 식물플랑크톤 군집을 소규모로 채취해서 살펴보면, 정점 영역 안에서도 식물플랑크톤의 각 종이 뚜렷이 다른 분포를 이루고 있음을 알 수 있다. 어떤 종들은 수심이 깊어질수록 농도가 낮아진다. 다른 종들은 농도가 높아진다. 어떤 종들은 아주 폭이 좁고 긴 영역에서 발견되며, 다른 종들은 전체 영역에 걸쳐 퍼져 있을 수도 있다. 어떤 종들은 다른 종들과 함께 존재하며 어떤 종들은 특정한 종과는 결코 함께 출현하지 않는다. 이는 무엇을 말해주는가? 우리 감각 체계로는 예컨대 바닷물의 2미터 두께 층 안에 있는 서식지들의 차이를 인식하지 못하지만, 식물플랑크톤은 이런 차이를 인식하는 능력을 지니고 또한 그것을 잘 활용하고 있음을 보여준다.

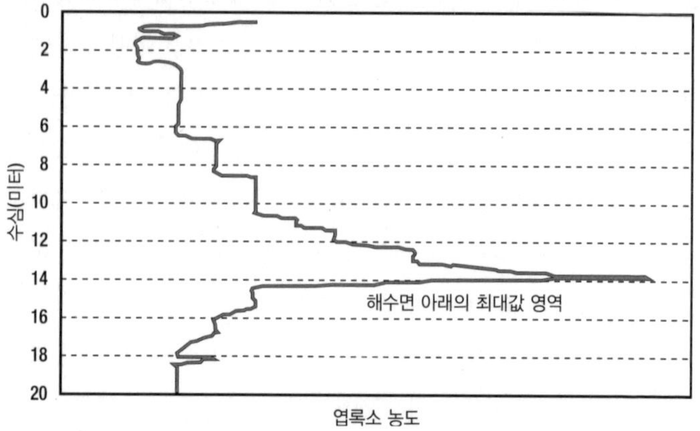

그림 2-2 바다 수심에 따른 엽록소(식물플랑크톤)의 분포는 바다 식물의 생활이 고르지 않음을 보여준다.

일반적으로 생태학에서는 어떤 특정한 생태계에 있는 생물종의 숫자는 그 생태계에 있는 '니치' niche(상이한 서식 환경)의 숫자에 의해 제한된다고 여겨진다. 그러므로 우리 눈으로 볼 때에 대양 표면 바닷물의 서식 환경은 그토록 상이하지 않은데도 어떻게 서로 다른 식물플랑크톤 종이 그토록 많은지는 오랫동안 생태학자들한테 수수께끼였다. 1961년에 에벌린 허친슨Evelyn Hutchinson은 겉보기에는 균질적인 환경에서 상이한 종들이 많이 산다는 사실을 일러 '플랑크톤의 패러독스'라고 묘사했다. 오늘날 우리는 식물플랑크톤이 서식하는 세계가 우리 감각으로 느끼기에 그런 것과는 달리 거의 균질적이지 않음을 알고 있다. 우리에게는 단지 차갑고 축축하게 느껴지는 것도 식물플랑크톤에게는 여러 가지의 서로 다른 생존 조건들이 된다. 식물플랑크톤 유기체는 맨눈에 보이지 않을 정도로 너무나 작지만, 우리에게는 보이지 않는 바다 서식 환경의 미세한 차이를 헤아리며 활용하는 능력을 지니고 있다. 그러므로 이런 생물종의 다양성을 연구하는 일은 매우 어렵다. 지금까지 바다 식물의 생존 조건과 분포에 나타나는 미세한 이질성을 충분히 이해하는 데 도움을 줄 수 있는 필수적 연구 방법을 개발하지 못하고 있다.

식물플랑크톤의 진화

이처럼 작은 식물의 미세한 분포를 정량적으로 파악하는 일은 매우 어려울 뿐 아니라, 우리는 이제야 비로소 바다 식물이 서로 얼마나 많이 다른지 이해하기 시작했을 뿐이다. 사실, 유전학의 관점에서 보면 식물플랑크톤 종 간의 차이는 육지 식물들에 비해 훨씬 크다.

최근에 발전한 분자생물학의 방법 덕분에 우리는 이런 유기체의 진화 뿌리를 추적할 수 있게 되었다. 이를 통해 서로 다른 식물플랑크톤 집단의 진화에는 흥미로운 메커니즘이 작동한다는 점이 밝혀졌다. 즉 광합성을 하지 않는 일부 원시적인 유기체는 광합성을 하는 원시적인 시아노박테리아를 집어삼켰을 것이다. 이어 숙주 유기체와 시아노박테리아는 둘한테 모두 다 이로움을 주는 호혜적인 공생 관계를 이루었다. 짐작하건대 시아노박테리아는 숙주세포한테서 보호와 영양소를 얻었을 테고, 숙주세포는 시아노박테리아가 광합성으로 만드는 에너지를 얻었을 것이다. 결국 그 관계는 영속화했으며 새로운 어떤 유기체로 진화했다. 이런 과정 자체가 서로 다른 숙주와 잡아먹힌 유기체들 사이에서 많이 되풀이되었으며 결국에는 오늘날 우리가 알고 있는 수많은 여러 식물플랑크톤 집단이 생겨났다.

흥미롭게도, 오늘날 어떤 유기체는 엽록소도 없고 광합성도 하지 않는다는 의미에서 사실상 진짜 식물이 아닌데도 특정한 식물플랑크톤 집단으로 분류한다. 식물플랑크톤 집단에 포함시키는 것은 형태나 유전학적 특징을 공유하기 때문이며, 따라서 다른 부류의 유기체에 비해 식물플랑크톤 중에서 광합성을 하는 유사 종에 더 가깝기 때문이다. 그런 것들은 엽록체■도 없고 광합성을 할 능력이 없으므로, 다른 원천에서 에너지를 가져와야 한다.

이처럼 광합성을 하지 않는 식물플랑크톤이 발전시켜 온 포식 전략은 매우 다양하다. 어떤 것들은 먹이를 통째로 삼켜 소화한다. 이런 포식 형태의 독특한 사례가 최근에 수많은 종들에서 발견된 바 있는데, 잡아먹은 식물플랑크톤의 엽록체는 파괴하지 않는 포식 방법이 그것이다. 세포의 나머지 부분은 파괴하고 소화하지만 엽록체만은 아무런 해를 입히지 않고 남겨둔다. 그리하여 숙주세포는 엽록체가 사멸할 때까지 엽록체의 광합성으로 만들어지는 에너지를 사용할 수 있다.

여기에서 우리는 진행 중인 진화를 목격할 수 있지 않을까? 추측해보는 것도 흥미로울 것 같다. 이것이 바로 시간이 흐르면서 점차 굳어진 포식자와 먹이의 관계를 보여주는 시작일까? 그리고 광합성하는 세포의 엽록체를 파괴하지도 소화하지도 말라는 신호를 숙주 세포한테 주는 것은 과연 무엇일까? 엽록체를 그냥 두는 게 도움이 된다는 것을 숙주세포는 어떻게 알까? 아직까지 이런 물음에 대한 답을 아는 사람은 없다. 그렇지만 그런 유기체 안에서 일어나는 세포 간 커뮤니케이션과 세포 내 커뮤니케이션을 이해한다면, 예컨대 질병 치유나 나노기술 개발 분야에 광범위하게 영향을 끼칠 수 있을 것이다.

바다: 위험한 삶의 터전

바다 식물의 세계는 환상적일 정도로 다양한 형태와 다양한 삶의 방식을 연출한다. 그렇지만 모든 바다 식물은 육지 식물과 다른 차이 하나를 공통적으로 지니고 있다. 이는 더 자세히 살펴볼 필요가 있다. 그것은 다름 아니라 바다 식물은 모두 다 아주 작다는 점, 그리고 대부분 단세포만으로 이뤄져 있다는 점이다. 그로 인해 바다 식물은 아주 쉽게 먹이가 된다. 한입에 식물 개체 전체가 사라져버린다.

많은 식물플랑크톤 종은 영양소와 빛의 포획이나 광합성 작용 같은 '통상적인' 식물 기능으로 여길 수 있는 것과 조화를 이루기 힘든 모양을 갖추고 있다. 이처럼 독특한 형태학적 특징으로는, 포식자가 세포를 통째로 삼키기 어렵게 만드는 세포벽의 가시 모양 돌기, 실리카나 탄산칼슘으로 만들어진 보호 구조, 그리고 사슬 모양 구조나

길쭉한 세포 모양 등이 있다.

또 다른 식물플랑크톤 종은 잡아먹힐 위험을 줄이기 위한 것으로 보이는 독소를 분비한다. 오랜 동안에 걸쳐 독소 분비가 단세포 유기체에서 포식의 위험을 줄여주는 전략이 될 수 있느냐 아니냐를 두고서 논쟁이 벌어졌다. 그렇지 않다고 주장하는 사람들은 세포가 일단 잡아먹힌 뒤에 포식자가 자신을 잡아먹은 대가로 병에 걸리거나 죽음에 이르느냐는 잡아먹힌 세포한테 중요한 차이가 되지 않는다는 점을 내세웠다. 그렇지만 어떤 식물플랑크톤 세포가 주변 바닷물로 분비한 독소로 인해 이 식물플랑크톤을 먹은 작은 동물이 이상하게, 심지어 뒤쪽으로 헤엄을 치기도 한다는 사실이 지금은 입증되었다. 이 독소 때문에 식물플랑크톤의 잠재적 포식자가 자신의 동작을 통제할 수 없게 된다는 것은 분명해 보인다. 당연히 그로 인해 포식자는 먹이를 잡아먹는 데에도 애를 먹게 되며, 그리하여 독소의 분비는 단세포라 하더라도 이 유기체가 포식의 위험을 피하는 데 도움을 줄 수 있다.

확실히 포식 위험 피하기는 바닷속의 작은 식물들한테 가장 큰 목표이다. 실제로 포식은 바닷속 모든 생태계가 자기 모습을 갖추게 하는 근원적인 힘 중 하나라고 여겨지고 있다. 그러니 식물플랑크톤만이 포식을 피하는 방어 메커니즘을 진화시켜온 것도 아니다.

바다에 사는 매우 많은 작은 동물(동물플랑크톤)들이 새우와는 가까운 진화적 연관성도 지니지 않는데도 새우와 흡사한 모양을 하고 있다는 점은 흥미롭다.

이런 모양은 아마도 새우에 있는 아주 분명하고도 중요한 특징인 꼬리를 생각해 보면 설명할 수 있을 것 같다. 새우의 꼬리는 물속에서 '점프'를 하는 데 필요한 근육일 뿐이다. 달리 말하면 새우(그리고 새우를 닮은 다른 모든 유기체들)는 잠재적 포식자의 존재를 눈치챌 때 작동할 수 있는 고도의 탈출 메커니즘을 거의 완벽하게 갖추고 있다는 것이다. 그토록 많은 바다 유기체가 이런 유형의 꼬리를 지닌다는 사실은 그런 탈출 메커니즘이 바다에서 생존하는 데 이점이 된다는 것을 보여준다.

바다에 있는 포식 위험의 수준을 보여주는 또 다른 예는 바다 유기체의 생식 전략 연구에서 나온다. 생식 에너지를 지혜롭게 투입한다는 것은, 후손이 살아남아 다시 생식 활동에 나설 수 있는 기회를 최대화하기 위해 아주 많은 수의 후손을 낳는 일 그리고 후손의 생존 기회를 최적화하는 데 충분한 에너지 자원을 후손 각각에게 물려주어야 하는 일 사이에서 이뤄지는 타협의 문제이다. 바다 포유류를 예외로 하면, 바닷속의 진화는 소수이지만 영양이 풍부한 후손을 생산하는 동물보다는 아주 많은 알 또는 후손을 생산하는 데 생식 에너지를 투여하는 동물에 더 우호적인 것으로 보인다.

이는 암컷 대구에서도 나타난다. 대구 개체군이 유지되려면, 암컷 대구는 성체가 될 때까지 생존할 수 있는 개체를 2마리만 낳으면 된다.(수컷이 한 마리 이상의 암컷과 짝짓기를 하므로 실제로는 2마리보다 적어도 된다.) 그런데 암컷 대구는 생식 기간에 얼마나 많은 알을 낳을까? 만일 암컷 대구가 바다에서 어획되지 않고 기대 수명까지 충분히 산다면 1000만 개의 알을 낳을 것이다. 대구 크기의 육지 동물이 자기 종의 생존을 위해 이처럼 많은 새끼를 낳아야 한다고 상상해 보라.

확실히, 생존은 바다에 서식하는 작은 유기체에게는 도전이 되며, 이런 도전에 한몫하는 주요한 요인 중 하나가 포식 위험이다. 또 다른 요인이 먹이 찾기다.(먹이가 되는 유기체에게는 다시 포식 위험의 문제일 뿐이다.)

바다 생물은 육지 생물과 다른 방식으로 산다

포식이 바다 생태계의 구조를 규정하는 주요한 요인으로 등장한다는 사실은 바다 자연과 육지 자연의 중요한 차이를 보여준다. 육지에서 물에 대한 접근성은 대부분 생태계를 구성하는 데에서 중요한 요소이다. 그러나 바다 생태계에서는 물에 대한 접근성이 문제가 되지 않는다. 그래서 바다 생물은 육지 생물과는 근본적으로 다른 전제에서 살고 있다.

여러 이유 때문에 우리는 이런 상황에 감사해야 할 것이다. 예를 들어서 육지에서는 식물이 빛과 물이 있는 곳이면 어디에서나 성장한다는 사실을 생각해보자. 만일에 똑같은 일이 바다에서도 일어나면, 바다의 표층은 두텁고 번들거리는 식물플랑크톤의 거품으로 덮일 것이다. 이렇게 되면 표층은 사실상 바다를 덮는 '뚜껑' 구실을 하여, 결국에는 바닷물의 증발이 오늘날 우리가 실제로 보는 것보다 크게 줄어들 것이다. 증발이 줄면 비가 적게 내리고, 기후는 인간과 지상의 건조 지역에 사는 다른 모든 유기체가 생존하는 데 필요한 기후보다 훨씬 더 황량해질 것이다. 그러므로 바다 생물이 사는 데 필요한 근본 전제가 육지 생물의 근본 전제와 다르다는 점은 육지에 서식하는 유기체들한테 이점이 되는 게 분명하다.

바다에는 육지 생물을 다스리는 것과 다른 자연의 기본 섭리가 있다는 사실은 바다의 자연을 이해하고 보호하는 일을 더 어렵게 만든다. 바다 생물에 대한 인간의 개입을 규제하려는 우리 사회의 시도들에는, 육지의 자연과 자연 보전에서 배운 교훈이 바다에도 적용될 수 있으리라 생각하는 경향이 있다. 그러나 반드시 그렇지는 않다.

인간 활동과 바다 자연 간에 가장 분명하고도 직접적인 상호작용은 어획에서 이뤄진다. 본질적으로 어획은 포식의 형태일 뿐이다. 우리는 앞에서 포식이 바다 생태계의 구조를 만드는 주요한 요인이라는 점을 배웠다. 그렇게 이해하면 어획은 바다 생태계 구조에 상당한 영향을 끼칠 가능성이 많다고 예측할 수 있다.(이에 대해서는 제6장에서 살펴보겠다.) 이제 과학자들도 실제 상황이 그러하다는 점을 인식하기 시작했다.

유기체와 바다의 상호작용: 칼라누스 핀마르키쿠스의 경우

지금까지 이 장에서는 바다 생물의 다양성 그리고 그곳에 사는 유기체 간의 상호작용에 초점을 맞추었다. 그러나 이 책에서 보여주는 대로 바다 생물을 아주 짧게 소개한다 하더라도 바다에 사는 유기체와 바다 자체의 상호작용을 중요하게 강조하지 않고 지나갈 수는 없다.

거의 모든 사람이, 예컨대 연어 같은 물고기의 회귀 습성에 관해 들어봤을 것이다. 성체 물고기는 강과 하천으로 거슬러 올라가 알을 낳고, 거기에서 태어난 어린 물고기는 다시 대해로 되돌아가 그곳에서 먹이를 먹으며 성장한다. 그렇지만 짝짓기 하고 알을 낳아야 할 시기가 찾아오면, 물고기들은 자신이 태어난 바로 그 강으로 되돌아가는 길을 따라가 그곳에서 생활사를 마친다. 이런 사례는 우리 육지 동물에 비해서 바다 생물이 서로 다른 물 덩어리(수괴) 간의 차이를 얼마나 잘 구별하는지, 그 물 덩어리 내에서 그리고 물 덩어리 사이에서 길을 얼마나 잘 찾는 능력을 지니고 있는지 다시 한 번 보여준다.

그렇지만 서로 다른 물 덩어리의 차이를 식별하고 우세한 흐름을 탈 줄 아는 능력은 물고기 같은 큰 몸집의 바다 동물에만 한정된 것이 아니다. 바다 유기체가 자신의 생활사를 완수하기 위해서 바다의 여러 조건을 어떻게 활용하는지 보여주는 가장 놀라운 사례 중 하나는 작은 요각류■의 일종인 칼라누스 핀마르키쿠스Calanus finmarchicus 이다.

대략 바늘귀 크기인 이 동물은 북태평양에서 물고기 새끼들의 가장 중요한 먹이 중 하나이다. 예를 들어 북해에서 대구 새끼의 생존은 칼라누스를 잡아먹을 수 있느냐와 관련이 있음이 입증된 바 있다. 칼라누스가 더 많으면 대구 새끼가 먹을 수 있는 먹을거리가 그만큼 더 많아지는 것이다. 그래서 더 많은 수의 대구가 성체로 자랄 수 있다. 물론 이는 칼라누스에 가해지는 포식 압력이 엄청나다는 것을 의미한다. 이 생물종은 알을 낳아 번식하며, 번식은 다 자란 개체들이 먹을 많은 양의 식물플랑크톤이 있느냐에 따라 달라진다. 여름철 북해에 식물플랑크톤이 풍부한 시기에는 이 종이 번식하는 데 아무런 문제가 없어, 포식자가 잡아먹더라도 다시 새로운 어린 개체를 대신 채울 수 있다. 그러나 겨울에는 상황이 간단하지 않다. 겨울 폭풍 때문에 바닷물이 위아래로 잘 섞이기 때문이다. 이렇게 되면 식물플랑크톤은 지속적으로 바닷물의 표층에서 바닥 쪽으로 운반된다. 겨울이 여름보다 낮의 길이가 더 짧고 햇빛도 덜 강하다는 사실과 더불어, 이런 상황은 평균적인 빛의 조건이 실질적인 광합성과 이에 의한 식물플랑크톤의 성장을 뒷받침하기에는 충분하지 않음을 의미한다. 다시 이것은 칼라누스가 알을 낳는 데 필요한 먹을거리가 충분하지 않다는 뜻이다.

그렇지만 겨울철에도 북해에는 칼라누스를 잡아먹는 잠재적 포식자가 여전히 있고 포식자는 굶주려 있다! 따라서 칼라누스 군집이 겨울철에 북해에 머문다면 잡아먹혀 멸종할 위험에 직면할 것이다. 이 때문인지 이 종은 겨울철에는 북해를 떠나 사는 생활사를 진화시켜 왔다. 여름철에 북해에서 부화한 어린 칼라누스는 늦여름/가을에 우세한 해류를 타고서 대륙붕에서 멀리 벗어나 탁 트인 북대서양으로 가는 법을 '배워'왔다.(즉 유전적으로 그렇게 진화해 왔다.)

아직 규명되지는 않았지만, 어떤 신호 때문에 거의 다 자란 개체들은 바다 아래 대략 1,000미터까지 내려간다고 한다. 그곳은 바다 동물이 겨울잠과 비슷한 '휴면' 상태에 들어가는 곳이다. 겨울에는 북대서양 깊은 곳에서 동물들이 무작위로 분포하지 않으며 특정한 물 덩어리에 모여드는 현상이 밝혀져 왔다. 북해에서 온 칼라누스 군집은 특히나 차가운 물(섭씨 0도나 그 이하, 바다 소금물은 민물보다 어는점이 더 낮다)에서 주로 동면한다. 아주 차가운 물에서 자는 겨울잠은 대사 활동을 줄여주므로 칼라누스한테는 이롭기도 하다. 마찬가지로 육지에 사는 동물들의 겨울잠이 온도에 의존하는 것도 이 때문이다.

북대서양의 차갑고 어두운 심해에서 몇 달을 보낸 뒤에 수컷들은 휴면에서 깨어나 바닷물의 표면으로 올라간다. 이들은 약 40일 동안 이동해 대략 300미터의 수심에서 멈추어 자기 짝인 암컷들이 도착하기를 기다린다. 바닷물에서 수직으로 700미터를 이동한다는 것은 그리 먼 거리처럼 들리지 않을지도 모르지만, 이들이 얼마나 작은지 생각해야 한다. 이들 유기체한테 700미터 거리의 여행은 우리 인간이 대략 500킬로미터를 걸어서 이동하는 것과 맞먹을 것이다. 상상해보라. 짝과 대략 500킬로미터나 떨어진 곳에 앉아서, 짝이 오기를 기다리며 짝이 당신을 발견할 때를 기다리는 당신을!

짝을 찾아 만나는 일은 확실히 이런 유기체들한테 어려운 과제이다. 그러나 자연은 또한 이 유기체한테 유리한 쪽으로 도움을 주는 어떤 장치를 마련해 주었다. 암컷을 기다리는 수컷은 물속에서 '춤'

을 추면서 강한 화학적 흔적을 뒤에 남기며 나아간다. 그런 흔적 덕분에 위로 올라오는 암컷은 짝을 더 쉽게 찾을 수 있다. 일단 짝짓기에 성공하면 수컷과 암컷은 모두 해수면 쪽으로 올라간다.

암컷은 해수면에 도달하면, 겨울 내내 작고 통통한 소구체 안에 가까스로 비축해둔 에너지를 사용해 될수록 많은 알을 낳는다.

당연히 에너지 비축이야말로 이들이 아주 차가운 곳에서 동면하는 일이 아주 중요한 이유가 된다. 저온은 에너지를 하나하나씩 소비하는 모든 신체 과정의 속도를 늦춘다. 긴 동면이 아주 캄캄한 곳에서 이뤄진다는 점도 중요하다. 포식자가 구석마다 숨어서 먹이를 기다리는 세상은 작은 요각류 동물에게는 위험한 곳이다. 이들이 휴면할 때에 가장 안전한 장소는 아무도 그들을 찾지 못하는 어두운 곳이어야 한다. 그곳이 굶주린 입들이 주변에 많지 않는 곳이라면 그것도 또한 도움이 된다. 그러므로 동면은 종의 생존을 지켜주는 이상적인 조건에서만 행해지는 것이다.

칼라누스 암컷은 해수면에 도달했을 때에 얼마나 많은 알을 낳을까? 아마도 암컷이 가까스로 축적해둔 에너지로 할 수 있는 만큼 많은 알을 낳겠지만 대략 100개를 넘지는 않는다. 여러분은 칼라누스에 관한 이야기(이 작은 유기체의 긴 여행)가 여기에서 끝났다고 생각할지도 모르겠다. 그러나 이 종의 생존은 이 대목에서도 여전히 확실하지 않다. 알들이 있는 곳에는 나중에 알에서 부화하는 유생이 먹을 만한 먹이가 없기 때문이다. 어떻게 해서든 칼라누스 암컷은 유생들이 먹을 먹이가 있을 만한 곳까지 알을 품고 가서 알을 낳아야 할 것이다. 그런데 칼라누스 암컷은 왜 먹이가 있는 곳에 도착하기도 전에 먼저 알을 낳아버리는 걸까? 다시 그 답은 늘 도사리고 있는 포식 위험에서 찾을 수 있을 것이다. 요각류한테 세상이 얼마나 위험한지 생각할 때, 암컷의 유전자가 먹이 있는 곳(수백 킬로미터 떨어진 곳)까지 도달할 가능성은 그 유전자를 한 마리(즉 어미 요각류)에 담아 가는 것보다는 서로 다른 100마리의 꾸러미(즉, 100개의 알)에 나눠 담아 가는 게 훨씬 더 크다.

물론 알은 스스로 헤엄을 치지 못한다. 그러나 성체 칼라누스가 그토록 많은 시간과 에너지를 들여서 이곳까지 와서 알을 낳는 이유는, 특정한 시간과 특정한 장소에서 알을 방면함으로써 알이 먹이가 풍부한 북해까지 무임승차로 해류를 타고갈 수 있기 때문이다. 우세한 해류가 그런 구실을 한다. 그 덕분에 정확히 그곳에 방면된 알은 처음에는 북쪽으로, 그리고 나중에는 얕은 바닷물로 운반된다. 그곳에서 식물플랑크톤의 성장은 왕성하며, 새로 도착한 칼라누스 자손들이 먹을 먹이가 풍부할 것이다.

진화는 물리적 환경에 나타나는 과정들(이 경우에는 우세한 해류 체제)과 칼라누스 핀마르키쿠스의 생활사 간의 얽히고설킨 상호작용을 완전하게 만드는 쪽으로 바쁘게 움직인다. 그리하여 결국에 걸작을 창조한다. 이런 생활사가 놀랍기는 하지만 그렇다고 유일한 것은 아니다. 바다 유기체들은 자신이 살고 있는 환경을 이용하며 진화해왔으며, 독창적이고 기묘한 현상들로 가득한 복잡한 세계의 일부이다. 우리 인간은 그것을 다 이해하지도 헤아리지도 못한다. 칼라누스 핀마르키쿠스의 이야기가 흥미로운 것은 또한 기후 변화가 바다에서 일어나는 일에 얼마나 영향을 끼치는지에 관한 우리의 이해가 부질없을 정도로 얼마나 적절하지 못한지를 강조해 보여주기 때문이다.

요각류가 월동 지역을 오가는 운반 수단으로 이용한 해류는 북대서양 해류■의 영향권에 들어 있다. 즉 그린란드와 래브라도 해에서 형성되는 저층수의 빈자리를 채우려고 북쪽으로 이동하는 따뜻한 표층수이다(제1장 참조). 마찬가지로 칼라누스가 동면할 때 이용하는 차가운 심해수는 북해에서 온 물이다. 또한 이 차가운 심해수 중 얼마나 많은 물이 페로-셰틀랜드 해협까지 도달하는지는 해양학적 현상에 따라 달라지며, 그것은 다시 기후 변화의 잠재적 영향을 받는다.

1960년대 이래 북해의 칼라누스 핀마르키쿠스 개체군의 크기는 눈에 띄게 줄어들었다고 보고되고 있다. 이 감소 현상은 대체로 두 가지의 다른 요인으로 설명된다. 첫째 늦겨울/초봄에 우세한 바람 방향의 변화(이로 인해 칼라누스가 페로-셰틀랜드 해협의 심해수에서 위로 올라온 뒤 다시 북해로 운반될 가능성이 줄어든다)와, 둘째 페로-셰틀랜드 해협까지 오는 노르웨이 해 심해수의 감소(이는 칼라누스의 월동 서식지가 줄어듦을 의미한다)가 그것이다. 우세한 바람 패턴의 변화와 페로-셰틀랜드 해협의 노르웨이 심해수 감소는 모두 다 지난 50여 년 동안에 일어난 기후 변화와 관련이 있을 수 있다.

이런 사례는 바다가 복잡계임을 극적으로 보여준다. 그 안에 사는 유기체들은 복잡하고 얽히고설킨 방식으로 서로 연계되어 있고 또한 환경에 연계되어 있다. 이런 모든 상호작용이 어떻게 작동하는지에 관한 우리의 지식은 아직 부족하다. 그렇지만 우리는 바다 체계의 일부에서 일어난 변화가 다른 일부에 예기치 못한 결과를 초래하기도 하는 방식으로 바다 체계가 얽혀 있다는 점을 인식하기 시작했다. 우리는 또한 전체 체계를 바꾸는 갑작스런 변화가 일어날 수도 있다는 점을 인식하기 시작했다. 간명하게 비교하자면, 우리는 바다 체계를 낙타에 비유할 수 있다. 바다 체계는 매우 강건하며 크나큰 변화와 압력을 감내할 수 있다. 그러나 그것은 어떤 지점까지만 그렇다. 감내할 수 없는 마지막 지푸라기를 얹는 순간에 무너져버리는 낙타의 등처럼, 바다 체계의 하위 요소들은 붕괴할 수 있다. 특정한 어업 활동이나 만이나 강어귀의 서식지, 산호초 체계가 그런 하위 요소들의 예가 될 수 있다. 마지막 지푸라기를 얹고 낙타 등이 무너지고 난 뒤에 낙타가 제 발로 다시 설 수 있게 하려면 마지막에 얹은 지푸라기를 제거하면 된다는 식의 간단한 문제가 아니다. 낙타를 다시 일어서게 할 수 있다 해도, 다친 등을 치료하는 데에는 매우 많은 비용이 들어갈 것이며, 치료한다 해도 낙타 등은 예전만큼 강하지는 못할 것이다. 낙타 등의 비유와 마찬가지로, 바다 체계의 하위 요소들이 결코 붕괴하지 않도록 바다와 그 안에 사는 생명에 대한 인간의 상호작용을 관리하는 것이 우리 사회에 최선의 이익이 된다는 것은 명백하다.

바다와 그 안에 사는 생명에 대한 인간의 상호작용은 값비싼 대가를 치러야 하며 하루가 다르게 그 대가는 커지고 있다. 다음 장들에서는 바다의 다양한 하위 요소에 끼치는 입증됐거나 잠재적인 인간의 영향과 더불어 이런 상호작용을 설명하고자 한다. 바다 체계 내부의 상호작용과 바다에 대한 인간 활동을 더 많이 이해해야만 바다와 인간의 상호작용을 다스리는 지혜로운 관리 방안을 개발하는 일도 가능해진다.

3 지구의 원소 순환

제1장을 마무리하면서 대기와 바다 간에는 기체 교환이 일어난다고 말한 적이 있다. 간혹 우리의 감각은 이런 교환 현상을 감지할 수 있다(그 양을 측정할 수는 없지만). 그런 교환이 일어나고 있음을 알려주는 것은 대개 우리의 후각이다. 예를 들어 어떤 식물플랑크톤 종이 번성할 때, 즉 그 종이 왕성하게 성장해 높은 농도의 축적이 이뤄질 때에 그런 일이 일어난다. 식물플랑크톤은 황 성분을 내놓기 때문에 식물플랑크톤이 번성한 곳 부근의 공기에서는 썩은 달걀과 크게 다르지 않은 독특한 냄새가 난다. 기체는 바다에서 대기로 빠져나오기 때문에 우리는 냄새로 식물플랑크톤의 번성을 알아차릴 수 있다. 또한 우리 감각은 어떤 독소를 품은 식물플랑크톤이 번성할 때에 바다에서 기체가 빠져나오는 현상을 알아차릴 수 있다.

이 대목에서 식물플랑크톤의 독소 분비에 관해 얘기하는 게 좋겠다. 종종 언론 매체는 독성을 지닌 식물플랑크톤이 번성할 때 이를 주요 기사로 보도하며 이런 현상이 바다를 오염시키거나 심지어 바다를 죽이는 신호로 다룬다. 육지에 독성을 지닌 수많은 식물이 있는 것처럼 일부의 식물플랑크톤 종들도 독소를 품고 있다. 그렇지만 알려진 식물플랑크톤 종에서 대략 1퍼센트만이 이런 특성을 지닌 것으로 추정되고 있다. 또한 관련된 독소들도 서로 다른 몇 가지 유형이 있음이 알려져 있다.

일반적으로 '브레브톡신'brevetoxin으로 알려진 독성의 화학그룹은 바닷물에서 대기로 방출될 수 있고, 사람한테 흡입되면 호흡기를 자극할 수 있다. 유감스럽게도 이런 유형의 독소를 만드는 식물플랑크톤은 예컨대 나이 든 사람이 많이 사는 미국 플로리다 해안 같은 곳 주변에 상대적으로 번성하고 있다. 노인들은 종종 호흡기가 약해져 고생하기 때문에, 이런 지역에서는 브레브톡신의 대기 중 방출이 심각한 공중보건 문제가 될 수 있다.

이처럼 우리 감각은 바다와 대기 사이에서 일어나는 기체 교환을 알아차릴 수 있지만, 이런 사례는 일반적이라기보다는 예외적인 것에 가깝다. 통상의 기체 교환은 우리 감각이 알지 못하는 상황에서 지속적으로 일어나고 있다. 바다는 지구 표면의 71퍼센트를 덮고 있기 때문에 이런 기체 교환은 몇몇 원소의 지구적 순환에 엄청난 양의 영향을 끼친다. 바다와 대기 간의 기체 교환에 대한 관심이 단지 학문적인 관심만은 아니라는 것을 앞의 제2장에서 이미 강조한 바 있다. 제2장에서 우리는 대기 중 산소의 농도가 지구의 역사에서 어떻게 증가해 왔는지, 그리고 당연히 이런 산소의 양이 적어도 처음

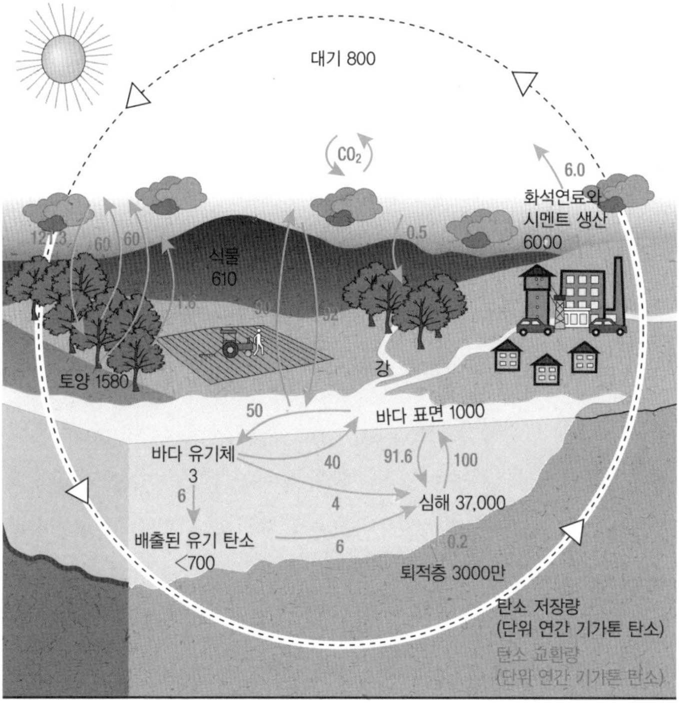

그림 3-1 이산화탄소의 지구 순환도

몇 가지 점은 주목할 만하다. 1. 가장 큰 탄소 저장고가 해저의 퇴적층에서 발견됐다. 2. 육지와는 대조적으로 바다는 배출하는 것보다 더 많은 이산화탄소를 흡수한다. 바다에는 대기보다 50배나 더 많은 탄소가 있다.

에는 바다의 식물플랑크톤에 의해 만들어졌음을 살펴보았다.

그러나 대기와 바다 사이에서 교환되는 것은 산소만이 아니다. 접점에서 일어나는 교환은 탄소C, 질소N, 황S 같은 원소의 지구적 순환에서도 양적으로 중요하다. 바다의 미래라는 관점에서, 그리고 지구적 기후 변화에 대한 역할이라는 관점에서, 중요한 것이 바로 이 세 가지의 원소이다. 물론 지금까지 탄소가 가장 큰 관심을 받아왔다.

탄소

그림 3-1은 지구적 탄소순환을 도식적으로 보여주는데, 여기에서 우리는 몇 가지 흥미로운 특징을 볼 수 있다. 먼저, 땅과 바다가 이런 순환 전체에, 특히 대기 중의 이산화탄소 농도에 어떻게 다르게 기여하는지 그 차이를 살펴보자. 가장 분명한 차이는 육지는 자신이 흡수하는 것보다 더 많은 이산화탄소를 배출하고, 바다는 대기에 배출하는 것보다 더 많은 이산화탄소를 흡수한다는 점이다. 그래서 바다는 이산화탄소의 '저장고'sink라고 불리며, 대기에 관해 말하면 육지는 이산화탄소의 '원천'source이 된다. 육지가 오늘날에 그런 것처럼 어느 시기에나 이산화탄소를 배출하는 지나치게 우세한 원천은 아니었다. 그러나 무엇보다 화석연료■를 연소하고 지상의 많은 지역을 덮은 광합성 식물 지역을 개간하는 인간 활동은 이산화탄소의 흡수/배출 비율을 왜곡하고 말았다. 그리하여 흡수되는 양보다 실제적으로 더 많은 이산화탄소가 대기에 배출될 정도가 되었다.(개간에 관해 말하면, 현재 농업용으로 사용되는 지구 육지의 면적은 대략 남아메리카의 면적과 비슷하며 농장 가축의 방목에 사용되는 육지의 면적은 대략 아프리카의 면적과 비슷하다.)

바다에서는 상황이 다르다. 배출되는 양보다 더 많은 이산화탄소가 대기에서 바다로 흡수된다. 양으로 비교하자면, 특히 바다의 경우에 그 양을 측정하는 게 더 어렵지만, 육지에 비해 바다가 이산화탄소를 약간 더 많이 흡수하는 것으로 보인다. 아마도 육지와 바다가 거의 같은 양의 이산화탄소를 흡수한다고 말하는 게 더 정확할지도 모르겠다.

탄소 순환에 나타나는 육지와 바다의 또 다른 차이는, 육지와 비교할 때 바다 동물군과 식물군에 포획되는 탄소의 양이 상대적으로 적다는 점이다. 이에 대한 설명은 주로 육지 식물과 바다 식물의 규모 차이에서(제2장 참조), 그리고 서로 다른 두 환경에서 그 식물을 먹고 사는 유기체들의 규모 차이에서 찾을 수 있다. 그렇지만 흥미롭게도 생물 총량이 더 적은데도 바다에서 일어나는 광합성의 절대 규모는 육지의 그것에 거의 필적한다. 이는 바닷속 작디작은 식물의 이른바 '매출'turnover, 즉 생물 총량을 고려할 때 상대적인 바다 식물 활동이, 육지 식물의 그것보다 훨씬 더 빠르게 일어남을 보여준다. 육지의 식물에서 보듯이, 우리는 광합성을 통해 탄소순환을 일으키는 식물의 역할을 인식하고 있다. 열대우림의 벌채 사업에 대해 매우 큰 환경 우려가 제기되는 이유 중 하나도 여기에 있다. 그렇지만 생물 총량 대비 식물 활동을 따진다면, 탄소순환에 정말로 더 효과적인 것은 다름 아니라 바다의 작은 식물들이다.

이미 제1장에서 얘기했듯이, 바닷물(이른바 '원양 지역')에 든 탄소의 절대량은 대기 중의 탄소량보다 대략 50배나 많다. 우리가 바다와 대기 간의 지속적인 이산화탄소 교환을 고려할 때, 미래의 대기 중 이산화탄소 농도를 예측하려면 대기에 배출되는 이산화탄소의 양을 이해할 필요도 있지만, 또한 얼마나 많은 양이 바다로 들어가고 얼마나 많은 양이 바다에 머무는지도 이해할 필요가 있다. 그래서 현재 상당한 연구 노력이 바다의 탄소 흡수와 저장('격리') 능력을 좌우하는 과정을 이해하는 일에 바쳐지고 있다.

바다의 순수 탄소 흡수량을 좌우하는 몇 가지 과정을 자세히 들여다보기에 앞서, 대양의 바닥에 엄청난 양의 탄소가 있다는 점을 먼저 얘기하는 게 좋겠다. 3000만 기가톤 규모에 이를 것으로 추정되는 이 저장고는 지구의 그 어느 곳과도 비교할 수 없을 정도로 많은 탄소를 집적한 곳이다. 탄소를 격리하는 바다의 능력에 기여하는 해양 과정을 이해하기 위해서 이 모든 탄소가 어떻게 해저에 도달하여 퇴적층과 한 몸이 되는지 잠깐 살펴보도록 하자.

물론 탄소의 대부분은 해저로 떨어지는 유기물(대개 죽은 식물이나 동물)에서 유래한다. 대부분의 바다 유기체가 아주 작다 해도, 해저에 묶여 있는 탄소의 대부분이 아주 작은 식물플랑크톤과 뒤에서 다룰 동물플랑크톤에서 왔다는 점은 말할 나위도 없다. 그렇지만 이런 유기체들이 모두 다 해저의 탄소 축적에 균등하게 기여하는 것은 아니다.

먼저 식물플랑크톤을 살펴보자. 이 유기체들의 대부분은 주변 환경에서 탄소를 제거하는 능력을 갖고 있다. 엽록체를 갖추고서 광합성을 하는 이른바 육지의 진짜 식물이 하는 것과 같은 방식으로 식물플랑크톤도 그런 일을 한다. 광합성을 거쳐 이산화탄소는 물과 햇빛의 도움을 얻어서 살아 있는 세포의 건축 벽돌을 만드는 당으로 변환한다. 이런 과정에서 산소 O_2가 방출된다. 광합성을 하는 모든 식물이 지구적 탄소순환(그리고 질소와 산소 순환)에 보탬이 된다. 그러나 광합성을 통해서 미립자 물질에 병합되는 탄소가 해저까지 떨어진다는 보장은 없다. 사실 실제는 정반대이다. 광합성에 의해 묶인 탄소의 대부분은 바다 표층에서 다시 깨지기 때문이다(그림 3-2 참조). 성장과 생식에 필요한 에너지를 얻기 위해 식물플랑크톤은 다시 탄소를 결박해둔 당 성분을 쪼갠다. 그러므로 당이 실제로는 광합성으로 얻은 태양에너지의 대부분을 담아두는 내부 저장소의 역할을 하는 셈이다.

생물학적 펌프

당이 붕괴하는 과정에서는 이산화탄소가 배출된다. 이산화탄소를 다시 '토해내는', 또는 들이마셨다가 내뱉는 것은 식물플랑크톤 자신이 아니라 해도, 식물플랑크톤이나 박테리아를 잡아먹는 먹이사슬 상의 유기체가 이런 과정을 수행한다. 여기에서 박테리아는 죽은 유기물을 분해해 광합성으로 고정된 이산화탄소를 다시 바다의 표층수에 되돌려놓는다.

표층수는 언제나 대기와 접해 있으므로 표층수에 있는 이산화탄소는 빠르게 대기 중으로 옮아갈 수 있다. 이는 광합성을 통해 바다에 고정된 대량의 이산화탄소가 단지 그곳에 잠깐 머물다가 돌아갈 뿐임을 의미한다. 이산화탄소는 먼저 표층수로 갔다가, 그런 다음에 이내 대기로 돌아간다. 이 때문에 탄소를 바다에 잠시 묶어두는 일은 대기의 이산화탄소를 흡수하는 바다의 역할에서 보면 별 의미가 없다. 이런 점에서 바다의 상층에서 광합성을 통해 고정되었다가 다시 바다 심층으로 운반되는 유기물(또는 탄소)의 양이 훨씬 더 중요해진다. 이런 탄소가 관심을 끄는 것은 바다의 표층과 심층은 통상 섞이는 법이 없기 때문이다(제2장 참조). 이는 바다의 가장 깊은 층에 '붙잡힌' 탄소는 대기와 직접 접할 수 없게 됨을 의미한다. 대기와 접촉을 할 수 없으면, 대기와 이산화탄소를 교환할 가능성은 특히나 없어진다. 이는 미래의 대기 중 이산화탄소 농도, 그리고 미래의 기후를 예측하는 데 관련되는 시간 규모를 따질 때에 이런 이산화탄소는 무시할 수 있다는 의미이다. 유기물이 깊은 바다의 바닥으로 운반되는 것은 '생물학적 펌프'biological pump■로 불리는데, 이산화탄소를 표층수에서 제거하여 바다 바닥으로 옮기는 과정이 다름 아니라 생물학적 과정(물론 중력의 작용으로 가라앉기도 하지만)이기 때문이다.

그래서 대기 중 이산화탄소를 흡수하고 저장하는 바다의 잠재력을 평가하고자 한다면 이런 생물학적 펌프의 규모를 이해하고 정량화하는 일이 무척 중요하다. 그렇지만 생물학적 펌프를 정량화하기는 까다롭다. 우리는 그것이 특정 지역에서 광합성을 통해 고정되는 전체 탄소량 가운데 일부에서만 일어남을 알고 있다. 평가를 훨씬

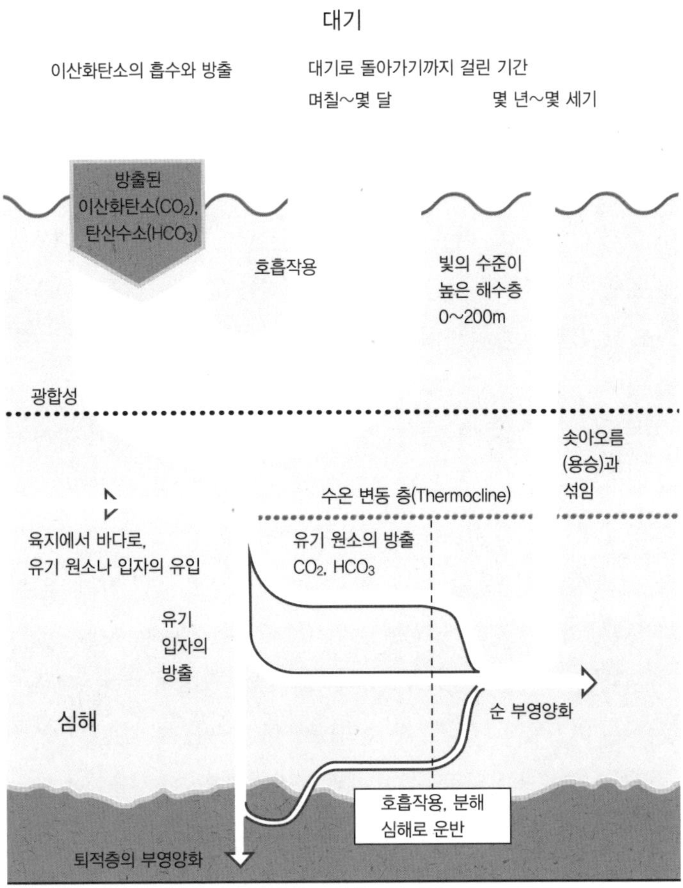

그림 3-2 생물학적 펌프의 도식

광합성과 관련된 탄소는 죽은 세포와 더불어 깊은 바닷속으로 가라앉으면서, 유기물을 해저로 옮긴다.

더 어렵게 만드는 것은 펌프의 규모가 늘 동일하지 않으며, 그 규모가 특정 지역에 존재하는 식물플랑크톤의 종, 그리고 이 식물플랑크톤이 떠받쳐 주는 먹이사슬에 따라서 달라진다는 사실 때문이다. 왜 이럴까?

앞 장에서도 얘기했듯이, 서로 다른 식물플랑크톤 집단은 육지의 식물과는 다르게 유전학적으로 말해 서로 그렇게 가까운 관계를 맺고 있지 않다. 서로 다른 식물플랑크톤 집단에 속한 개체의 대부분은 광합성을 이용해 이산화탄소를 고정하는 능력은 공통적으로 지니고 있지만, 다른 측면에서 보자면 서로 너무도 다른 집단을 이루고 있다.

규조류■라는 집단은 세포들이 실리카를 함유한 '껍질'로 둘러싸여 있다는 특징이 있는데, 그래서 어찌 보면 위와 바닥에 뚜껑이 달린 상자 같다. 이런 세포 덮개 때문에 이 규조류 세포는 물보다 무겁다. 그래서 이 식물플랑크톤 집단은 무거운 껍질로 둘러싸이지 않은 다른 집단의 세포들보다 더 빠르게 아래로 가라앉는다. 게다가 많은 규조류들은 식물플랑크톤의 대다수 종에 견줘 몸집이 크다. 큰 세포는 작은 세포보다 더 빠르게 가라앉게 마련이다. 그러므로 우리는 상대적으로 큰 식물플랑크톤이 지배적인 지역에서는 생물학적 펌프가 작은 세포들이 지배적인 지역보다 더 활발하게 작동할 것이라고 (즉 더 많은 탄소가 해저에 운반될 것이라고) 예측할 수 있다. 생물학적 펌프는 그런 몸집 큰 식물플랑크톤 세포가 무거운 실리카 껍질을 지닌 규조류일 때에 가장 효과적으로 일어날 수 있다. 그렇지만 큰 식물플랑크톤 세포가 현존할 때에 생물학적 펌프가 왕성하게 작동하리라고 예견하는 데에는 또 다른 이유도 있다. 그것은 이른바 식물을 뜯어먹는 생물 집단, 식물플랑크톤을 잡아먹는 동물이 얼마나 있느냐는 점이다.

몸집 큰 식물플랑크톤은 몸집 큰 동물플랑크톤 종한테 잡아먹힐 수 있다. 그런 동물플랑크톤을 우리는 몸집 크기의 의미를 살려 '중형 동물플랑크톤' mesozooplankton이라고 부른다. 예를 들어 칼라누스 핀마르키쿠스 같은 요각류 종이 중형 동물플랑크톤으로 분류된다. 더 작은 식물플랑크톤을 잡아먹는 더 작은 동물플랑크톤(원생 동물플랑크톤protozooplankton)과는 대조적으로, 요각류 종들은 크고도 상당히 단단한 똥 알갱이를 내놓는다. 이런 배설물 알갱이도 바다의 바닥으로 비교적 빠르게 가라앉는다.(규조류가 요각류의 먹이 일부가 되고 배설물 알갱이에 무거운 실리카 껍질 조각이 담길 때에 특히 그렇다.) 그러므로 가라앉는 배설물 알갱이가 있느냐 없느냐는 바다 지역마다 다른 생물학적 펌프의 규모 차이를 만들어내는 또 하나의 메커니즘을 보여준다.

이런 사례는 광합성에 의해 고정된 이산화탄소를 유지하는 바다의 능력이라는 점에서 볼 때 식물플랑크톤과 동물플랑크톤의 생물다양성■이 정말로 중요하다는 점을 분명하게 보여준다. 어떤 생물종이 존재하느냐에 따라 차이가 생기겠지만, 인간 활동이 일으키는 변화가 이런 생물종의 구성에, 그리하여 바다의 생물 다양성에 영향을 끼칠 수 있다고 믿을 만한 이유가 존재한다(제6장 참조).

탄산염 펌프

생물학적 펌프가 바다 표면에서 바닥층으로 탄소를 운반하는 유일한 비물리적인 메커니즘인 것은 결코 아니다. 우리가 '탄산염 펌프' carbonate pump■라고 부르는 또 다른 방식이 존재한다. 이런 메커니즘에 따라, 다양한 유기체들이 만들어놓은 탄산칼슘 구조물(껍질)이 밑으로 가라앉음으로써 탄소는 깊은 해저층으로 운반된다.

생물학적 펌프와 탄산염 펌프의 주요 부분은 둘 다 근본적으로 생물학에서 비롯하는 것인데, 왜 우리는 이 두 가지 메커니즘을 구분하는 걸까? 여기에는 두 가지 이유가 있다. 첫째, 생물학적 펌프는 (살아 있거나 살아 있었던) 유기물을 바다 저층으로 운반하는 데 비해, 탄산칼슘은 살아 있는 유기체에 의해 생산된 것이기는 하지만 그 자체로 유기물질은 아니다. 둘째, 탄산칼슘의 화학은 그 형태로 보거나 바다 저층에서 나타나는 그 거동의 측면에서 볼 때에 유기물질의 화학과는 아주 다르다. 이는 두 가지 다른 펌프에 의해 운반되는 물질이 바다의 순 탄소 수지(유입 · 유출)에 다른 방식으로 영향을 끼칠 수 있음을 의미한다. 그렇지만 여기에서는 탄산염 펌프도 탄소를 바다의 표층수에서 바다 바닥 근처의 저층수까지 운반하는 메커니즘의 일종이라는 점을 기억해 두는 정도로도 충분하다.

다시 말하면, 탄산염 펌프에 기여하는 것은 바로 탄산칼슘을 생산하는 특정 유기체 집단들이다. 이런 바다 유기체는 많지만, 그중에서 가장 중요한 식물플랑크톤은 석회비늘편모류coccolithophorid■이

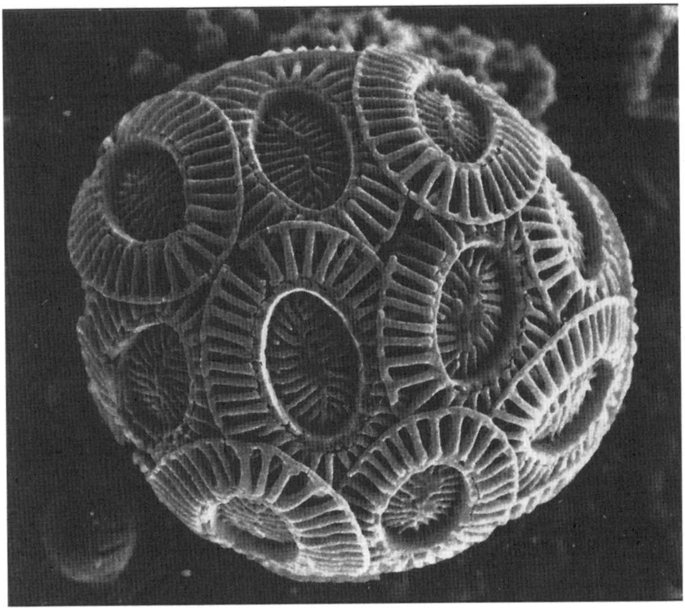

그림 3-3 석회비늘편모류의 일종인 에밀리아니아 헉슬리아이(Emiliania huxleyi)의 전자 현미경 영상

세포를 감싼 작은 판들(coccoliths)은 탄산칼슘으로 이뤄져 있다. 이 판들이 해저로 가라앉아 결국에는 영국 도버에 있는 화이트 클리프와 같은 백회질 절벽의 주성분이 된다.

다(그림 3-3). 동물플랑크톤 중에서는 유공충foraminifera■이 주목받을 만하다. 해저 퇴적층의 탄소 저장고에다 탄소를 옮기는 일과 관련해서 이 작디작은 두 가지 바다 유기체가 얼마나 중요한지 이해하려면, 먼저 영국의 항구도시 도버에 있는 화이트 클리프White Cliff 같은 석회질 절벽을 생각해 보면 된다. 이런 절벽은 오래전 바다 바닥을 오늘날의 절벽 위치까지 들어 올린 지질학적 과정을 거쳐 형성되어 거의 석회비늘편모류와 유공충의 화석 잔재들로 이뤄져 있다. 그런 작은 식물과 동물은 지금도 지속적으로 바다 표면에서 더 깊은 곳으로 지속적으로 비 내리듯이 떨어지고 있다.

지구적인 탄소순환, 그리고 바다가 그것에 끼치는 영향은 현재 많은 과학적 관심을 끄는 초점이 되고 있다. 전례 없는 속도로 지구 대기의 이산화탄소가 현재 증가하고 있으며, 지구 기후 변화와 대기 중 이산탄소 농도 증가가 서로 연결되어 있기 때문이다. 미래의 기후 상태를 정확하게 예측하려면 먼저 바다와 대기의 상호작용을 철저히 이해해야 하며, 특히 바다와 대기 간에 이산화탄소가 어떻게 교환되는지 명확하게 알아야 한다. 오늘날 기후 예측이 너무 어려운 이유 중 하나는 우리가 이산화탄소를 흡수하고 유지하는 바다의 잠재력에 관해 여전히 아는 게 별로 없다는 데에서 비롯한다.

대기 중 이산화탄소의 흡수와 관련해 정말로 가장 중요한 과정은 압력 차이의 균형을 맞추는 물리 · 화학적 과정이다. 대기와 바다의 경계에서 공기와 물이라는 두 가지의 매개물에 담긴 이산화탄소는 언제나 물에서 공기로 나아가는 이산화탄소 분자의 수와 그 반대의 길로 나아가는 이산화탄소 분자의 수 사이에서 평형을 유지하고자 한다. 대기에 더 많은 이산화탄소가 있다면 더 많이 바닷물로 녹아든다. 반대의 경우도 마찬가지다. 만일 바다에 생물학적 활동이 없고 또한 우리가 대기 중 이산화탄소의 농도와 심해수 형성의 속도(제1장 참조)뿐 아니라 바다의 온도와 염도를 안다면, 대기 중 이산화탄소를 흡수하는 과정에서 바다가 하는 역할을 쉽게 계산해낼 수 있을 것이다. 그렇지만 그런 계산이 매우 복잡한 것은 앞에서 설명한 생물학적 매개 과정을 충분히 이해하지 못하기 때문이다. 이런 사실은 우리에게 바다(그리고 육지의) 생물이 물리 · 화학적 과정으로 제한되는 지구 체계에서 살아가는 단지 수동적인 여행객인 것만은 아님을 말해준다. 오히려 생물은 주요한 생존 조건들을 만들어가는 능동적인 참여자이다.

지구적 탄소순환과 관련한 이야기의 마지막으로 메탄을 언급해야 하겠다. 온실가스가 기후에 끼치는 영향을 말할 때에 우리는 아주 자주 이산화탄소가 모든 온실가스의 대표인 것처럼 말한다. 그렇지만 대기와 기후의 상호작용을 알고자 할 때, 오늘날 대접받고 있는 것보다 더 큰 관심을 받아야 하는 온실가스는 이산화탄소 외에도 많이 있다. 메탄이 그런 온실가스 중 하나이다.

바닷속에서, 바다로부터 메탄이 생산되고 방출되는 과정을 우리는 여전히 매우 제한적으로만 이해하고 있다. 산소가 포화된 바다의 표층수는 놀랍게도 많은 양의 메탄을 함유하고 있다는 사실이 밝혀지고 있지만 그 이유는 아직 불명확하다. 또한 바다에서 대기로 메탄이 가장 많이 방출되는 곳은 해안 지대라는 것도 알려져 있다. 바다의 다른 지역에 비해 이런 해안 지대가 인간 활동의 영향을 불균형적으로 받고 있음도 이미 주목해 왔다. 그 영향을 받아서 이런 지대의 화학적 상태가 변화하고 있다는 점은 다음의 여러 장에서 다룰 것이다. 현재 일어나고 있는 몇몇 변화들은, 적어도 이론상으로 내다볼 때, 지금보다 더 많은 메탄의 방출을 초래할 수도 있다. 바다의 미래, 그리고 미래의 기후를 좌우하는 바다의 역할을 예측하기 위해서는 바다에서 일어나는 메탄의 역학을 더 잘 이해해야 한다. 이 분야의 연구 활동은 현재 점점 더 중요해지고 있다(제4장 참조).

질소

바다와 해양생물학이 중요한 역할을 하는 또 다른 지구적 원소 순환은 질소의 순환이다(그림 3-4). 질소N는 단백질을 구성하는 기초 물질이기 때문에 생명체에 반드시 필요하다. 우리가 호흡하는 공기의 78퍼센트는 질소이며, 따라서 우리 주변에는 늘 상당한 양의 질소 원소가 존재한다. 그렇지만 대부분의 살아 있는 유기체는 기체 형태로는 질소를 직접 이용할 수 없다. 질소가 대부분의 생물학적 과정에서 활용될 수 있으려면 먼저 수소와 결합해야 한다. 그렇기 때문에 질소가 대기에 아주 풍부하다 해도 생물학적 체계에서 무언가를 생산하는 데에서는 대체로 제한적인 역할만을 할 뿐이다. 육지와 바다에는 대기의 질소를 흡수한 다음에 질소를 다른 생물학적 체계에서 이용할 수 있도록 만들어주는 수많은 미생물들이 존재한다. 우리는 자주 식물이 질소를 고정하는 능력을 지닌다는 얘기를 듣고 있지만, 질소를 결합시키는 듯이 보이는 이 식물은 사실 미생물(박테리아)의 도움을 받아 공생하는 것임을 기억해 두어야 한다. 그런 박테리아의 효소들이 대기에서 기체 질소를 흡수해 식물이 이용할 수 있는 형태로 바꾸어주는 구실을 하는 것이다.

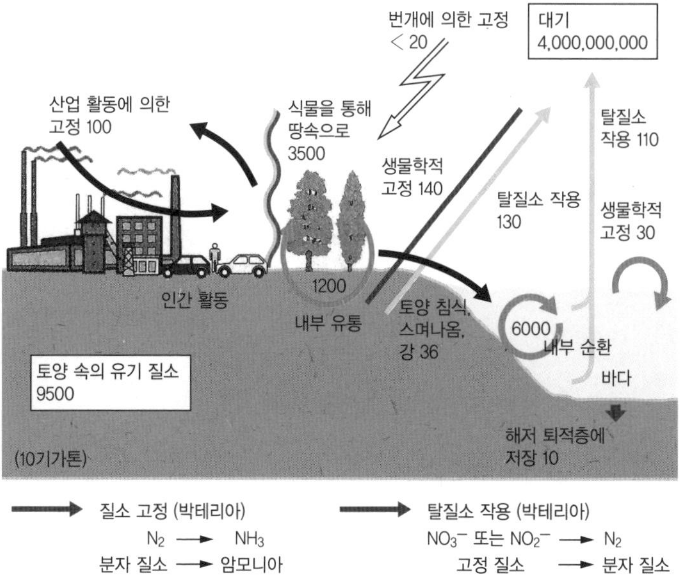

그림 3-4 지구적 질소 순환을 보여주는 그림

대기의 질소 기체가 지구의 생산 순환 안으로 이전되는 과정에서 산업(인간) 활동이 끼치는 영향의 양적인 의미는 주목할 만하다.

다시 한 번 더, 우리는 여기에서 미생물의 생물 다양성이 지구 체계가 제대로 기능하도록 도와주는 데에서 중대한 역할을 한다는 점을 볼 수 있다. 질소를 모으고 그것을 다시 다른 생물계에서 이용할 수 있게 만드는 능력은 아주 적은 수의 미생물 종만이 지니고 있다. 바다에서는 시아노박테리아만이 질소를 직접 흡수하는 능력을 지니고 있다고 알려져 왔다. 최근까지도 바닷속의 질소고정은 매우 제한된 지역에서만, 그리고 오로지 소수 종에 의해서만 일어난다고 많은 사람들이 믿고 있었다. 그러나 근래에 분자적 연구 방법이 발전하면서 특정한 단백질의 암호를 만들어내는 유전자를 식별해내는 일이 가능해졌고, 그 덕분에 과학자들은 질소를 모으는 구실을 하는 유기체 이상으로 질소고정과 관련된 유전자들이 바다에 폭넓게 퍼져 있다는 사실을 발견했다. 물론 그런 유전자가 존재한다고 해서 곧바로 그 유전자가 활성을 띠며 질소고정이 실제로 일어난다는 것을 의미하지는 않는다. 그렇지만 이런 발견은 바다에서 질소고정이 이전에 생각했던 것보다 더 널리 행해지고 있을 가능성을 보여준다. 두 말할 나위도 없이, 바다에서 이뤄지는 질소고정의 규모가 어느 정도인지는 현재 여전히 논쟁의 대상이며, 여기에 초점을 맞춘 상당한 연구가 시도되고 있다.

질소고정은 질소가 대기에서 바다로 이전하는 과정과 관련된다. 그러나 질소는 반대 방향으로, 즉 바다에서 대기로 나아갈 수도 있다. 기체 질소, N_2는 바다 유기체에 흡수될 뿐 아니라, 이른바 탈질소 박테리아에 의해 방출된다. 이는 N_2를 모으는 바다 유기체와 그것을 방출하는 바다 유기체(다시 한 번 더 여기에서 생물 다양성이 중요하다)가 둘 다 존재한다는 뜻이다. 이에 더해 아산화질소N_2O 같은 다른 기체 질소화합물도 바다와 대기 사이에서 교환된다. 그렇지만 여기에서도 바다-대기 접점에서 일어나는 이런 기체들의 순 교환에 관한 정확한 정량적 정보는 아직 없다.

비록 일반 공중의 관심을 덜 받기는 하지만, 지구적 질소순환은 지구적 탄소순환과 마찬가지로 인간 활동의 영향을 받아 강렬하게 변화하고 있다. 앞에서 설명했듯이, 교란되지 않은 체계에서 질소를 생물학적 생산에서 이용할 수 있게 바꿔주는 것은 다름 아니라 주로 소수 미생물 집단의 효소들이다. 인공 비료를 발명함으로써 인간은 질소 수집 미생물이 자연에서 행하는 과정을 화학적으로 모방하는 능력을 발전시켜 왔다. 오늘날에는 육지의 모든 미생물의 생물학적 활동이 만들어내는 것보다 더 많은 양의 질소가 인간 활동에 의해 대기 중에서 포획된다. 이는 인공 비료가 널리 사용되기 때문에 이전보다도 더 많은 양의 질소가 생물학적 생산 순환 과정에 들어가 능동적인 역할을 하고 있음을 의미한다. 이는 지구적 질소순환 전체에 영향을 주며, 또한 나중에 제5장에서 보겠지만 질소순환 과정에서 바다가 하는 기능과 역할만이 아니라 바다의 생물 다양성에도 영향을 준다.

바다와 황

모든 살아 있는 유기체에는 황이 필요한데 이 원소는 육지보다는 바다에 훨씬 더 많이 존재한다. 육지 기반의 유기체가 이 필수 원소를 획득하는 방법 중의 하나는 바다에서 대기로 방출되는 황 화합물을 이용하는 것이다.(그중에서 디메틸 황화물dimethylsulfide; DMS▪이 가장 중요하다.) 지구적 황 순환에 도움을 주는 바다의 몫과 관련해, 식물플랑크톤은 수많은 과정들에서 결정적인 구실을 한다. 첫째로 식물플랑크톤은 바닷물에서 황을 흡수한다. 둘째로 수많은 식물플랑크톤 종들(전부는 아니지만 – 여기에서 다시 미생물의 생물 다양성이 중요하다)이 DMS의 전단계 물질인 디메틸 설포늄 프로피온산 dimethylsulfoniumpropionate; DMSP을 만들어낸다. 식물플랑크톤은 DMSP를 수많은 대사 과정에서 이용하며, 심지어 다른 유기체들과 상호작용할 때에 '커뮤니케이션'의 화학물질로도 이용한다. 식물플랑크톤 세포가 사멸하면 DMSP는 주변의 바닷물로 방출된다. 다시 바닷물에서 그것은 박테리아(그리고 일부의 다른 식물플랑크톤)에 의해서 대사 과정에 이용할 수 있는 다른 황 화합물의 형태로 바뀐다. 마지막으로 일부 박테리아들이 DMSP를 쪼개어 DMS를 만들어낸다. 그런 뒤에 그것은 대기에 방출된다.

DMS는 대기에 들어서자마자 물방울이 달라붙을 수 있는 산소와 작은 입자 형태들과 반응한다. 이런 입자들은 '구름 응결핵'이라고 불린다. 충분한 양이 되면 물을 머금은 아주 작은 입자들이 구름을 만들어내기 때문이다. 거짓말 같은 얘기이지만, 어떤 작은 식물플랑크톤은 충분한 수를 이루면 바다 위에 구름을 만들어 기후에 영향을 끼칠 수 있는 셈이다(그림 3-5). 이런 구름이 대기에서 열의 흐름을 바꾸므로 이 작은 유기체와 기후는 완벽하게 연결된다.

1980년대 말에 식물플랑크톤, DMS, 그리고 기후 사이에 되먹임의 순환고리feedback loop 관계가 존재한다는 가설이 제시되었다. 이 가설에 따르면, 지구 온난화로 인해 바다는 더 따뜻해지고 더욱 성층화하여 DMSP를 만드는 식물플랑크톤 종들이 번성하고, 그리하

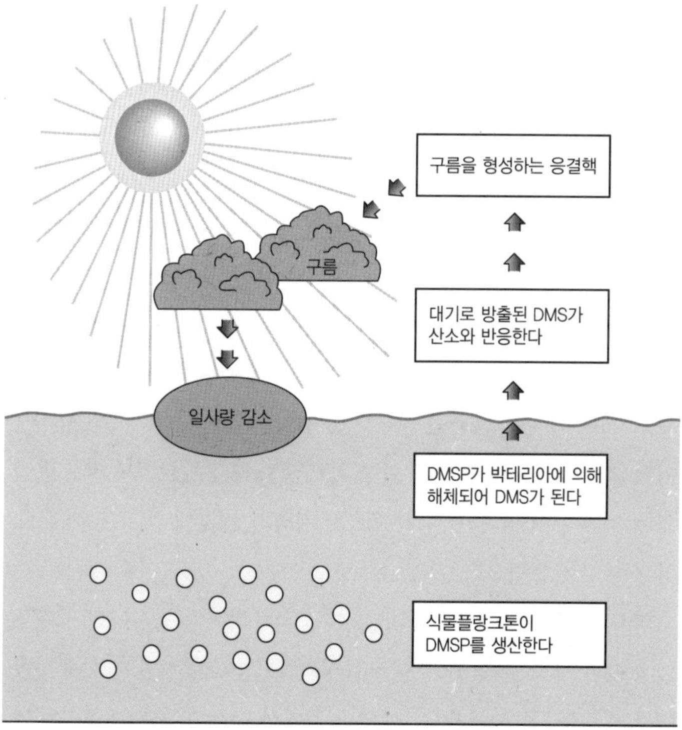

그림 3-5 DMS 생산의 도식

황을 함유한 화합물을 방출함으로써, 식물플랑크톤은 구름의 형성에 직접 영향을 끼치고, 그리하여 기후에 영향을 끼친다.

여 DMS 생산이 늘어난다. 그러면 DMS 생산 증가가 구름의 형성을 자극하고 지구의 냉각에 기여한다. 이런 'CLAW' 가설(여기에서 CLAW는 네 명의 논문 저자인 찰슨Charlson, 러브록Lovelock, 안드레에

Andreae, 워런Warren의 첫 글자를 의미한다)은 상당한 관심을 끌었으며 DMS와 그것이 기후 변화에서 수행하는 잠재적 역할은 지난 20년 동안 여러 연구들의 초점이 되었다. 이런 엄청난 과학적 관심이 있었지만 우리는 여전히 식물플랑크톤이 매개하는 DMS 생산이 기후의 전개에 얼마나 중요한 것인지 명확하게 알지 못한다. 그렇지만 기후 요동(예컨대 엘니뇨와 라니냐■)이 명백하게 식물플랑크톤의 생물 다양성에 영향을 끼친다는 증거는 명백하게 점점 많아지고 있다. 더 따뜻하고 더 성층화한 조건에서는 DMSP를 생산하는 종이 더 많아지고, 따라서 더 많은 DMS가 대기에 방출된다는 식이다. 그 결과로, CLAW 가설은 지구 온난화가 바다에서 방출되는 DMS의 증가로 이어질 것이라고 예측한다. 이런 되먹임 효과가 지금까지 지구 온난화를 막지는 못했지만(제4장 참조), 지역의 기후에 영향을 끼칠 수 있다는 것은 분명하다.

따라서 식물플랑크톤, DMS, 기후 간의 되먹임 순환고리가 존재할 가능성에 대한 최종의 판단은 아직 없다. 그렇지만 이렇게 매우 다른 과정들, 즉 식물플랑크톤의 대사에서 시작해 구름의 형성과 지상에 도달하는 태양복사량의 변화로 이어지는 과정들은 잠재적으로 연결되어 있는 것으로 보이며, 여러 중요한 점들을 부각시켜준다.

– 지구는 하나의 체계로서 기능한다. 지구 체계의 서로 다른 구성 요소(예컨대 바다, 대기, 육지)에서 일어나는 과정들은 서로 연결되어 있다.

– 지구 체계 중 하나의 구성 요소에서 일어나는 변화(예컨대 식물 플랑크톤 계의 구성 변화)는 지구 체계의 다른 영역에서 예기치 못한 반응을 일으킬 수 있다.
– 바다는 단지 물고기 이상의 더 많은 것을 우리에게 준다. 바다는 또한 지구적 원소 순환에서 중요한 매개자이다.
– 바다 미생물은 원소들의 지구적 유통에서 결정적인 역할을 한다.
– 미생물 다양성은 또한 지구 체계가 제대로 기능하는 데에도 엄청나게 중요한 역할을 한다.

바다의 유기체 대부분은 아주 작다. 사실 너무 작아서 맨눈으로는 볼 수 없다. 그래서 우리는 유기체 간의 차이를 직접 헤아릴 수 없다. 그렇지만 바다와 지구 체계가 기능을 하는 데에는 이런 차이가 결정적인 구실을 한다.

만일 여러분이 거리에서 만난 사람한테 바다의 생물 다양성에 관한 견해를 묻는다면, 또 보존하고 보호할 만한 가장 중요한 바다 생물이 무엇인지 묻는다면, 십중팔구 그는 자신의 우선순위 목록에서 몸집 큰 동물 종을 맨 꼭대기에다 놓을 것이다. 아마도 산호나 불가사리 같은 몇 가지 해저 생물과 더불어 고래나 다른 바다 포유류나 물고기를 생물 다양성을 위해 보존해야 할 유기체의 목록에 넣을 것이다. 그렇지만 바다 차원에서, 지구 체계의 원소 순환 차원에서 볼 때 이런 몸집 큰 동물은 전혀 중요하지 않다.

원소 순환에 관해 말할 때에는 작은 것이 아름답다. 모든 생물종을 다 보존하는 문제가 중요하지 않다 하더라도 지구 체계가 제대로 기능을 하게 하려면 모든 미생물의 기능 또는 그런 기능을 하는 집단을 보존하는 문제는 중요하다. 제5장에서 보겠지만, 바다에서 다양한 미생물과 그 기능의 상대적 분포에 변화의 위협을 일으키는 지구적인 과정이 일어나고 있다. 만일 실제로 그런 변화가 일어난다면 지구적 원소 순환에서 바다의 역할은 극적으로 바뀔 것이다.

4 기후 변화와 바다

19세기에 산업화가 시작된 이래, 인간의 활동은 지구 기후에 점점 더 큰 영향을 끼쳐왔다. 우리는 바로 지금 기후 변화 시기의 한 가운데에 있으며, 그 기후 변화는 세계 바다에 여러 가지 다른 영향을 끼치고 있다. 이 장에서는 먼저 수온과 해수면 상승 같은 물리적인 변화를 살펴보고자 한다. 그런 다음에 제5장과 제6장에서 바다에서 일어나는 화학적, 생물학적 변화를 다루도록 하겠다. 그런 바다의 변화는 기후 변화와 연계되어 있으며, 그 일부는 인간 활동에 의해 일어나고 있다.

온실효과와 지구 온난화

지난 150년 동안에 지구 대기의 이산화탄소 농도는 280피피엠(ppm은 100만분의 1)에서 현재 385피피엠(2008년) 수준으로 3분의

1가량 상승했다. 현재의 이산화탄소 농도는 최소한 지난 65만 년 중에서 가장 높은 것이지만(이는 과학자들이 얼마나 먼 과거까지 거슬러 올라가 얼음 시추 시료에 갇힌 공기에서 과거의 이산화탄소 데이터를 정확히 얻을 수 있는지 보여준다), 아마도 지난 수백만 년 동안에 가장 높은 농도일 것이다. 이런 상승은 전적으로 인간 활동에 의해 일어났다. 보태진 100피피엠은 사실 우리 인간이 방출한 양의 절반가량에 해당할 뿐이다. 바다와 숲이 우리가 배출한 온실가스 일부를 대기에서 가져다 흡수한다는 사실을 빼놓고 생각한다면, 이미 우리는 지금의 대기 중 이산화탄소 농도를 거의 두 배나 상승시킨 셈이다.(바다와 육지의 생물권이 앞으로도 지속적으로 비슷한 비율로 우리 배출량을 흡수하는 능력을 지닐 수 있을지, 또는 그 흡수량이 줄어들어 기후 문제가 더 악화할지에 관해서는 다음 장에서 살펴보겠다.)

대기에 있는 많은 다른 기체의 농도도 역시 인간 활동의 결과로 인해 크게 변화해 왔다. 메탄 농도는 두 배 이상이 됐다. 산화질소의 농도는 5분의 1가량 상승했다. 오늘날 우리 앞에 나타난 다른 일부 기체들은 대기에서 자연적으로 생성되지 않는데도 인간의 개입에 의해서만 축적되어 왔다. 염화불화탄소CFC가 그런 예이다. CFC는 몬트리올 의정서에서 성층권의 오존층에 파괴적 영향을 끼친다는 점이 인정되어 현재 국제적으로 생산이 금지되고 있지만, 이 기체는 앞으로 수십 년 동안 대기에 머물면서 오존층을 파괴하고 그 과정에서 기후 패턴에도 영향을 끼칠 것이다.

이런 모든 기체들은 한 가지 주요한 속성을 공통적으로 지니고 있다. 즉 온실가스로 작용한다는 점이다. 이 말은 그런 기체들이 지구의 복사 균형■을 바꾸어놓는다는 것을 의미한다. 온실가스는 지표면과 대기에서 복사되는 열에너지의 일부를 흡수하여 그 열이 우주 공간으로 방출되는 것을 방해한다. 이를 '온실효과'■라 하는데, 이는 19세기 이래 밝혀진 물리적 현상이다.

기후 평형은 지구에서 방출되는 열의 양이 지구로 들어오는 태양에너지의 양과 정확하게 일치할 때에 이뤄진다. 만일 열복사의 방출이 가로막힌다면, 방출량보다 더 많은 열이 흡수되어 지구 기후는 평형 상태에서 벗어나고 기온이 상승한다. 이런 온난화의 결과로, 복사열의 배출량도 증가하면서 뒤이어 온실가스 농도가 더 상승하고 그런 가운데 더 높아진 온도에서 새로운 평형이 만들어질 수 있다. 그렇지만 제1장에서 이미 다뤘듯이 새로운 평형에 도달하기까지는 지체 시기가 있게 마련이다. 바다가 새로운 온도 수준까지 온난화하는 데에는 상대적으로 긴 시간이 필요하기 때문이다.

각각의 온실가스가 끼치는 기후 영향은 복사 균형에 끼치는 그 정량적인 영향으로 계량된다. 그것은 전구나 히터에도 동일하게 쓰이는 단위인 와트W로 계량된다. 물론 온실가스의 경우에 그런 계량법은 지표면의 1제곱미터에 대한 단위로 매겨진다. 이런 계량법에 따르면, 지금까지 나타난 이산화탄소 농도 증가는 1제곱미터당 1.7와트(1.7 W/m^2)의 난방 효과(전문 용어로 '복사 강제력')를 지녀왔다. 메탄 농도의 증가는 0.5와트의 효과를, CFC 증가는 적어도 0.3와트의 효과를 더해 주었다. 지표면 오존의 농도 증가(성층권 오존의 훼손과 혼동하지 말자)는 0.3와트의 효과를, 산화질소는 거의 0.2와트의 효과를 만들었다. 그러므로 이를 다 합하면 이 온실가스들은 3와트라는 추가적인 온실효과를 만드는 데 기여한 셈이 된다.(여기에서 '추가적인'이란 말을 쓴 것은, 당연히 자연적인 온실효과를 만들어내는 자연적인 온실가스가 이미 대량으로 존재하기 때문이다. 만일 자연적인 온실가스가 없다면 지구는 완전히 얼어붙을 것이고 살 수 없는 곳이 될 것이다.)

인간 활동은 이런 온실가스 외에도 먼지, 검댕, 황 화합물 같은 입자를 만들어내어 대기오염이라는 영향을 기후에 끼친다. 이런 에어로졸은 일반적으로 스모그라고 불린다. 입자들은 햇빛을 반사하기 때문에 기후에 냉각 효과를 일으킨다. 이 효과를 계량화하기는 온실가스 효과를 계량화하기보다도 더 어렵다. 그 효과가 1제곱미터당 1.2와트로 추정되기는 하지만 여러 요소가 어울려 생겨나는 불확실성은 더 크다. 추가 온실효과 중 대략 3분의 1이 대기에 방출되는 입자들 때문에 상쇄된다. 그러나 이는 지구적 평균을 생각할 때 그렇다는 말이다. 긴 수명 때문에 대기 전체에 골고루 잘 섞이는 온실가스와는 대조적으로, 스모그의 발생 그리고 복사량과 관련한 기후 영향은 지역별로 매우 다르다.

인간이 기후에 끼치는 세 번째 영향은 육상 지역의 광도(이른바 '알베도')의 변화를 통해 나타난다. 그런 변화는 예를 들어 삼림의 벌채와 농지 전환처럼 토지 용도가 변하면서 생겨난다. 이는 대략 0.2와트의 냉각 효과를 낸다. 이런 요인들을 모두 다 고려할 때에 인간 활동의 영향은 복사 균형에서 1.6와트의 순증가 효과를 낸다고 볼 수 있다.

그러면 복사 균형의 변화로 인해 어떤 결과가 생길까? 앞에서 말했듯이 그 결과로 초래되는 불균형은 어김없이 지구 기후의 온난화로 이어지지만 그 정도는 얼마나 될까? 그것을 정확히 계산하기는 쉬운 일이 아니다. 온난화의 정도는 온난화를 증폭하거나 약화하는 수많은 되먹임 효과에 따라 달라지기 때문이다. 그런 되먹임 효과에는 대기의 수증기 농도도 포함되는데, 사실 수증기는 대기에서 가장 중요한 온실가스이며 온도가 상승하면 그 농도도 증가한다. 수증기는 어떤 온난화라도(또는 한랭화라도) 증폭할 수 있다. 되먹임 효과에는 또한 구름 면적의 변화도 포함된다. 서로 다른 고도에 떠 있는 서로 다른 유형의 구름은 온난화 효과를 약화할 수도, 증대할 수도 있다. 마지막으로 지구에 퍼져 있는 눈과 얼음 면적의 변화도 되먹임 효과에 포함된다. 밝게 빛나는 얼음 표면은 많은 양의 태양복사를 반사하기 때문에, 얼음 면적이 줄어들면 흡수되는 태양열은 증가하게 마련이다. 이는 온난화를 증대하는데, 특히 고위도 지역에서 그렇다. 제1장에서 세계의 대양이 이런 세 가지의 되먹임 순환고리에서 중요한 구실을 한다고 설명한 적이 있다. 그 이유 중 하나는 세계 대양을 이루는 엄청난 규모로 탁 트인 바닷물이 눈과 얼음의 일차 원천이자 대기 중 수증기와 나중에는 구름 물방울의 일차 원천이 되기 때문이다. 거대한 바다가 없는 '마른' 행성이 있다면 그것은 대기 중 이산화탄소의 증가에 대해 지구 행성과는 완전히 다른 방식으로 반응할 것이다.

이런 모든 되먹임 순환고리의 순 효과는 기후 변화의 효과를 증폭하는 것이다. 이는 모든 모형 계산에서 얻을 수 있는 명백한 결론이다. 또한 그런 결론은 지구 역사에서 극적인 기후 변화가 되풀이해 일어났음을 보여주는 역사적 증거로도 뒷받침된다.(한 가지 예가 널리 알려진 빙하기다.) 만일에 지구 기후 체계의 되먹임이 전반적으로 증강 효과보다는 약화 효과를 내는 경향성을 보여왔다면, 과거에 일어난 자연적 기후 요동은 훨씬 더 약화했을 것이고 놀랄 만한 규모로 일어나지 않았을 것이다.

기후학자들은 자연의 교란에 대한 기후 체계의 민감도 정도를 일러 '기후 민감도' climate sensitivity■라고 표현한다. 이런 매개변수는 지구의 평형 온도(지표면에 가까운 대기의 지구적 평균온도를 뜻한다)가 복사 균형의 어떤 변화에 반응해 나타나는 온도의 도수를 가리킨다. 따라서 이는 제곱미터당 와트에 대한 섭씨온도로 계량되며, 예컨대 인간이 기후 체계에 1제곱미터당 1.6와트를 더한 결과로 기후가 어느 정도 가열되는지 그 온도의 숫자를 계산하는 데 사용할 수 있다. 훨씬 더 간단하고 더 널리 쓰이는 또 다른 표시자는, 이산화탄소 농도가 두 배가 될 때(그것은 1제곱미터당 3.7와트의 복사 균형 변화에 상응하는 것이다) 예측되는 온도 상승의 규모이다. 현재까지 알려진 바에 따르면, 이런 기후 민감도는 대략 ±1도의 불확실성을 지니는 섭씨 3도가량이다. 여기에서 불확실성은 앞에서 설명한 되먹임의 규모를 특정한 불확실성의 한계값 내에서 결정할 수밖에 없다는 사실에서 기인한다. 따라서 진지한 과학자라면 누구나 이런 형식의 값을 인용할 때에는 거기에 달린 잠재적 오차(또는 불확실성)를 제시한다. 이산화탄소 농도가 두 배일 때, 다시 말해 제곱미터당 3.7와트일 때 섭씨 3도라는 것은 제곱미터당 1와트 크기의 복사 균형 교란일 때 섭씨 0.8도에 해당하는 것이다.

언론 보도에서는 기후 민감도가 어김없이 '2100년 예상 상승 온도'로 둔갑해 사용되곤 한다. 기후를 보호하려는 아무런 노력이 이뤄지지 않을 때의 시나리오에서는 두 수치가 비슷하게 나타나기 때문이다. 그렇게 나타나는 이유는, 이산화탄소 농도가 2100년까지 두 배(세 배는 아니더라도) 넘게 증가해도, 앞에서 설명했듯이 바다의 온도 변화는 천천히 일어나 기후 체계가 뒤처져서 반응하기 때문이다. 그 결과로 초기에 온난화 수준은 나중에 기후가 평형에 도달할 때 나타날 수준보다는 적게 나타난다. 그래서 2100년에 우리는 기후 민감도의 규모와 매우 비슷한 수준으로 온난화를 맞이할 수 있다. 그렇지만 여기에는 매우 중요한 포인트가 있다. 즉, 2100년 온난화의 수준은 우리가 하기에 따라, 즉 우리의 온실가스 배출량에 따라 달라진다는 점이다. 우리가 기후를 보호하는 결정적인 조처를 취하면 2100년 온난화 수준은 섭씨 2도보다 훨씬 더 낮아질 수 있다. 반대로 우리가 이산화탄소를 대기에 훨씬 더 많이 배출한다면 기후는 섭씨 6도나 그 이상으로 온난화할 수 있다. 기후 민감도에는 우리가 전혀 영향력을 발휘할 수 없다. 그래서 사실 기후 민감도는 기후 연구에 특별히 유용한 매개변수가 될 수 있다. 그것이 인간 활동에 의해 좌우되지 않는 기후 체계의 순수한 물리적 속성을 의미하기 때문이다.

그러므로 특정 시기에 나타나는 실제적인 온난화는 기후 민감도가 보태지고, 다시 열적 지체sluggishness, 즉 기후 체계의 관성을 나타내는 백분율의 요인에 의해 보정된 교란의 산물이다. 여기에서 기후 체계의 관성이란, 변화가 있은 이후에 기후 체계의 저변에서 뒤처져 일어나는 변화의 지체 정도를 말한다. 그러면 이 모두를 감안할 때, 인간이 유발한 지구 온난화의 크기는 얼마나 될까? 앞에서 논했듯이, 현재까지 인간이 일으키는 복사 균형의 교란은 대략 제곱미터당 1.6와트이다. 그것은 온실가스 배출로 인한 3와트에서, 에어로졸 오염과 지구 육지 표면의 광도 변화로 인한 1.4와트를 뺀 값이다. 앞에서 설명한 대로 제곱미터당 와트에 대해 섭씨 0.8도라는 기후 민감도의 최선 추정값을 적용하면, 평형 상태에서 0.8 × 1.6 = 섭씨 1.3도라는 온난화 값을 얻을 수 있다. 기후 체계의 열적 지체 때문에 이런 온난화 중에서 절반 내지 3분의 2만이 지금까지 일어났을 것으로 예측할 수 있다. 통틀어 보면, 여기에서 인간에 의한 지구 온난화는 현재까지 섭씨 0.7도 내지 0.9도에 이를 것이라는 이론상 예측이 나온다. 이런 예측은 산업화가 시작된 이래 섭씨 0.8도의 지구 온난화가 일어났음을 보여주는 온도 측정 결과와도 제대로 일치한다.

첨언하면, 측정 자료들은 또한 지난 역사에서 기후 요동을 반복해 일으켰던 이미 알려진 복사 균형 변화의 자연적 원인들을 산업화 이래 기록된 온도 상승분에서 뺄 수 있음을 보여준다. 지난 60년 동안에 태양 활동은 증가하지 않았고, 지구궤도의 매개변수(이전에 빙하기를 촉발했던 요인) 또한 현재의 온난화를 설명해주지 못한다.

이런 것들로 볼 때에 온실가스 농도의 추가 증가가 지구 온도를 추가로 상승시킬 것이라는 결론을 얻을 수 있다. 얼마나 더 상승할지는 대체로 우리가 하기에 달렸다. 특히 그것은 이산화탄소와 다른 온실가스들이 다음 수십 년 동안에 인간에 의해 얼마나 많이 대기에 배출될 것인지에 달려 있다. 기후학자들이 이것을 예측할 수는 없다. 우리는 단지 특정한 양의 온실가스가 배출될 때, 촉발될 것으로 예상되는 온난화의 수준만을 계산할 수 있을 뿐이다.(이른바 '배출 시나리오'■다.) 이런 시나리오들은 기후 변화 정부간 위원회IPCC가 정기적으로 발표하고 있다. IPCC는 기후 변화에 관해 수천 종의 과학저널에 실리는 최신의 과학적 이해를 평가하는 것을 임무로 삼고 있다. 수백 명의 기후학자들이 집중 토론에 참여하고 또 IPCC 보고서에 글을 쓴다. 보고서는 다시 광범위하고도 세 단계를 거치는 검토 과정을 거쳐 평가한다. 배출 시나리오에 의거해서 2007년에 발표한 최근의 보고서를 보면, 지구 평균온도는 2100년까지 섭씨 1도 내지 6도나 더 오를 것으로 예견됐다. 시나리오와는 별개로 다음 몇십 년 동안에 온도는 10년마다 섭씨 0.2도씩 상승할 가능성이 있는데, 이런 수치는 지난 30년 동안에 관찰된 상승 속도에 대체로 상응하는 것이다. 배출량이 갑작스럽게 변화하지 않는다는 사실을 감안할 때, 대기의 이산화탄소는 누적 효과를 지니고 기후 체계는 앞에서 설명한 대로 관성을 띠게 된다(제1장 참조). 배출 시나리오가 달라지면 온도 상승에서도 나중에 차이가 생기게 마련이고, 금세기 중반 이후부터 그런 확실한 차이가 자명하게 드러날 것이다.

바다의 온난화

2006년에 신문들은 북해의 고온 기록을 보도했다. 10월 동안에 평균 수온은 그 어느 때보다, 적어도 측정이 시작한 이래 가장 따뜻했다. 섭씨 14.2도의 기록은 1968~1993년 기간의 장기 평균보다 섭씨 2.4도 이상 높은 것이었다. 독일 연방 해양 · 수로국은 이를 "북해에서 기후 변화가 시작했음을 틀림없이 보여주는 신호"라고 규정했다.

2006년 10월 북부 유럽의 한복판에 있는 바다의 이런 스냅사진은 바다 수온의 장기적인 지구적 상승이라는 훨씬 더 크고 포괄적인 사진에서 단지 한 조각일 뿐이다. 그림 4-1은 1860~2000년 사이에 수온이 어떻게 변해왔는지 보여준다. 이 기간에 해수면의 평균온도는 섭씨 0.6도 올랐다는데, 지구의 평균 대기 온도에 비하면 약간 작은 값이다. 그 온도의 변화 과정도 대기 온도의 경우와 비슷한 길을 따라왔다. 즉 20세기 초엽부터 시작된 처음의 온난화 과정에 이어 대략 1940년부터 1980년까지는 정체의 시기가 나타났으며, 그 이후에 다시 온난화의 시기가 이어졌다. 이런 시간 흐름을 따라 나타난 변동은 처음의 온난화 단계(1940년까지) 동안에 태양 활동 증대와 온실가스 농도 증가가 더해져 기후를 뜨겁게 했다는 사실로 설명할 수 있다. 1940년부터는 지속적인 온실가스 증가가 냉각 효과를 내는 에어로졸 오염(스모그)으로 상쇄됐으며, 한편으로는 태양 활동이 어느 정도 일정하게 유지됐다. 1970년대에 추가적인 에어로졸 오염의 증가는 건강에 끼치는 악영향 때문에 멈추었다. 이 기간의 태양 활동은 사실상 변하지 않은 채 유지됐다.(변화가 있었다면 지난 20년 동안 약간 침체하는 경향이 나타났다.) 그 결과로 온실가스 농도 증가는 계속 가속화했으며 그것이 기후에 지배적인 영향을 끼쳐왔다.

그러나 지구 평균만을 생각한다면, 바다 온도와 그 전개 과정의 패턴에 어떤 경우에는 실질적인 지역 차이가 존재한다는 사실이 드러나지 않을 것이다. 여기에는 두 가지 이유가 있다. 첫째 지상의 기후 체계에는 언제나 여러 다른 원인을 동반하는 자연 요동이 나타난다는 특징이 있고, 그런 요동은 지구적인 장기 추세와 겹쳐 나타난다. 몇 년 간의 지구 평균으로 볼 때에는 이런 요동의 크기가 상대적으로 작다. 그러나 그림 4-1에서 볼 수 있듯이, 조사 대상이 되는 지역과 기간의 크기가 작을수록 요동의 규모는 더 커질 수 있다. 더욱이 인간이 만든 기후 변화는 서로 다른 지역에 서로 다른 영향을 끼칠 수 있다. 예를 들어 수온의 상승은 지구 온난화로 인해 바다 얼음의 면적이 줄어드는 지역에서 특히 뚜렷하게 나타난다. 이런 현상은 다시 얼음 알베도 되먹임 효과 때문에 추가적인 온난화로 이어진다. 실제로 북극해의 일부 지역에서는 근래 수십 년 동안에 섭씨 3도가 넘는 온도 상승이 관찰되었다. 이런 수치는 같은 시기의 지구적 추세보다 몇 배나 더 높은 것이다. 동시에 북극해의 얼음 면적은 점점 더 줄어들어, 1979년 위성 관측이 시작된 이래 지금은 거의 절반이 사라졌다. 2006년에 발표된 새로운 연구 결과에서는 북극해가 이르면 2040년께 여름 몇 달 동안 얼음 없는 곳이 될 수 있다는 결론이 나왔다. 이전에 행해진 모형 계산에서는 이런 일이 금세기의 사사분기나 돼야 나타날 것이라는 예측이 제시된 바 있다. 2007년에는 더 낮은 기록에 도달했다. 즉 얼음 면적은 400만 제곱킬로미터였으며, 이는 1960년대에 유지되었던 면적의 절반이었다.

이와는 반대로, 일부 지역에서 해류와 바람에 나타나는 변화가 냉각 효과를 초래할 수도 있다. 이런 일은 역설적이게도 지구 온난화 때문에 일어난다. 예를 들어 그린란드 남쪽의 어느 바다 지역에서는 지난 세기 동안에 눈에 띄는 한랭화 현상이 나타났다. 이런 전개 과정은 이와 달리 온도 상승으로 나아가는 일반 추세를 거스르는 것이었다. 많은 시뮬레이션 모형에서도 북대서양 해류가 약해지면 이 지역에서 한랭화가 초래되는 것으로 나타났다(아래에서 '대양 해류의 변화'라는 제목 부분을 참조). 각 경우에 언급된 온도 변화가 중첩된 자연 요동 때문인지 아니면 지역 효과나 인간 개입 효과 때문인지 규명하려면, 시뮬레이션 모형과 데이터 측정을 종합하는 면밀한 분석이 필요하다.

지금까지 우리는 바다 표면 근처의 온도 변화만을 바라봤다. 이런 표층수는 대기와 직접 접하기 때문에 복사 균형 변화의 영향도 직접 받는다. 제1장에서 설명했듯이 이처럼 바다의 최상층에 있는, 잘 혼

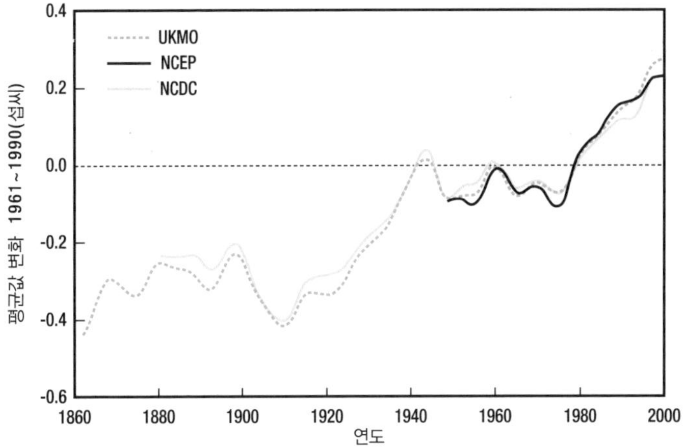

그림 4-1 세 곳의 다른 데이터센터 자료에 나타난 해수면 온도의 상승(지구 평균)

합되는 층의 수심은 위도에 따라 다르지만 대략 50~200미터이다. 이제는 우리의 관심을 바다 깊은 곳으로 돌려보자. 우리는 이곳 바닷물이 기후 변화에 어떻게 반응하리라고 예측할 수 있을까?

장기적으로 본다면, 처음에는 바다 표면에만 영향을 끼치는 온도 상승이 점차 더 깊은 바닷속으로 퍼지리라고 예측할 수 있다. 대부분 지역에서는 천천히 혼합되는 과정을 거친다. 그러나 표면에서 깊은 곳으로 많은 양의 물이 가라앉는 곳에서는 더 빠르게 그런 현상이 일어날 것이다. 그렇더라도 이런 침투가 일어나는 속도를 예측하기는 어렵다. 특히 심해수 형성이 일어나는 곳을 비롯해 지역별로 다른 온도 변화, 그리고 심해수 형성 과정 자체의 변화 가능성 때문에 어렵다.

예전에는 심해 온도를 연구선이나 탐사선에서만 측정할 수 있었다. 그래서 데이터를 얻을 수 있는 영역도 만족스럽지 않았지만, 이제는 심해수 층에서 일어나는 점진적 온난화도 측정할 수 있다. 최근 들어서는 '아르고 뜰개' Argo float라고 불리는 자율 탐사기를 많이 사용한다. 길이가 대략 2미터 되는 이 원통형 측정기에는 일련의 측정 기기들이 달려 있으며, 수심 2,000미터에서 떠다니다가 열흘에 한 번씩 물 위로 떠오른다. 다른 데이터도 측정하지만 온도 특성을 기록한 뒤에 위성으로 데이터를 전송한다. 세계 대양에는 현재 대략 3,000대의 이런 뜰개(한 대당 가격은 대략 2만 5000파운드나 한다)가 배치되어 작동 중이며, 서로 네트워크를 이루어 이전에는 얻을 수 없던 조밀한 데이터를 제공하고 있다. 이용할 수 있는 데이터를 보면, 대부분 대양에서 지난 50년 동안에 섭씨 0.1도 이상의 온난화는 상층 수심 500미터 이내에서 일어난 것으로 나타났다. 소수 지역에서만 1,000미터 이상의 수심에서 온난화가 나타났는데, 가장 두드러진 곳은 북위 20~40도의 북대서양이었다. 그렇지만 대서양에서 북쪽으로 더 나아가 북위 50~60도 지역까지 나아가면, 아주 깊은 곳에서는 한랭화가 관측된다. 이것은 앞에서도 얘기했던 대로 이 지역의 표면에서 일어나고 있는 한랭화의 결과인 것으로 여겨진다. 연쇄적인 한랭화 효과는 밀도 높은 찬물이 아주 깊은 곳으로 가라앉으면서 생겨난 결과이다.

바다가 흡수하는 전체 열량은 특별한 관심을 끌 만한 것이다(그림

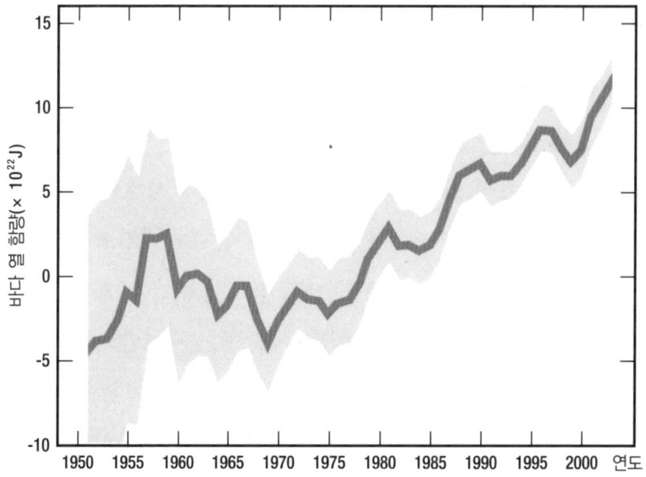

그림 4-2 1950년 이후 세계 대양의 열 함량 변화 (수심 700미터까지)
단기적으로는 변동이 있지만 장기적으로는 뚜렷한 증가세가 나타난다.

4-2). 세계 대양의 열 함량에 나타나는 변화는 지구의 바다 온도를 이용해 계산해낼 수 있다. 지난 40년 동안(정확히 말하면 1961~2003년 기간)에 바다는 1.4 × 10^{23}줄J의 에너지를 얻었다. 이것은 현재 세계의 에너지 생산량보다 400배나 큰 수치다. 그렇지만 바다 온도는 (바닷물의 전체 부피에 대해) 평균 0.04도 미만으로 상승했다.

바다의 흡수 열량을 지구 표면의 제곱미터당 와트의 수치로 환산한다면, 이 흡수량을 앞에서 설명한 온실가스의 가열 효과와 직접 비교할 수 있을 것이다. 그 수치는 현재 제곱미터당 1.6와트이다(스모그의 냉각화 효과를 인정할 때). 1961~2003년 기간에 바다는 제곱미터당 0.4와트의 평균 속도로 열을 흡수했다. 이는 인간 유래의 온실가스가 일으킨 추가적인 열복사의 상당 부분이 바다에서 사라진다는 의미이다. 그리고 이 자체로 기후 변화에 대한 바다의 완충 효과, 즉 앞에서 말한 열적 '지체'의 표현이기도 하다.

바다가 이렇게 많은 열을 흡수할 수 있는 기후 체계의 유일한 일부라는 점은 주목할 필요가 있다. 대기와 육지에 저장되는 열량은 다 합쳐서 바다 저장 열량의 10퍼센트 정도일 뿐이다. 게다가 빙하가 녹고 극지의 바다 얼음과 대륙빙이 줄어드는 것처럼 지구에서 얼음이 녹는 데 소비되는 에너지 총량은 다른 것과 비교할 때 무시할 만한 수준이다. 이런 얘기는 어떤 사람들한테는 놀라움으로 다가오겠지만, 사실 얼음의 낮은 열 전도성 때문에 가능한 일이다. 그렇더라도 이런 사실은 또한 지구의 얼음 덩어리가 열에 더 가까워지기만 하면 아무런 장애 없이 훨씬 더 빨리 녹을 것임을 보여주기도 한다. 이게 완전히 말도 안 되는 생각은 아니다. 얼음 덩어리는 현재 점점 더 많이 녹고 있고, 녹은 물은 빙하의 갈라지고 터진 틈새로 스며들며, 흐르는 얼음은 점점 더 빠르게 바다로 흘러들어 가서 더 따뜻한 바닷물과 만난다. 냉장고의 서리를 제거해본 적이 있는 사람은 알겠지만 얼음은 따뜻한 여름 온도에서도 아주 천천히 녹지만 양동이의 물에 집어넣으면 훨씬 더 빠르게 녹는다.

해수면 상승

앞에서 한 얘기는 곧바로 해수면 상승이라는 주제로 이어진다. 해수면 상승의 두 가지 주요 원인에 대해서는 이미 얘기했듯이, 첫째 육지 얼음이 녹아 바닷물이 늘어나기 때문이고, 둘째 수온 상승으로 바닷물이 확장하기 때문이다. 토펙스/포세이돈Topex/Poseidon과 제이슨Jason이라는 위성은 1993년 이래 매우 정밀하게 지구 대양의 해수면 높이를 지도로 작성하고 있다. 이 위성들의 도움으로 확보한 데이터를 보면, 지구의 해수면은 해마다 3.3밀리미터씩 상승하고 있다. 그렇지만 우리가 정말 알고 싶은 것은 이런 것이다. 해수면은 언제 상승하기 시작했으며, 바다 표면은 지난 세기에 대략 어느 정도나 상승했을까?

위성 측정이 시작되기 이전의 시기에 대해서는 세계 각지의 수많은 해안 도시에서 이뤄진 해수면 측정의 데이터를 이용할 수 있다. 그러나 해안의 데이터에는 세 가지 단점이 있다. 첫째 그 데이터는 해안에서 멀리 떨어진 곳의 정보는 제공하지 않는다. 둘째 데이터 기록의 정확성과 균일성이 자주 의심받는다. 그리고 마지막으로 해안 지역에 가까운 해수면의 고도는 육지 덩어리의 상승이나 하강에 의해 영향을 받을 수 있기에 그 측정값은 주의 깊게 보정되어야 한다.

따라서 1880년 이후 시기에 대해 현재 최선으로 쓸 수 있는 해수면 고도의 그래프는 해안의 해수면 고도 기록 중에서 특히 신뢰할 만한 측정값에다 위성 데이터를 합쳐서 사용한 것이다. 두 종류의

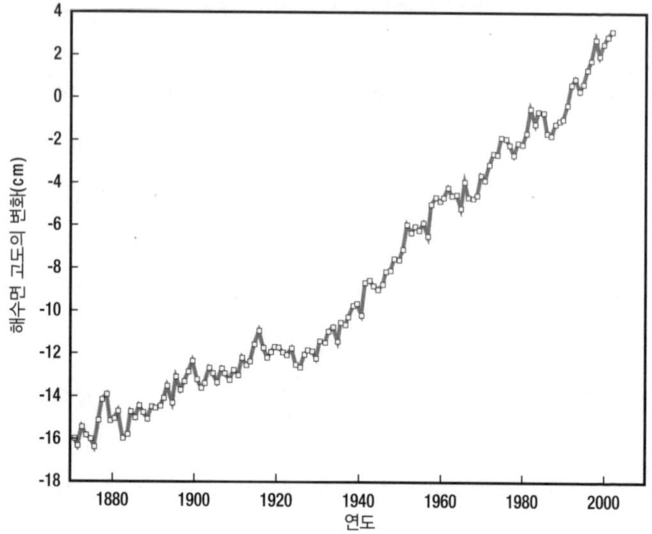

그림 4-3 해안의 계량기로 측정한 지구적인 해수면 상승

그래프는 바닷물 부피의 실제적인 변화를 보여준다. 이로써 지난 빙하기가 끝나면서 나타난 육지의 상승과 하강 효과의 원인이 설명된다.

데이터가 겹치는 시기에 대해서는 이 두 가지를 상호 조정한다. 이렇게 만든 그래프를 보면, 해수면은 그림 4-3에서 볼 수 있듯이 1880년 이후에 18센티미터나 상승했다. 이것은 새로운 현상이다. 지난 수천 년 동안에 막연하게라도 이와 비교할 만한 상승은 없었다. 이것이 근래의 새로운 현상이라는 사실은 무엇보다도 해수면을 고려해 특정한 높이로 건설되는 해안 벽 같은 구조물을 로마 시대까지 거슬러 올라가 분석함으로써 밝혀졌다. 게다가 해수면이 한 세기마다 18센티미터의 속도로 일정하게 상승해 왔다면, 그리 오래되지 않은 중세 시대에는 해수면이 지금 수준보다 대략 2미터나 더 낮아야 하지 않은가. 이는 있을 수 없는 일이었다. 모든 실질적인 의미에서 지금의 해수면 상승이 전적으로 현대적인 현상이기 때문에, 우리는 그것이 최근의 지구 온난화로 인해 일어난 것이라고 추정할 수밖에 없다.

원칙적으로, 지구의 해수면 높이에 변화를 초래할 수 있는 것에는 세 가지 요인이 있다. 첫째 더 많은 물이 보태지는 것이고, 둘째 바닷물의 밀도가 변화하는 것(열적 팽창)이고, 셋째 대양 분지의 체적에 지질학적 변화가 일어나는 것이다. 대양 분지의 변화는 수억 년에 걸쳐서 중요한 역할을 해왔지만, 지금의 추세와 관련해서는 중요성이 다른 것에 비해 덜하다. 즉 지난 빙하기의 말엽(대략 1만 년 전)에 일어난 거대한 대륙 얼음 덩어리의 소실이 끼친 장기 영향으로서, 대양 분지의 크기가 약간 증가했지만 그 자체만으로는 해마다 0.3밀리미터의 해수면 하강이 일어났을 것으로 보인다. 그러므로 그 효과는 앞에서 측정한 해수면 상승을 약간 줄여주는 정도일 뿐이다.

다른 요인인 열적 팽창은 온난화의 직접적인 결과이다. 바닷물의 부피는 차가울 때보다 따뜻할 때 더 크다. 거칠게 얘기하면, 해수면 상승은 앞에서 얘기했던 바다의 열 함량이 증가하는 것에 비례해 나타난다. 그렇지만 좀 더 면밀하게 살펴보면 실제는 이와 다르다는 것을 알 수 있다. 열적 팽창은 온도와 염도의 작용에 따라 매우 다양하게 나타나기 때문이다. 이는 팽창이 바다가 흡수하는 열 전체량만의 문제가 아니며, 열이 '어디에서' 흡수되느냐의 문제이기도 하다는 점을 보여준다. 바닷물이 섭씨 20도에서 21도로 가열된다면 그 부피는 섭씨 0도에서 1도로 가열될 때보다 4배나 더 증가할 것이다. 그러므로 해수면과 관련해서는 온도 변화가 주로 열대 바다에서 일어나느냐 극지 바다에서 일어나느냐는 정말 중요한 문제가 된다.

1961~2003년 시기에, 앞에서 설명한 바닷물의 온난화는 열적 팽창으로 인해 0.4밀리미터의 해수면 상승효과를 냈다. 이 수치는 온도 측정 데이터를 이용해 계산한 결과로 나왔다. 아울러 산악 빙하가 줄면서 0.5밀리미터의 상승효과를, 그린란드와 남극의 거대한 대륙 얼음 덩어리가 녹으면서 0.2밀리미터의 상승효과를 초래한 것으로 추정되고 있다. 이런 효과는 다 합쳐서 연간 1.1밀리미터에 이른다. 그렇지만 실제로 이 시기에 측정된 상승 수치는 연간 1.8밀리미터이다. 왜 이런 차이가 생길까? 그 차이는 해수면에 영향을 주는 '알려지지 않은' 다른 요인이 있다기보다는 이런 모든 수치에 담겨 있는 유의미한 불확실성에서 비롯했을 가능성이 가장 크다. 차이는 전반적인 불확실성 내부에서 비롯할 뿐이라는 것이다. 지난 10년(1993~2003) 동안에 수치의 신뢰도는 더 높아졌으며 그런 차이는 더 줄어들었다. 개별 요인의 효과를 다 합치면 연간 2.8밀리미터에 달하며, 실제로 이 시기에 해수면에서는 연간 3.1밀리미터의 상승이 측정된다. 최근 10년 동안에 대륙의 얼음 덩어리(그린란드와 남극)는 해마다 0.4밀리미터, 산악 빙하는 0.8밀리미터, 열적 팽창은 1.6밀리미터의 상승효과를 냈다. 그러므로 이상적인 정확도의 수준까지

는 이르지 못했지만, 최근의 데이터에서는 일치하는 그림을 보여준다.

미래의 해수면을 예측할 때 쓰이고 있는 모형 계산에서는 상황이 더욱 더 어렵다. 이런 모형 계산은 대체로 식별할 수 있는 인간의 기후 영향이 나타나기 이전 시기인 18세기에서 시작한다. 그리고 온실가스 농도의 증가와 다른 추동 요인들(에어로졸 오염, 태양 활동, 화산 활동)의 자료, 그리고 물리학 법칙에 바탕을 두어 지구적 기후 전개 과정을 계산한다. 이런 방법으로 계산한 온도 곡선은 훌륭하게 역사 데이터의 측정값과도 맞아떨어진다. 그러므로 이런 도움을 받아 이뤄진 미래 온도의 예측은 매우 신뢰할 만한 것으로 여겨진다. 그렇지만 이런 모형들은 지금까지 나타난 해수면 상승의 수치를 실제보다 낮게 보여주고 있다. 모형들은 1961~2003년 시기에 해수면이 평균 5센티미터만 상승했다고 보여주지만, 실제로 측정된 상승 수치는 7.5센티미터나 된다. 즉 50퍼센트나 더 높았다. 또한 대륙 얼음 덩어리의 효과는 계산에서 나온 게 아니라 측정된 데이터에서 가져다 모형에 보탠 것이었다. 기후 모형이 대륙 얼음의 변화를 신뢰도 높게 계산하는 능력은 아직 갖추지 못했기 때문이다. 이런 사실로 볼 때, 특히 대륙 얼음 덩어리가 줄어드는 속도에 관해 신뢰도 높은 예측을 할 수 없는 현재의 상황에서 볼 때, 미래 해수면의 변화에 대한 예측의 신뢰도는 온도 변화 예측에 비해 다소 떨어진다고 볼 수 있다.

시나리오와 모형 선택에 따라 다르지만, 앞에서 얘기한 모형의 계산에서는 2100년 무렵에 해수면은 18 내지 59센티미터 상승한다는 예측이 제시됐다. 그렇지만 그 부분의 부정확성은 이미 규명되었기에, 미래에 바다의 상승은 이보다 훨씬 더 높게 나타날 가능성도 있다. 20세기에 측정한 데이터에 근거를 둘 때에, 온도가 빠르게 오를수록 해수면도 더 빠르게 오른다는 사실이 밝혀져 왔다. 해수면 상승의 속도와 관측된 온난화의 온도 사이에는 매우 뚜렷한 상관관계가 존재한다. 이에 따르면, 해수면은 섭씨 1도의 온난화가 일어난다면 해마다 대략 3.4밀리미터씩 상승한다.(이는 섭씨 0.5도의 온난화가 연간 1.7밀리미터의 상승을 초래함을 의미한다.) 만일 이런 상관관계가 미래에도 계속 효과를 낸다고 가정하면, 해수면은 훨씬 더 크게 상승할 것이다. 지구의 온난화가 매우 크게 나타나고 섭씨 4도를 넘어선다면, 2100년에 해수면은 1미터를 훨씬 넘겨 상승할 것이라는 얘기도 가능해진다. 실제로 이런 일이 일어날지 아닐지 예측하기는 불가능하지만, 이런 수치는 미래의 해수면 상승을 예측하는 것과 관련해 엄청난 정도의 불확실성이 있음을 보여준다. 온도 상승은 계속되고 있지만, 만일 해수면 상승 속도가 지금부터 더 이상 증가하지 않고 연간 3.1밀리미터라는 현재 측정되는 속도를 유지한다고 해도, 바다 높이는 금세기 안에 31센티미터나 높아질 것이다.

여기에서 또 다시 중요한 점은 2100년이 돼도 해수면 상승이 멈추지 않으리라는 사실이다. 우리의 희망대로 인간 활동에 의한 지구 온난화를 그 이전에 멈출 수 있다 해도 그렇다. 해수면은 아주 천천히 그리고 시간 지체를 보이며 반응할 뿐이다. 해수면의 온난화가

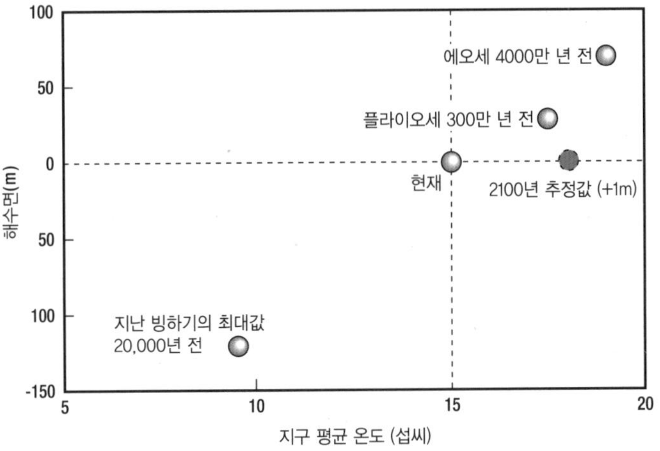

그림 4-4 최근의 지구 역사에 나타난 온도와 해수면의 관련성

이 도표는 더 춥거나 더 더운 기후를 보인 서로 다른 기후 시기들의 해수면 변화(현재와 비교한 수치)를 보여준다. 2100년까지 예측되는 해수면 상승은 지구 역사의 사례들과 비교하면 무시할 만한 수준이다. 그러나 그것은 훨씬 더 큰 장기적 증가의 시작일 뿐으로 예견된다.

심해까지 침투하는 데에는 수 세기나 걸린다. 더욱이 거대한 대륙의 얼음 덩어리가 녹는 데에도 수 세기나 심지어 수천 년이 걸린다. 따라서 2100년의 예보가 어떻든 간에, 30센티미터만 상승하건 1미터 이상 상승하건, 그것은 수 세기의 과정을 거치게 될 장기 지속적 상승의 시작을 보여주는 것일 뿐이다.

지구 기후의 지난 역사를 보면, 우리가 장기적으로 예견하는 해수면 상승의 분명한 지표들과 강력한 경고를 알 수 있다. 지구 역사 내내, 지구 기후의 변화는 언제나 큰 해수면 변화와 함께 진행됐다. 예

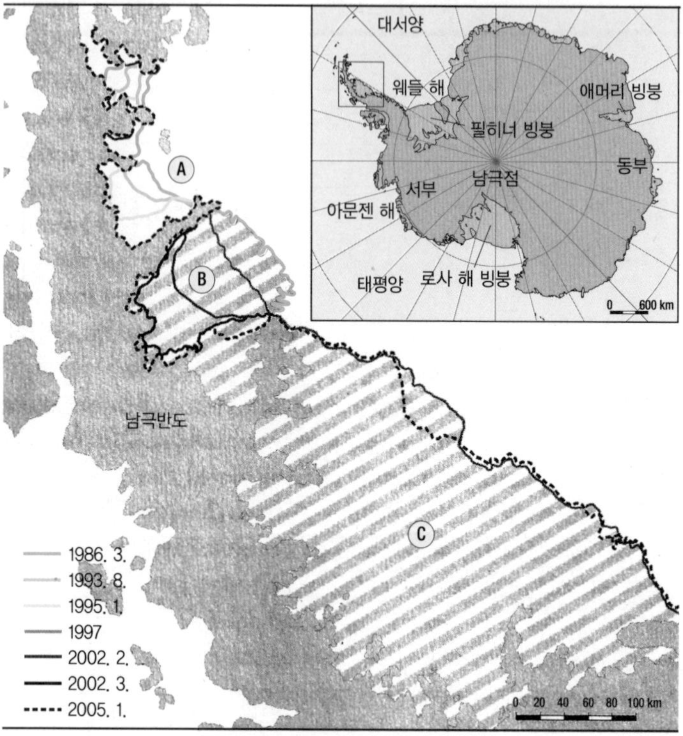

그림 4-5 1986년 이후 남극반도의 빙붕 후퇴 현상
선들은 시기별 얼음의 경계를 나타낸다.

를 들어 지난 빙하기에 지구 평균온도는 오늘날과 비교할 때 대략 섭씨 5도 더 낮았을 뿐이다. 그러나 대양의 해수면은 120미터나 더 낮았고, 현재 영국제도를 구성하는 섬들은 유럽 대륙의 일부였다. 또 다른 사례는 대략 300만 년 전의 플라이오세 시대에서 찾을 수 있다. 이때는 지구 평균으로 볼 때 지금보다 섭씨 2~3도 더 더웠던 최근의 시기였는데, 해수면은 오늘날보다 25~35미터 더 높았다(그림 4-4). 그 이유는 대륙 얼음 덩어리의 거대한 변화에 있었다. 오늘날에도 지구에는 세계의 해수면을 대략 70미터나 올릴 수 있는 충분할 정도의 대륙 얼음이 있다. 이 때문에 미국 항공우주국NASA 기후연구소의 소장인 미국 기후학자 제임스 한센James Hansen은 최근에 이런 얼음 덩어리를 일러 '째깍째깍 대는 시한폭탄'이라고 말하기도 했다.

근래 몇 년 동안에 그린란드와 남극의 두 얼음 덩어리는 각각 경계 지역에서 점점 더 많이 붕괴의 징후를 보여주었다. 그린란드에서 얼음이 녹고 있는 지역의 크기는 위성을 통해 볼 수 있는데, 그 크기는 1979년과 2005년 사이에 대략 25퍼센트 증가했다. 일부 지역에서는 녹은 물의 거대한 흐름이 형성됐다. 그린란드에서는 대략 절반의 얼음이 10여 개의 거대한 분출빙하■를 지나 바다 쪽으로 흘러 나갔다. 야콥스하운 빙하를 포함해 이런 빙하들 중 다수에서는 그런 흐름의 속도가 현재 2배가 되었다. 남극반도에서는 빙붕ice shelf■이 점차 깨지고 있다.(이것들이 바다로 흘러드는 빙하설이다.) 2002년 수천 년 나이를 지닌 라르센 비Larsen B 빙붕의 붕괴는 특히나 놀라운 광경이었다. 빙붕의 얼음은 이미 바다에 떠 있는 것이기에 빙붕의 소실이 해수면에 직접 영향을 주는 것은 아니지만, 최근의 데이터를 보면 빙붕이 붕괴하고 나면 이 얼음의 뒤편에 있던 빙하는 더 빠르게 바다로 흘러든다. 그리하여 이런 과정에서 얼음이 바다에 새롭게 운반되어 해수면을 올리는 데 기여하게 된다. 대륙 빙상의 질량 균형을 측정하기는 어렵다. 그래서 그 수치에는 여전히 큰 불확실성이 있다. 그렇지만 여러 다른 측정값들은 지난 10년 동안에 두 대륙 빙상에서 질량이 소실되었음을 보여준다. 기후 온난화로 인해 강설이 늘어나면 남극의 얼음 덩어리가 커질 수도 있고, 해수면 상승의 브레이크 구실을 할 수도 있으리라는 제3차 IPCC 보고서에 담긴 희망은 아쉽게도 현재까지 이뤄지지 않고 있다.

다른 지역의 다른 결과들

해수면 상승의 결과로 어떤 일이 일어날까? 이런 물음을 생각할 때에는 서로 다른 지역에서는 해수면 상승의 규모도 실질적으로 다양하게 나타난다는 점을 인식하는 게 중요하다. 지금까지 우리는 지구 평균을 얘기했을 뿐이다. 대양의 표면은 편평하지 않으며 오히려 거기에는 언덕도 있고 계곡도 있다. 해수면은 지구의 자전 때문에 해류의 오른쪽 각도 쪽으로 쏠린다. 예를 들어, 바닷물은 멕시코만류의 오른쪽이 그 왼쪽보다 대략 1미터 더 높다. 그러므로 해류가 변화하면 지역별로 해수면도 변화한다. 그렇지만 바닷물은 그저 이리저리 퍼질 뿐이므로, 이런 변화는 서로 균형을 이뤄 지구 평균으로 나타난다. 따라서 위성에서 관측되는 해수면 변화는 바다 표면이 평균보다 더 빠르게 상승하는 지역(예컨대 인도네시아와 뉴질랜드)과 더불어 지난 10년 동안에 해수면이 떨어진 지역(예컨대 인도양의 대부분)을 보여준다. 그렇지만 보통 이런 식의 지역적 차이는 수십 센티미터 이내로 나타나는 게 일반적이다.(여기에 예외 하나가 뒤에서 다룰 북대서양 해류의 가능성 있는 정지이다.) 이는 장기적으로 보면 지구적 해수면 상승이 어디에서나 두드러지게 나타날 것이며, 그런 과정에서 해수면의 지역 차이는 별 의미가 없어질 것임을 의미한다. 그렇지만 10~15센티미터의 추가 상승(최근 IPCC 보고서의 시뮬레이션 계산에 따르면 2100년 북해 지역에서는 그 정도가 예측된다)이라 해도 해수면 문제가 눈에 띄게 악화할 것이다.

또 다른 지역적 효과는 거대한 대륙빙의 중력이 당기는 힘에서 비롯한다. 대륙빙이 줄어들면 중력도 약해진다. 얼음이 줄어들면 그린란드로 당겨지는 물도 줄어들기 때문에, 역설적이게도 그린란드의 해빙은 그린란드 해안의 해수면을 떨어뜨리는 효과를 낼 것으로 예상되고 있다. 예를 들어 유럽의 해안에서, 멀리 미치는 이런 중력 효과는 아직도 제대로 규명되지는 않았으나 중요한 문제일 수 있다.

이에 더해, 지질학적 과정 때문에 땅덩어리의 고도가 변하기도 한다. 특히 지난 빙하기 동안에 무거운 대륙 얼음 덩어리를 지고 있던 위도 지역에서 그렇다. 이런 효과를 잘 보여주는 사례가 스코틀랜드이다. 이곳에서 땅을 내리누르고 있던 얼음 덩어리의 무게 때문에 영국제도의 땅덩어리는 약간 기울어져 있었다. 그러다가 대략 1만 년 전에 얼음 덩어리가 녹아내려 그 무게가 사라진 이래 스코틀랜드는 다시 솟아오르고 있으며, 반면에 런던을 비롯해 잉글랜드의 남쪽 지역은 점차 가라앉고 있다. 페노스칸디아 얼음 덩어리의 중심인 발트 해의 가장 북쪽 지점에서 육지는 여전히 연간 최대 9밀리미터의 속도로 솟아오르고 있는데, 이는 지구 해수면 상승 속도의 3배나 된다. 이와 대조적으로 남쪽으로 한참 내려와 발트 해의 독일 해안에서는 땅이 연간 1밀리미터 정도씩 가라앉아 해수면 변화와 관련한 문제를 악화시키고 있다.

북해의 독일 해안에서는 해수면이 주로 빙하기 이후 육지의 침강 때문에 지난 수천 년 동안 평균 연간 2밀리미터 정도씩 상대적으로 상승해 왔다. 느리게 점진적으로 일어나는 과정이지만, 우연히 극적인 폭풍해일이 일어날 때에는 이와 관련해 문제가 발생한다. 그런 사례로는 1164년 세인트 율리아나 홍수St. Juliana flood, 1219년 세인트 마르셀루스 홍수St. Marcellus flood(약 1만 명 사망), 1287년 세인트 루시우스 홍수St. Lucius flood(약 5만 명 사망), 그리고 1362년 1월 16일에 전설적인 룽홀트 마을을 사라지게 했던 '대 익사 사고'Grote Mandrenke(약 10만 명 사망)가 있었다. 이런 사고와 다른 폭풍해일로 인해 돌라르트Dollart와 야데부젠Jadebusen 지역이 사라졌으며, 이와 더불어 옛 북부 프리슬란트 땅덩어리의 잔존 지역으로서 북부 독일에는 할리겐Halligen 섬들이 생겨났다. 육지와 생명에 대한 이런 위협에 대해 지역 거주자들은 점점 더 성공적으로 맞서 싸웠다. 제방 체제는 기술이 진보하고 사회 조직이 고도화하면서 향상되었다. 제방 건설은 공공의 책임으로 간주되었으며, 자기 힘에 맞는 일을 하지 않는 무임 승차자는 토지를 강탈당할 정도로 누구나 제 몫을 해야 했다. 최근의 폭풍해일 재난은 1953년(북해 범람으로 인해 네덜란드에서 약 1,300명 사망)과 1962년(역시 북해 범람으로 인해 함부르크에서 약 300명 사망)에 일어났다. 그렇지만 이 두 경우에는 상당한 땅의 소실은 생기지 않았다.

해류 변화의 결과로 2100년까지 독일 해안을 따라 일어날 것으로 예측되는 10~15센티미터의 해수면 상승을 같은 기간에 예측되는 땅덩어리의 10~20센티미터 침강에 더하면, 독일에서는 지구 평균의 상승보다도 20~35센티미터 더 높은 해수면의 육지 대비 상승 효과가 나타날 것으로 예측된다. 따라서 지구 차원의 해수면 상승이 예를 들어 50센티미터가 된다면, 이는 곧 독일에서 70~85센티미터의 해수면 상승이 일어날 수 있음을 의미한다. 이 수치에는 그린란드와 남극의 얼음 덩어리가 줄어들면서 생기는 장거리 중력 효과 때문에 또 다른 불확실성이 더해지는데, 이 부분은 아직 확실하게 예측할 수 없다.

땅덩어리의 침강과 융기의 자연적 과정 외에도 해수면 상승과 관련해 상황을 악화시키는 또 다른 문제가 있다. 인간 개입에 의한 국지적인 땅의 침강이 그것이다. 많은 거대한 타운과 도시는 상대적으로 연약 지층이 있는 강어귀에 건설되고 발전해 왔다. 건물 무게와 지하수 사용의 영향으로, 이런 여러 도시들이 가라앉고 있다. 텐진, 상하이, 오사카, 도쿄, 방콕, 마닐라, 자카르타 그리고 로스앤젤레스의 일부 지역이 그렇다. 뉴올리언스가 2005년에 허리케인 카트리나로 초래된 범람 때문에 그토록 심각한 피해를 입은 주요 원인은 이 도시 일부가 이미 해수면보다 최대 3미터나 낮게 가라앉아 있었기

그림 4-6 알트-노르드슈트란트 섬이 있던 1662년 독일 북해 해안 지도 (요하네스 블래우 작)
예전에는 땅이었던 곳에 오늘날에는 할리겐(Halligen) 섬들만 남아 있다.

때문이었다. 제방의 보호 효과는 충분하지 않았다. 잘 알려진 또 다른 사례는 베네치아인데, 그 유명한 산마르코 광장은 땅이 가라앉은 데다가 근래에는 해수면이 상승하는 바람에 점점 더 자주 바닷물에 잠기고 있다.(요즘에는 한 해에 최대 100차례나 물에 잠긴다.) 2003년에는 베를루스코니 총리가 모세MOSE 즉 실험적 전기기계 모듈Modulo Sperimentale Elettromeccanico이라는 이름으로 야심적인 폭풍해일 방어 체제를 출범시켰다. 성경에 나오는 모세의 이름을 이탈리아식으로 딴 것으로 홍수 사건 때에 아드리아 해로부터 베네치아 운하Venetian Lagoon 전체를 격리하려는 방어 체제였다.

이런 모든 이유들 때문에, 미래에 해수면 상승의 결과는 지역별로 아주 다양하게 나타날 것이다. 땅이 가라앉는 위협을 이미 받고 있는 해안 도시들이라면 그 충격을 먼저 감지할 것이다. 그러므로 해수면의 상승은 이미 존재하는 풀기 어려운 문제를 더 키우게 된다. 예를 들어 런던의 경우가 그렇다. 런던 템스 강의 방파제는 이제 한 해에 열 차례 넘게 닫아야 하는 처지다. 이런 상황은 대략 한 해에 한 번만 방파제를 닫던 1980년대와는 눈에 띄게 대조적이다. 그러나 다른 일부 지역들에서는 지난 빙하기에 대한 반동으로 땅덩어리가 솟아올라 적어도 앞으로 100년 동안 나타날 해수면 상승 효과가 모두 상쇄될 것이다.

이런 사례들에서 볼 수 있듯이, 해수면 상승과 관련한 문제는 폭풍해일이 있을 때에 특히 분명하게 드러날 것이다. 바다만 고요하다면, 세계 해안 지역들에서 해수면이 1미터나 오른다 해도 그리 심각한 문제가 생기는 경우는 거의 없을 것이다. 그렇지만 때를 기다리는 재난은 수십 년 동안 슬금슬금 다가와, 단 하루 단 몇 시간 만에 갑작스럽게 뚜렷한 자기 존재감을 드러내곤 한다. 세계의 20대 대도시(거주자가 1000만 명 이상인 도시) 중 모두 15곳이 바다 근처에 있다. 게다가 거기에는 바닷물을 냉각수로 사용하는 핵발전소 같은 민감한 기간 시설들도 있다. 예컨대 맨해튼의 한복판에 있는 미국항공우주국NASA 산하 기후연구소가 뉴욕 도시에 대한 연구를 수행한 적이 있다. 잠정적인 연구 결론은 다음과 같았다. 만일 해수면이 현재보다 1미터 더 오른다면, 통계상으로 말해서 100년에 한 번꼴로 일어나는 3미터 이상의 폭풍해일이 3~4년마다 한 번씩 일어날 것으로 예측된다는 것이었다. 1992년 12월에 이보다는 덜 심각한 폭풍해일(대략 2.5미터의 해일)이 발생했는데, 그때에도 이미 엄청난 피해가 초래되었다. 지하철 교통체제가 붕괴하고 배터리 공원 터널이 물에 잠겼으며 라과디어 공항과 여러 주요 도로 연결망이 폐쇄되었다. 해수면이 오르면, 더 약한 폭풍으로도 이 정도의 홍수 피해를 일으킬 수 있다. 1미터 상승한다면 1992년 12월 때와 같은 홍수가 거의 연간 단위로 일어날 수 있다. 지금 뉴욕에서는 움직일 수 있는 폭풍해일 방파제 3개를 갖추자는 계획이 논의되고 있다. 적어도 맨해튼을 보호해 폭풍해일 피해의 범위를 줄이자는 것이다.

물론 해수면 상승으로 초래되는 결과가 지금까지 얘기한 이름난 해안 도시들에 한정된 것은 아니다. 또 뉴욕에서 논의되는 복잡하고 값비싼 해안 보호 구조물의 비용을 감당할 수 없거나, 그런 구조물을 설치하는 게 완전히 비현실적인 곳도 많다. 우리는 앞의 1장에서 세계 해안선의 길이가 대략 100만 킬로미터로 추정된다고 얘기했다. 그중에서 극히 일부분만이 보호될 수 있으며 그것도 어느 정도만 보호될 수 있다. 만일 해수면이 훨씬 더 상승한다면, 앞으로 수 세기 동안에 3, 4 또는 5미터나 오른다면, 아주 비싼 홍수 방어 방파제와 제방조차 완전히 쓸모가 없어지고, 우리는 이런 도시 몇몇을 포기해야 할 것이다. 이런 일이 폭풍 홍수의 재난이 있기 전에 계획성 있게 조직적으로 진행될지, 아니면 재난이 휩쓸고 지나간 뒤에나 도시를 포기하게 될지는 어쨌든 궁금하다.

지대가 낮은 환상 산호섬이 특히나 위험에 처해 있다. 몰디브, 마셜제도, 키리바시, 투발루, 토켈라우가 그렇다. 이 섬나라들은 모두 합해 50만 명의 안식처이지만, 해수면보다 평균 2미터밖에 높지 않아 기후 변화의 결과로 더 이상 사람이 살 수 없는 곳이 되거나 아예 사라질 수도 있다.

비누아투 환상 산호섬에서는 이미 도회지 라테우를 고지대로 이전하는 게 불가피해졌다. 투발루 섬나라에서 마을 사람들은 봄철 조수 때마다 마을 광장이 무릎 깊이로 바닷물에 잠기는 일을 겪곤 한다. 많은 거주민들은 이미 뉴질랜드로 이민을 떠났다. 이들은 허리케인 카트리나가 휩쓸고 간 이후에 집도 없이 뉴올리언스로 되돌아갈 수도 없는 수많은 사람들과 더불어 21세기 최초의 '바다 난민'이 되었다. 뉴질랜드 정부는 이런 바다 난민의 수용에 관해 이미 여러 섬나라들과 협정을 맺은 바 있다. 여러 섬나라들은 금세기가 끝나기 이전에 가라앉을 것으로 예측되고 있다.

특히 위험에 처한 또 다른 지역으로는 지대 낮은 강의 삼각주가 있다. 이런 곳은 토양이 매우 비옥해 인구밀도가 높은 경우가 많다.

그런 사례 중 하나는 벵골 만에 있는 갠지스-브라마푸트라-메그나 강의 삼각주인데, 인도에서 시작해 방글라데시와 네팔을 거쳐 중국과 부탄까지 걸쳐 있다. 과거에 이곳에서는 폭풍해일 때문에 자연재해가 일어나고 수십만 명의 사망자가 발생했다. 그 위험은 해수면과 더불어 지속적으로 커지고 있다. 그렇지만 더 많은 지역적 경계조처의 도움을 받는다면 그 위험은 적어도 줄일 수 있고 줄여야 한다. 2006년 12월에 인도 신문들은 갠지스 삼각주의 맹그로브 관목 생태계를 이루며 지금도 숲에는 호랑이들이 어슬렁대는 순다르반스 국립공원 안의 섬 두 곳이 사라지고 있다고 보도했다. 수파리반가와 로하차라 두 섬의 범람으로 1만 명의 사람들이 안식처를 잃었다. 또 다시 10만 명은 다음 수십 년 안에 강제 이주의 대상이 되어 이곳을 떠나야 할 것이다.

해수면 상승은 또한 더 많은 해안 침식을 일으키며 결국에는 모래사장의 소실을 초래하기도 한다. 모래 퇴적물을 계속 공급하는 과정이 해수면의 상승을 따라잡지 못하기 때문이다. 북해에 있는 독일 섬 질트Sylt에서는 해변에서 일어나는 모래의 소실에 맞서서 이미 인위적으로 모래를 공급하고 있다. 이런 조처는 이곳의 엄청난 관광 수익 규모를 생각하면 상업적인 의미에서는 이해된다. 그런 일이 스페인 휴양지에서도 널리 나타나, 현재 400곳의 서로 다른 위치에서 해변을 다시 만드는 일이 진행되고 있다. 여러 다른 해안들과 더불어 해변은 해수면 상승의 결과로 인해 점점 더 작아지거나 완전히 사라지고 있다.

해수면이 더 높아질 때 생기는 또 다른 결과는 염분의 지하수 침투이다. 일부 지역에서는 바다 염분이 내륙 쪽으로 50킬로미터까지 지하수에 영향을 끼친다. 이는 농업에도 해를 끼칠 뿐 아니라 마실 물의 공급도 위협하고 있다.

해안 지역의 생태계는 특히나 가치가 높고 풍부한 생물종을 갖고 있다. 일반적으로 이런 곳은 사람들의 관심을 끌기 때문에 대중적인 관광 명소가 된다. 모래사장을 따라서 거닐고 바닷가에서 조개껍질을 줍고 갈매기를 바라보며 꿈결처럼 바닷물을 바라보는 일의 달콤한 맛을 누가 즐기지 않겠는가? 우리들 중에서 더 운이 좋다면, 해안에서 멀리 떨어진 물개나 고래, 돌고래를 지켜볼 수 있었을 테고, 스노클링을 하며 산호초 사이에서 빛나는 색을 띤 물고기들을 감상하거나, 크고 늙은 바다거북이 열대의 한밤중에 해변으로 기어 나와 물 밖에 둥지를 파고서 알을 낳는 장면을 목격했을 것이다.

그렇지만 해수면 상승은 이런 생태계가 직면한 특별한 위험(나중에 더 자세히 얘기하자)을 더 크게 키워놓는다. 위험에 처한 지역들로는 예컨대 습지대와 바닷물이 드나드는 늪지, 산호초, 그리고 맹그로브 숲이 있다. 오늘날 산호초는 지난 빙하기의 거대한 빙상이 녹아내리는 시기가 끝나고 해수면의 높이가 어느 정도 일정한 수준으로 안정된 이후에 과거 수천 년에 걸쳐 스스로 형성되었다. 열대 지역의 산호초는 다른 어떤 해양 생태계보다도 더 많은 해양 생물종들한테 안식처가 되었던 것으로 여겨진다. 이런 산호초를 먹고 살거나 그 주변에 살거나 그것에 기식하며 사는 생물종의 숫자는 대략 50만

내지 200만 종에 달하는 것으로 추정된다. 대략 1억 명의 사람들한테 산호초는 관광이나 어업의 수입원이 된다. 또한 산호초는 침식과 쓰나미의 피해로부터 해안을 지켜주는 구실을 한다. 2004년 성탄절에 엄청난 참화를 몰고 온 쓰나미 이후에 수행된 연구결과를 보면, 범람하는 파도가 내륙까지 들이닥친 거리가 산호초나 맹그로브 숲의 보호를 받는 해안 지역에서는 줄어든 것으로 나타났다.

얕은 바다에서 온대성 산호는 해수면 바로 밑에서 번성한다. 그 생태계에서는 햇빛이 강렬해야 하기 때문이다. 산호초는 위쪽으로 자라면서 해수면의 변화에 적응할 수 있다. 그렇지만 경험적 자료를 보면, 좋은 조건에서(다시 말해 나중에 얘기할 온난화나 산성화 같은 스트레스 요인을 배제하면) 산호는 연간 최대 10밀리미터의 해수면 상승까지도 따라잡을 수 있다. 금세기 후반에 예견되는 해수면 상승의 가속화를 과연 산호가 따라잡아 적응할 수 있을 것이냐 하는 진지한 물음도 제기된다.

현재 세계 해안선의 8퍼센트에 늘어선 맹그로브 숲이 적응하는 데에도 일정한 한계가 있다. 맹그로브 숲에 대한 상세한 시나리오 분석 결과는 2100년까지 해수면이 50센티미터만 올라도 해안의 모든 맹그로브 숲 가운데 4분의 1가량이 아마도 종말을 맞을 것임을 분명하게 보여준다.

그러면 해수면의 추가 상승은 피할 수 없는 일인가? 아니면 우리가 그런 추세를 멈추게 할 수는 없을까? 거기에는 명확한 정답이 없기 때문에, 사실 이런 물음은 잘못된 것이다. 대신에 우리는 이렇게 물어야 한다. 이미 피할 수 없는 해수면의 추가 상승은 어느 정도나 되나?

이와 관련한 물리학을 잠깐 살펴보기만 해도, 수십 센티미터나 어쩌면 10센티미터보다 훨씬 낮은 상승폭을 보이는 지역이라 해도 약간의 해수면 추가 상승은 피할 수 없다. 만일 우리가 내일 당장 이산화탄소와 다른 온실가스의 배출을 모두 중단한다면, 이산화탄소의 농도는 즉각 다시 떨어지기 시작할 것이다. 어느 정도 시간이 지나서 뒤이어 지구 온도도 점차 떨어지기 시작해 2100년쯤에는 대략 1950년 수준으로 돌아갈 것이다. 해수면의 상승도 뚜렷하게 느려질 것이며, 다음 100년이나 그 이후의 또 다음 100년이 지난 뒤에는 해수면도 다시 낮아지기 시작할 것이다.

그렇지만 정치적으로 보건 경제적으로 보건, 이런 얘기는 현실성이 전혀 없는 무작스러운 시나리오이다. 하지만 이보다 좀 더 현실적이고 실질적인 완화(기후 보호) 조처를 실천할 때의 시나리오만으로도, 금세기의 지구 온난화를 섭씨 1도 이내로 제한할 수 있으며, 이후에는 온도를 다시 내리게 할 수 있는 것으로 나타났다. (예컨대 에너지 분야의 크리스천 아자르Christian Azar 스웨덴 교수가 제시한 모형에서.) 이렇게 되면 해수면은 수백 년에 걸쳐 수십 센티미터 정도 상승하게 된다. 이 정도의 상승은 적절한 기후 변화 적응 조처를 취한다면 우리가 극복할 수 있는 수준이다.

그렇지만 기후 변화를 완화하는 아무런 조처를 실천하지 않고서 배출량의 증가를 그대로 놔둔다면, 지구의 해수면은 아마도 다음 수백 년 동안 수 미터나 상승할 것이다.

그러니 우리에게 남은 선택은 분명하다. 수십 센티미터의 해수면 상승이냐 아니면 수 미터의 해수면 상승이냐 사이의 선택이다. 그것을 결정하는 일은 우리 세대의 역사적인 책무이다. 지금이 향후 50년 정도 우리를 지탱할 에너지 체계에 관해 결정해야 할 때이기에, 우리 미래의 길은 앞으로 10~20년 안에 정해질 것이다. 바다의 미래는 우리의 손에 달려 있다.

2006년에 독일 지구기후 자문회의German Advisory Council on Global Change; WBGU는 해수면에 대한 이른바 '가드레일', 즉 넘어서는 안 되는 한계 수준을 제안하는 바다 평가 보고서를 제출했다. 이 제안에 따르면, 장기적으로(즉, 수백 년에 걸쳐) 해수면이 산업화 이전의 수준보다 1미터 이상 오르는 일은 없어야 하며, 해수면 상승 속도는 10년당 5센티미터 이내로 유지해야 한다. 이런 특별 보고서를 내면서, WBGU는 우리가 일으키는 해수면 상승의 수준을 의미 있게 제한하는 데 대해 폭넓은 토론이 일어나기를 바란다고 밝혔다. 사람들은 제안된 수치가 너무 높은지 아니면 너무 낮은지 논쟁할 수 있고, 또 논쟁해야 한다. 그렇지만 위험이 다가오는 것은 보지 못하고 그저 머리를 모래더미에 파묻고는 해수면 상승 문제를 외면한다면, 그것은 분명히 무책임한 일이 될 것이다. 우리는 우리 행동이 만들어낸 결과를 똑바로 바라보면서 우리가 수용할 수 있을 만큼의 해수면 상승이 어느 정도일지에 관해 책임 있는 결정을 내려야 한다. 이 문제는 우리 사회가 허용할 수 있는 이산화탄소 배출 수준과 함께 고려되어야 한다.

열대 사이클론

열대 사이클론■을 생각할 때 2005년은 기록적인 해이다. 그해에 미국 뉴올리언스에서 허리케인 카트리나가 일으킨 참사(사망자만 최소 1,836명)는 많은 사람들에게 그런 폭풍이 몰고 오는 위험성을 일깨워 주었다. 사실 열대 사이클론의 발달은 바다와 아주 밀접하게 연계되어 있다. 그러니 바다에 관한 책이라면 이 주제에 관한 얘기를 빠뜨릴 수 없다. 열대 사이클론은 흔히 간단하게 말하면 뇌우라고도 하는 어떤 요동에서 출발해 발달한다. 따뜻하고 축축한 공기가 상승하면서 냉각하면, 수증기의 응결 현상이 나타난다. 응결 과정에서 열이 방출되는데, 그것이 굴뚝에서 볼 수 있는 것과 비슷하게 공기의 빠른 상승 운동을 지속적으로 일으킨다. 이런 '자가 가열' built-in heating이 공기를 주변의 공기보다 더 따뜻하게 유지시켜 주기 때문이다. 이 굴뚝에 에너지를 공급하는 '연료'는 결국에 따뜻한 바닷물이다. 바다의 표면 근처에서 모든 방향에서 불어오는 공기는 다시 요동의 중심으로 흘러 들어가 상승하는 공기가 남긴 빈자리를 차지한다. 지구의 자전(또는 좀 더 자세히 말하면 '코리올리의 힘') 때문에 이 공기는 한쪽 방향으로 비끼게 되면서 결국에 공기 체계는 회전하기 시작한다. 이로써 열대 사이클론이 차가운 바다나 육지로 나아가면서 '연료'가 다 소모되거나 방향을 거스르는 돌풍 탓에 찢어지기 전까지 며칠 동안 유지될 수 있는 조직적인 자전 체계가 이뤄진다.

코리올리의 힘은 적도나 그 가까운 곳에서는 사라진다. 그래서 그 곳에서 열대 사이클론이 생기는 법은 없다. 그렇지만 적도에서 멀리 떨어져 수온이 섭씨 26.5도를 넘는 곳이라면 어디에서건 열대 사이클론이 발달할 수 있다. 대서양과 북동 태평양에서는 특정한 세기(시간당 풍속 118킬로미터) 이상의 열대 사이클론이 전통적으로 허리케인이라고 불리며, 북서 태평양에서는 똑같은 사이클론이 태풍이라고 불린다. 그 밖의 다른 곳에서는 그냥 사이클론이라고 불린다. 해마다 평균 80차례의 열대 사이클론이 세계의 바다를 누비며 이동하는데, 그중에서 11퍼센트는 북대서양에서 나타나며 다시 그중에서 절반만이 허리케인의 세기로 발달한다. 다행스럽게도 단지 몇 개만이 해안선까지 도달한다. 언제 어디에서 그런 일이 닥치느냐는 대체로 우연하게 결정된다.

2004년은 열대 사이클론한테 중요한 해이다. 수많은 사건들이 언론매체의 주요 기사로 다뤄졌다. 사상 처음으로 허리케인이 남태평양에서 출현했으며 플로리다는 단 한 해에 네 차례나 허리케인의 타격을 받는 기록을 남겼다. 역시 최초로 일본이 한 시기에 열 차례나 태풍을 맞았다. 그렇지만 그해를 능가하는 사건들이 2005년에 일어났다. 1851년 관측기록이 시작된 이래 그토록 많은 열대 사이클론이 발생했던 적은 없었으며(이전 기록인 21차례를 넘어 28차례), 그토록 많은 사이클론이 충분한 세기의 허리케인으로 발달한 적이 없었고(이전 기록인 11차례를 넘어 15차례), 또한 최악의 범주인 5등급의 허리케인이 세 차례나 발생했던 적도 없었다. 게다가 10월 19일 당시에 중심기압이 882밀리바mb였던 허리케인 윌마는 관측사상 가장 강력한 허리케인이었다. 그해에 허리케인 빈스는 유럽 근처에서 형성된 허리케인이라는 또 다른 최초의 기록을 남겼다. 빈스는 10월 9일 마데이라 군도 근처에서 허리케인 세기의 사이클론으로 발달했으나 다행히도 약해진 상태로 스페인의 본토를 통과했다.

이에 반해 2006년은 상대적으로 고요한 해였다. 그해에 아홉 차례의 열대 사이클론이 발생했으며 그중에서 다섯 차례만이 허리케인의 세기로 발달했다. 이는 거의 정확히 장기적인 평균값에 해당하는 수치이다. 한편으로 서태평양에서 열대 사이클론의 수는 15차례로서 평균을 넘어섰으며, 그중에서 일곱 차례는 특히나 심각한 '슈퍼 태풍'이었다. 2006년 8월에는 태풍 사오마이로 인해 필리핀과 중국에서 458명이 사망했다. 2008년 5월에 4등급의 태풍 나르기스는 버마의 해안을 강타해 10만 명 넘는 사상자가 발생했다.

이런 사이클론의 발달 현상에서 우리는 어떤 결론을 얻을 수 있을까? 2005년의 신기록은 기후 변화의 증거를 보여주는가? 아니면 거꾸로 상대적으로 '정상적인' 해인 2006년이 사실상 열대 사이클론이 점점 더 심각해진다고 볼 수 없는 증거가 되는 것은 아닌가? 물론 이런 두 가지 결론이 모두 다 잘못된 것일 수 있다. 개개의 한 해 기록이나 카트리나 같은 개별 폭풍 기록에서 장기적인 발달에 관한 결론을 끄집어내는 일은 과학적으로 보아 불가능하다. 물론 이런 유형의 사건이 자연스럽게 대중의 마음에는 매우 큰 영향을 끼치기는 하지만 거기에서 어떤 결론을 얻을 수는 없다. 바다 온도나 해수면에 대해 했던 말을 열대 폭풍에 대해서도 마찬가지로 할 수 있다. 즉 장기적인 추세는 단기적인 자연 요동들의 중첩 효과 속에서 나타날 것이다. 사이클론 활동과 관련해 말하면 대체로 이런 단기 요동은 올해 다르고 다음해 다른 식으로 나타날 수 있다.

기후 추세에 관한 결론을 도출하기 위해, 그리고 이런 추세에 인간이 얼마나 영향을 끼쳤나에 관한 결론을 얻기 위해서, 개개의 해를 고려하는 것은 적절하지 못하다. 그 대신에 우리는 될수록 가장 긴 시기에 걸쳐 있는 일련의 데이터를 살펴봐야 한다. 이 문제를 바라보는 다른 방식은 어떤 주사위가 '정상적일 때'보다 6이라는 숫자가 두 배는 더 자주 나오도록 우리도 모르는 사이에 조작되어 있지는 않은지 밝히려는 시도이다. 주사위를 던져 숫자 6이 세 차례 연속해 나온다고 해서, 그것이 주사위에 무언가가 잘못됐다는 증거가 되는 것은 결코 아니다. 거꾸로, 정상적인 주사위에서도 숫자 6이 세 차례 연속해서 나올 가능성이 있다는 사실로 인해, 이 주사위가 변조되지 않았음이 증명되는 것은 아니다. 심지어 숫자 6이 나오게끔 조작된 주사위에서도 가끔은 숫자 1이 나올 수 있다. 주사위를 생각할 때에는 이런 문제가 사실 매우 간단하다. 그렇지만 열대 사이클론과 관련해 언론에 자주 등장하는 유형의 주장이, 예를 들면 해설자가 과거에도 카트리나보다 더 센 허리케인이 있었음을 지적할 때에도 바로 이런 식의 논증이 사용된다. 맞는 말이지만 그것은 이런 종류의 폭풍이 앞으로 더 잦아질지 아닐지에 관해서는 우리에게 얘기해 주는 바가 거의 없다.

열대 사이클론의 장기 추세에 관해 우리는 얼마나 알고 있을까? 전 세계 폭풍의 전체 숫자로 볼 때, 비록 대서양에서 사이클론의 출현 빈도가 지난 10년 동안에 평균보다 분명 더 높아지긴 했지만 뚜렷한 추세는 아직 분명하지 않다. 그러나 위성 데이터와 항공기에서 수집한 관측 자료를 분석한 결과를 보면 1970년대 이래 열대 사이클론의 세기는 두드러지게 증가했다(그림 4-7 참조).

1980년 이래 모든 지구 관측 위성 데이터를 재분석한 결과가 2008년에 발표되었다. 이 분석에서는 전 세계 수준에서 열대 폭풍의 수가 일정하게 유지되고 있음이 밝혀졌다. 그렇지만 세기의 측면에서 최고 등급의 폭풍은 두드러지게 증가했다. 섭씨 1도 더 따뜻해지면, 이에 따라 가장 센 범주인 4등급과 5등급에 드는 열대 태풍의 숫자도 대략 30퍼센트 증가할 수 있다. 이런 결과는 그럴 것으로 여겨지기는 하지만, 폭풍의 전체 숫자가 왜 더 따뜻한 기후에서 증가할 수밖에 없는지를 연역적으로 설명하는 명쾌한 물리학적 근거는 아직 없다. 폭풍의 형성은 날씨, 그러니까 우연의 문제이다. 그렇지만 폭풍의 풍속이 더 따뜻한 기후에서 강력하게 커지는 이유를 설명해주는 합당한 근거는 있다. 즉 더 따뜻해진 바다 수온은 이런 폭풍에 더 많은 에너지를 공급할 수 있기 때문이다. 이런 연구 결과는 새로운 것이지만 아직 학자들 사이에서 합의에 이르지는 못했으며, 그 데이터에 관한 논쟁도 당연히 앞으로 몇 년 동안 더 계속될 것이다.

그렇지만 이 데이터의 핵심적 분석이 옳다고 받아들인다면, 또 열

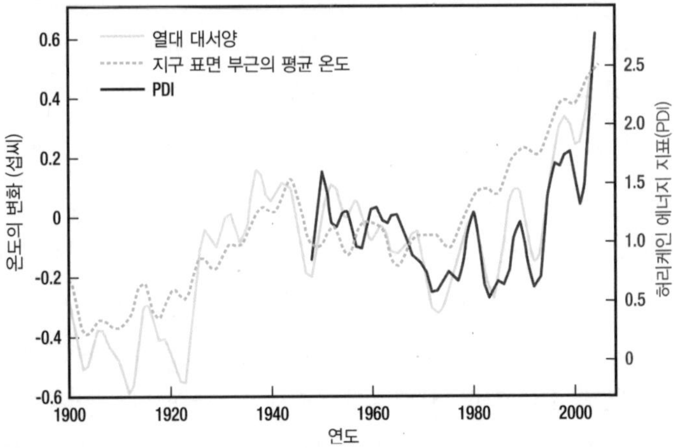

그림 4-7 대서양 허리케인의 에너지 변화(회색). 열대 대서양의 수온(옅은 파란색), 그리고 지구 평균 온도(점선)와 비교했다.

대 사이클론의 세기가 실제로 증가해 왔다는 점을 받아들인다면, 우리는 다음과 같은 물음을 던질 수 있다. 이런 추세의 원인은 무엇인가? 모든 것을 고려해보면 열대 바다 온도의 지속적인 상승이 그 혐의자로 지목된다. 지난 30년 동안 그 수온은 섭씨 0.5도 상승했다. 더 따뜻한 바닷물이 더 센 열대 사이클론의 생성에 도움이 된다는 사실은 논란의 여지가 없다. 수온과 더불어 열대 사이클론, 특히 돌풍과 같은 대기 순환의 특정한 측면에 영향을 끼칠 수 있는 또 다른 요인들도 있다. 예를 들어 2006년 태평양에서 발생한 엘니뇨는 (허리케인의 생성에) 거스르는 바람 상태를 만듦으로써 대서양 허리케인의 생성을 더디게 했다. 그러나 장기 추세와 단기 요동 사이의 차이는 여기에서도 또 다시 중요하다. 허리케인의 생성에 영향을 주는 모든 요인 중에서 장기적인 추세를 보이는 것은 바다 온도뿐이며 이에 비해 다른 요인들은 어느 정도 무작위로 요동하는 모습을 보여준다. 그래서 수 년 단위의 평균 데이터(그림 4-7과 같은)를 비교해야 허리케인 세기와 해수면 온도 사이에서 분명한 상관관계를 볼 수 있게 된다.

이제 마지막으로 던지는 물음은 지난 수십 년 동안 나타난 열대 바다 온도의 상승이 과연 주로 인간 활동의 영향 탓인가 아닌가 하는 것이다. 기후학의 관점에서 보면, 모든 것이 '그렇다'는 방향을 가리키고 있다. 열대 바다는 지구 평균온도와 같은 정도로, 비슷한 시계열 진화를 보이며 가열돼 왔다. 열대 바다가 이산화탄소 농도 상승의 영향에서 예외가 될 수 있는 물리적 근거는 없다. 기후에 대한 인간 유래의 영향을 다루는 컴퓨터 시뮬레이션에서는 열대 바다가 어떻게 온난화하는지를 계산으로 예측하는데 그 예측은 실제로 관측되는 것과 일치했다. 반면에 일부 허리케인 연구자들이 주장하는 대서양 수온의 '자연 주기'에 대한 증거는 약하다. 미국 연구자인 마이크 맨Mike Mann과 케빈 트렌버스Kevin Trenberth가 수행한 최근의 분석에서는 그림 4-7에 나타난 온도의 '주기' 주장이 믿기 어렵다는 결론이 도출됐다. 현실에서 우리가 목격한 것은 1940~1970년의 에어로졸 오염에서 비롯한 일시적 한랭화 현상이다.

그러므로 요약하면, 우리는 열대 사이클론의 세기가 지난 30년 동안 증가해 왔다고 볼 수 있고, 해수면 온도 상승이 그 원인일 가능성이 크다는 결론을 얻을 수 있다. 그리고 바다는 다시 인간 유래의 온실효과로 인해 더 가열되고 있다.

데이터 품질의 문제를 풀려는 더욱 더 과학적인 분석은 확실히 필요하다. 열대 사이클론의 세기가 증가하지 않았을 가능성은 거의 없다 해도, 더 심화된 연구를 위해 관찰된 증가 추세의 규모에 대해서 수정이 필요할지도 모른다. 이론의 관점에서 보면, 허리케인 세기의 증가를 보여주는 실제 관측 값이 이론에서 예측한 것보다 상당히 더 크다는 점에서 그 증가가 어느 정도일지는 여전히 명확히 풀리지 않은 문제이기 때문이다. 만일 운이 좋다면 이런 불일치는 단지 데이터와 관련한 문제에서 비롯한 것으로 판명날 수도 있을 것이다. 그리하여 우리는 사이클론 활동이 미래에도 조금만 증가할 것이라고 예측한 수학적 모형이 옳은 것으로 판명나기를 소망한다. 그렇지만 운이 없다면 바다 온도 상승과 허리케인 세기 증가 사이의 연관성은 그림 4-7에 나타난 것처럼 실제로도 두드러질 수 있고, 미래에도 그 방향으로 계속될 수도 있을 것이다. 이런 경우에는 바다 온도가 예측대로 추가 상승하면 허리케인의 위험은 극적으로 증폭할 수 있다.

이 문제는 일단 놔두고서, 열대 사이클론의 세기가 변하지 않고 유지된다 해도 이런 폭풍이 일으키는 피해가 눈에 띄게 증가할 가능성은 여전히 남아 있다. 그 이유는 세 가지 점에서 비롯한다. 첫째, 점점 더 많은 사람들이 위험에 취약한 해안 지역에서 살고 싶어 한다. 둘째, 앞에서 이미 설명한 대로 해수면은 상승하고 있고 다시 이것은 허리케인이 해안에 가하는 위험의 수준을 증가시키고 있다.

IPCC의 파차우리Pachauri 의장이 태풍 나르기스가 휩쓸고 간 직후에 올바로 지적한 것처럼, 해수면이 20센티미터만 더 상승하지 않았더라도 피해는 눈에 띄게 더 작았을 것이다. 마지막으로 공기가 더 따뜻할수록 수분을 더 많이 머금기 때문에 더 따뜻한 기후에서는 사이클론과 연계된 강우량도 증가할 것이다. 사이클론 피해의 많은 부분이 강력한 바람보다는 집중호우와 연계된 홍수에 의해 초래된다. 궁극적으로는 바다 온난화의 결과로 인해 열대 사이클론의 영향을 받는 지역은 더 넓어진다고 볼 수 있다. 이런 가설을 뒷받침하는 사례로는 2004년 남대서양의 허리케인, 2005년 허리케인 빈스가 있다. 슬픈 일이지만 이 모든 원인들로 인해 우리는 열대 사이클론이 앞으로도 계속해서 주요 뉴스가 될 것이라고 믿는다.

열대 사이클론이 주로 바다가 일으키는 대표적인 현상이며, 따라서 바다에 관한 책에 꼭 들어맞기에 지금까지 우리는 열대 사이클론의 문제를 자세히 짚어보았다. 그렇지만 이 대목에서 독자들은 열대 이외 지역의 폭풍, 그러니까 전형적으로 겨울철에 서부 유럽의 해안을 강타하는 그런 종류에 관해 궁금해할 수도 있을 것이다. 아쉽게도 기후 연구자들은 이런 폭풍들이 미래에 어떻게 발달할지에 관해 어떤 결론도 아직까지는 분명하게 도출할 수 없다. 중위도 지역에서는 모순되는 추세들이 그것들에 영향을 끼치고 있기 때문이다. 예를 들어 북극에서 나타나는 특히 두드러진 온난화로 인해 적도와 고위도 간의 온도 차이가 줄었다. 이에 따라 이론적으로 볼 때 폭풍의 격렬함은 줄어들게 된다. 다른 한편으로 성층권은 더 차가워지고 있는 데, 이런 현상은 수직의 온도차를 증가시킴으로써 정반대의 효과를 내어 폭풍을 더 격렬하게 만든다. 이것들은 몇 가지 요인 중의 두 가지일 뿐이다. 기후 모형 그리고 심지어 고해상도의 기상예보 모형조차도 가장 강력한 폭풍의 풍속을 제대로 예측하지 못하고 있다. 열대 이외 지역의 폭풍이 지구 전체에서 늘어나는 경향을 띨지 줄어드는 경향을 띨지는 여전히 명확하지 않다. 더욱이 우리가 특정한 지역에 주목할 때에는 지구 차원의 증가 또는 감소는 그리 중요한 문제가 되지 않는다. 오히려 사이클론의 이동 진로가 어떻게 변화하는지가 더 중요하다. 유럽 지역을 볼 때에, 우리는 대서양 저기압 체계의 행로가 아마도 북쪽으로 이동하는 경향을 보일 것이라고 예측할 수 있다. 그렇게 되면 앞으로 북유럽에서는 폭풍이 더 많아지고 서유럽에서는 더 적어질 것이다.

바다 해류에 나타나는 변화

미디어가 언제나 극적으로 선호하는 특정한 시나리오 하나는, 적어도 몇몇 보도를 볼 때에, '새로운 빙하기'를 촉발할 수도 있는 '멕시코만류의 정지'라는 위험이다. 이런 시나리오는 할리우드의 흥행작인 롤랜드 에메리히Roland Emmerich 감독의 영화 「투모로우」The Day after Tomorrow에서, 공상과학 이야기의 기초로 이용되었다. 그 이야기에서 뉴욕은 눈보라에 파묻히고 쓰나미로 물에 잠기고 미국 정부는 비교적 안전한 멕시코 쪽으로 피난한다. 물론 이런 흥미진진한 할리우드 스릴러 영화를 다큐멘트 영화로 혼동하는 사람이야 없겠지만, 우리가 미디어에서 보는 일부 보도에서 진지한 과학적 원리와 허구나 과장된 이야기를 구분해 내는 일은 무척이나 어렵다.

멕시코만류 그리고 바다의 열염순환에 관한 기초 원리들은 이미 제1장에서 다루었다. 거기에서 우리는 멕시코만류가 주로 바람에 의해 일어나며 거대한 아열대 환류 체계의 일부임을 살펴보았다. 그러므로 바람이 계속해서 부는 한(당연히 그럴 것이다), 멈추는 일은 결코 있을 수 없다. 멕시코만류의 소멸에 관한 미디어의 보도는 결국에 그저 전문용어를 정확하게 사용하지 못한 문제로 드러날 수 있다. 해양학자들은 대서양 서쪽의 멕시코만류와 그것이 확장해 대서양 북동쪽에서 유럽 해안으로 흐르는 북대서양 해류를 구분할 줄 안다. 사실 북대서양 해류는 정지할 수도 있다. 많은 사람이 이런 해류들을 한 가지로 취급해 통틀어 멕시코만류라고 부르는 경향이 있기 때문에(간혹 학교 지도에서도 그런 일이 벌어지기도 한다), 언론인도 자주 단순화해 이야기하면서 멕시코만류가 정지할 수 있다는 말을 전하곤 한다. 물론 이는 정확한 얘기가 아니다. 대중이 쓰는 용어로 말하더라도, 정지할 수 있는 것은 멕시코만류의 일부이기 때문이다. 우리는 수 년 동안 언론인이 이런 경우에 멕시코만류가 아니라 북대서양 해류라는 용어를 쓰게 하려고 노력해 왔지만, 일반적으로 언론인은 다른 용어를 쓰는 게 독자한테 부담이 된다고 믿기에 더 잘 알려진 멕시코만류라는 용어를 선호하는 경향을 보였다.(고맙게도 할리우드는 그런 믿음에 동의하지 않는 듯하다. 앞에서 얘기한 에머리히 영화는 내내 북대서양 해류에 관해 이야기한다.)

그러면 북대서양 해류가 정지할 위험은 실재하는가? 일찍이 1960년대에 현대 해양학의 개척자 중 한 명인 미국 학자 헨리 스토멜Henry Stommel은 몇 가지 간단한 이론적 내용에 바탕을 두어 대서양의 열염순환이 한 상태에서 다른 상태로 넘어가는 어떤 임계점에 도달할 수 있다는 점을 발견한 바 있다.(비선형 동역학에서 쓰는 전문용어로 말하면 '쌍갈림'bifucation■이라고 한다.) 그 이유는 염분 함량과 관련한 되먹임 효과에 있다. 즉 열염순환은 북쪽 지역에서 무겁고 짠 바닷물이 아래로 가라앉음으로써 작동한다.(표면에서 일어나는 북대서양 해류도 그런 과정의 일부이다.) 그렇지만 이런 흐름이 아열대의 염분을 운반해 주기 때문에, 비로소 그곳의 바닷물도 이런 일이 일어날 정도로 충분히 짤 수 있는 것이다. 염분 때문에 바다의 흐름이 가능한 것이고, 다시 해류는 염분을 실어 나른다. 이것이 스스로 돌아가는 순환이다. 이 과정이 상당히 교란된다면, 예컨대 어느 정도의 민물이 유입된다면, 그 과정은 방해를 받을 것이다. 해류는 약해지고 염분 공급은 중단될 것이다. 그리하여 민물의 '덮개'가 북대서양 전반으로 퍼질 테고, 바닷물은 가라앉지 않을 것이며 심해수 형성도 이뤄지지 않을 것이다.

이런 유형의 해류 변화는 처음에는 근거 없는 추측 정도로 여겨졌다. 하지만 미국인 해양학자 월리 브뢰커Wally Broecker는 1980년대에 지구 역사에 나타난 돌발적인 기후 변화를 설명하는 데에 이 개념을 사용했다. 제1장에서 설명했듯이, 그 이후에 퇴적물의 데이터에서는 적어도 지난 빙하기에 그런 돌발적인 바다 순환 변동이 실제로 반복해 일어났음이 확인돼 왔다. 브뢰커는 다음과 같은 질문을 제기했다. 기후 체계에 대한 인간의 개입으로 촉발될 만한 어떤 조건에서, 이런 유형의 상황이 미래에 다시 나타날 수 있는가?

지구 온난화는 바닷물이 심해로 가라앉는 것을 교란할 수 있다. 그리하여 전체의 열염순환 체계가 지구 온난화로 인해 두 가지 방식으로 흐트러질 수 있다. 첫째 따뜻한 물이 차가운 물보다 더 가볍기 때문에 표층수가 따뜻해질수록 바닷물이 가라앉기는 더 어려워진다. 둘째 온난화는 고위도 지역에 더 많은 강수량을 몰고 오며, 그 결과로 더 많은 민물이 하천을 통해 바다로 흘러든다.(이런 추세는 이미 관측되고 있다.) 이와 함께 얼음이 녹아 생긴 민물도 바다로 유입된다. 이 모든 요인들이 북대서양 표층수의 염도를 감소시킨다. 이런 현상도 또한 지속적인 추세로서 지난 수십 년 동안 실제로 관측돼 왔다. 그렇지만 모형 계산에 따르면, 염도의 감소폭은 눈에 띌 만한 영향을 해류에 끼치기에는 아직 너무도 작은 수준인 것으로 나타나고 있다.

우리가 다뤄야 하는 핵심적인 물음들은 다음과 같다. 얼마만큼의 민물이 바다에 보태질 때 해류의 정지 사태가 초래될까? 그리고 지구 온난화가 억제되지 않은 채 진행된다면, 미래에는 이 지역의 바다에 얼마나 많은 민물이 보태질까? 불행하게도 우리는 이런 두 물음 어느 것에도 아주 정확하게 답할 수는 없다. 여러 기후 모형과 기후 역사의 데이터는 대략 1초당 10만 세제곱미터의 속도로 민물이 추가된다면 그 임계량에 도달할 수도 있음을 보여준다. 그러나 이것은 현재의 패턴에 변동을 일으키는 데 필요한 민물의 양을 거칠 게 추산한 것일 뿐이다. 미래에 바다에 추가될 것으로 예상되는 민물의 양은 특히나 그린란드 빙상이 얼마나 녹느냐에 따라 달라진다. 앞에서도 얘기했듯이, 그것을 신뢰할 만한 수준으로 예측하기는 어렵다. 천 년에 걸쳐 이 얼음이 모두 다 녹는다면, 녹은 물은 평균적으로 1초당 10만 세제곱미터의 규모로 흘러들 것이다. 대체로 현재의 기후 모형들에는 이런 내용이 포함돼 있지 않기에 북대서양 해류의 운명을 예측하는 데에는 이런 모형들이 아무짝에도 쓸모가 없다. 이런 불확실성의 관점에서 보면 지금 우리가 내릴 수 있는 결론은 '위험은 존재한다, 그러나 그 위험을 수치로 나타내기는 어렵다'는 정도일 뿐이다. 2007년 출판된 IPCC의 최신 보고서는 2100년까지 돌발적이고 커다란 바다 순환 변동이 나타날 위험은 10퍼센트보다 작다고 보고했다. 사람들은 핵 사고가 일어날 위험과 비슷하게 100만 분의 1 수준에 있는 커다란 위험은 배제하는 편이기 때문에 그런 예측은 장담하기 어려운 것이다.

만일에 북대서양 해류가 멈춰 선다면 뒤이어 어떤 일이 벌어질까? 미디어에서 종종 얘기되는 '빙하기'가 그런 결과 중 하나가 되지 않을 것은 확실하다. 지난 1990년대 중반에, 우리는 수많은 출판물을 통해서 이 해류 체계가 그렇지 않다면 운반했을 열이 사라짐으로써 생기는 냉각 효과를 지구 온난화(어쨌든 이런 시나리오의 원인이다)가 벌충하고도 남을 것이라고 지적했던 바 있다. 유럽의 일부 지역들이 오늘날보다 더 추워질 수 있는 매우 구체적인 조건은 몇 가지뿐이다. 첫째 만일 우리의 예측과는 반대로 이르면 21세기 중반께 이 해류에 돌발 변동이 생긴다면(네덜란드 시뮬레이션 모형의 예측처럼), 그럴 것이다. 둘째 만일 북대서양 해류가 영구히 멈춰 서고, 다음 수백 년 안에 온실가스 농도가 다시 떨어지면서 지구 온도가 다시 내려가면(이는 매우 현실적인 시나리오이다) 그럴 것이다. 이렇게 되면 유럽 북서 지역은 온실의 온난화 효과가 진정된 뒤에도 오랜 동안 몇 도 정도는 더 추워질 수 있다.

북대서양 해류의 정지(또는 이보다는 정도가 덜한 '해류의 약화')로 인한 더 중요하고도 직접적인 결과는 사실 온도의 변화는 아닐 것이다. 해양 생물이 가장 직접적인 영향을 받을 것이다. 북대서양 바다를 지구에서 가장 풍성하고 물고기가 많이 사는 곳으로 만든 것은 다름 아닌 북대서양의 열염순환이다. 초기 모형의 계산에서는 이런 열염순환의 약화가 대서양 생태계에 엄청난 악영향을 끼칠 것이라는 예측이 제시됐다. 해류의 변화는 또한 앞에서도 얘기했듯이 지역의 해수면에도 영향을 준다. 모형 시뮬레이션은 열염순환의 정지가 북대서양에서 최대 1미터의 해수면 상승을 초래할 수 있음을 보여준다. 이 정도의 상승은 이미 일어나고 있는 지구적인 해수면 상승에 더해질 것이다. 게다가 이런 역동적인 변화는 해류 체계의 변화에 지체 없이 나타나기 때문에 그 변화는 빠른 속도로 일어난다. 이와는 대조적으로 남반구에서는 해수면이 약간 낮아진다.(즉, 지구적 해수면 상승효과가 줄어든다.) 바닷물이 이렇게 역동적으로 자리 이동을 한다 해도 그 총합은 지구 평균으로 볼 때 결국 영(0)이기 때문이다.

열염순환의 정지에 따른 또 다른 중요한 결과는 아마도 원래 열적도thermal equator라 불리는 곳에 있는 열대 강우 벨트(열대수렴대Intertropical Convergence Zone)의 위치 이동이 될 것이다. 평상 상태에서 북반구는 남반구보다 약간 더 따뜻하다. 열염순환이 엄청난 양의 열을 적도를 거쳐 북쪽으로 실어 나르기 때문이다. 그래서 열적도는 지리상의 적도보다는 약간 북쪽에 놓여 있다. 그런데 이 해류가 멈춘다면 열적도는 남쪽으로 이동할 것이다. 이렇게 되면 예를 들어 중국 남부 같은 지역에서 강수 패턴은 극적인 변화가 초래될 수 있다. 이는 기후 역사의 데이터에서도 뒷받침된다. 지난 빙하기 때에 바다 순환의 갑작스런 변동이 일어나는 동안에 그런 일이 일어났다.

북대서양 해류에 현재 변화가 일어나고 있음을 이미 보여주는 어떤 징후는 있는가? 해리 브리던Harry Bryden이 이끄는 영국 연구자들은 2005년에 일부의 바다 관측 자료를 대서양의 역전 순환overturning circulation이 지난 50년 동안 30퍼센트 감소했음을 보여주는 증거로 해석하여 당시 언론의 주요 기사를 장식했다. 과학계의 여러 동료 연구자들은 이런 결론에 회의를 품는다. 연구를 한 과학자 자신들도 지금은 이런 결론을 축소하고 있지만, 애초 주장보다는 정도가 덜하기는 하지만 역전 순환의 약화 현상이 일어나고 있다는 믿음만은 여전히 버리지 않고 있다. 이런 식의 논란이 이는 이유는 특히나 아주 깊은 바다 층에 관한 믿을 만한 장기 데이터가 없기 때문이다.

이 때문에 남대서양과 북대서양의 표층 온도 차이에서 간접적으로 추산해 해류 세기를 계산하려는 시도가 이뤄졌다. 여기에서 해류의 세기가 1940년대와 1970년대 사이에 줄어들었다는 결론이 도출됐다. 이렇게 줄어든 해류 세기는 뒤이은 시기에 복원되었다. 남대서양보다 북대서양을 더 따뜻하게 만드는 요인이 바로 이 해류이기에 이 연구의 이면에 있는 기본 전제는 설득력이 있다. 그렇지만 이런 온도 차이에 영향을 끼치는 요인은 이 밖에도 많다. 예를 들어 우리가 이미 앞에서 살펴본 대기 중 에어로졸 오염의 냉각 효과가 특히 그런 요인 중 하나이다. 에어로졸 오염은 정확히 1940년대와 1970년대 사이에 특히 북반구에서 크게 증가했으며 그 이후에 다시 감소해 왔다. 그러므로 아쉽지만 우리는 대서양의 거대한 역전 순환과 열염순환이 지난 수십 년 동안 어떻게 변화해 왔는지에 관해 대체로 알지 못한다는 결론을 내릴 수밖에 없다. 그래도 근래에 시작된 국제 관측 프로그램들은, 몇 년 뒤에 연구비 감축으로 중단되지만 않는다면, 우리가 미래의 변화에 관해 적어도 지금보다는 더 많이 알게 되리라는 상당한 희망을 주고 있다.

해저에서 방출되는 메탄

이 장에서 우리는 기후 변화의 결과로 바다와 관련해 나타날 수 있는 마지막 위험을 하나 더 얘기해야 한다. 해저에서 방출되는 메탄의 문제이다. 해저 바닥에는 메탄하이드레이트methane hydrate■의 형태로 엄청난 양의 탄소가 저장돼 있는데, 규모로 볼 때 그 양은 지구 석탄 매장량과 비교할 만한 정도가 된다. 메탄하이드레이트는 질척거리는 얼음의 겉모양을 띠지만 불을 붙여 태울 수 있고, 메탄과 물의 혼합물이며, 매우 높은 압력과 낮은 온도에서는 결정 구조를 형성해 고체가 된다. 메탄하이드레이트가 안정화하는 조건은 일반적으로 수심 500미터 아래의 해저에서 나타나지만 북극 바다에서는 표층 근처에서도 존재할 수 있다.

이런 메탄의 대부분은 수백만 년의 시기에 걸쳐 해저에 누적된다. 메탄은 바다 생물이 해저에 만들어놓은 배설 물질이니, 사실 죽어 있는 생물자원인 셈이다. 이 물질은 박테리아에 의해 침전되고 분해된다. 멕시코만 같은 일부 지역들에서는 메탄이 바다 아래 천연가스 매장지에서도 새어 나와 퇴적물 속에 물과 함께 있는 수화물(하이드레이트)에 결합하기도 한다. 여기에서 문제는 기후 변화의 결과로 바닷물도 점점 더 따뜻해진다는 데 있으며, 물론 수 세기의 시간 지체는 있지만 이런 온난화는 메탄하이드레이트 매장지가 있는 지역의 깊은 바다에도 미친다는 데 있다. 그리하여 결국에는 하이드레이트를 함유한 퇴적층도 더 온난화할 것이다. 이렇게 되면 일부 메탄은 물질 상태가 바뀌어 기체가 된다. 메탄하이드레이트를 안정 상태로 유지하는 바로 그런 조건을 지닌 퇴적 지대가 온난화의 영향을 받아 줄어들 수 있는 것도 이 때문이다.

이제 두 가지의 시나리오가 있다. 하나는 갑작스럽고 우연한 메탄 방출이다. 이런 일은 메탄 상태의 불안정화로 인해 해저에서 산사태가 일어난다면 발생할 수 있다. 이 시나리오는 단순한 공상이 아니다. 오늘날 우리는 이런 종류의 해저 산사태들이 지구 역사에서 있었음을 드러내는 흔적을 여전히 볼 수 있다. 유명한 한 가지 사례는 노르웨이 해안 먼바다에 있는 스토레가 경사면Storegga Slide이다. 이것은 대략 8,000년 전에 일어나 거대 쓰나미를 일으켰던 사건을 말해준다. 당시에 쓰나미는 적어도 25미터 높이로 셰틀랜드제도를 강타했으며, 더 나아가 영국 해안에 도달했을 때에도 그 높이는 5미터나 됐다. 이 과정에서 엄청나게 많은 메탄(1기가톤)이 방출됐지만, 메탄이 매우 강력한 온실가스라 해도 그 정도의 양은 기후에 두드러진 영향을 끼칠 정도는 아니었다. 이런 사례는 해저 산사태가 파괴적인 홍수파를 일으킬 수 있다 해도, 이처럼 극단적인 경우라 해도, 기후에 큰 영향을 끼칠 정도는 못 된다는 것을 보여준다.

그렇지만 두 번째 시나리오에서는 상황이 완전히 달라진다. 메탄의 점진적 방출의 문제이다. 이런 현상을 이해하려면, 지구 대양의 온난화로 인해 해저에서 갈수록 많은 메탄이 지속적으로 아주 작은 기포를 이뤄 서서히 부글부글 솟아오르는 장면을 떠올리는 게 좋다. 처음에 대부분의 메탄은 바닷물에 녹아 들어간다. 일부는 대기로 빠져나와 산성화하고 이산화탄소를 만든다. 바닷물 속에 남아 있는 일부도 산성화하여 역시 이산화탄소를 만든다. 그 결과는 두 가지 의미를 지닌다. 첫째 바닷물이 점점 더 산성화한다는 점이며(제5장 참조), 둘째 그것이 앞으로 수천 년 동안 온실효과를 증강시키는 대기 중 이산화탄소의 원천이 지속적으로 될 수 있다는 점이다. 미국의 해양 전문가인 데이비드 아처David Archer가 행한 모형 계산은 이 문제의 잠재적인 규모가 어느 정도인지 보여준다. 그의 결론을 보면, 이런 메커니즘 때문에 인간의 화석연료 시대가 대기 중 이산화탄소 농도에 끼치는 영향은 앞으로 수천 년에 걸쳐 대략 두 배로 커질 수 있다. 따라서 이는 다음 백 년 안에 우리에게 영향을 주는 그런 민감한 문제가 아니라, 서서히 지구 기후에 장기적인 영향을 끼치는 그런 문제인 것이다. 그렇더라도 이 문제는 금세기에 우리가 하는 행동들이 수천 년 동안이나 연쇄효과를 내는, 따라서 강력하고도 지속적으로 우리 행성을 변화시키는 세계 바다의 작용 과정을 부추길 수 있다는 점을 분명하게 보여준다.

5 원소 순환의 변화

바다에서는 수많은 원소 순환이 일어난다. 바다와 바다 생물학의 특징은 거기에서 비롯하며, 또한 바다와 그 생물학은 다시 원소 순환에 영향을 끼친다. 이런 순환 중에서 세 가지를 제3장에서 다뤘다. 우리가 이 책에서 원소 순환에 주목하는 것은 그것이 인간 활동의 영향을 극적으로 받고 있다는 사실 때문이다. 탄소와 질소의 경우에, 이들 원소의 지구적 분포와 재순환에 나타나는 변화는 바다의 기능과 그 미래에 중요한 의미를 던져준다. 마지막으로 황의 순환에 관해서도 자세히 살펴보고자 한다. 바다는 황 원소의 중요한 원천이다. 황 원소의 순환에서도 변화가 발생하는데, 이는 탄소와 질소의 순환에 나타나는 변동이 황의 순환에 되먹임 효과를 주기 때문이다.

인과 규소

그렇지만 이 대목에서, 일단은 정상적으로 기능하는 바다의 능력과 관련되는 다른 두 원소, 즉 인과 규소의 순환에 잠시 주목하는 게 좋겠다. 인은 수많은 세포 과정에서 절대적으로 필요한 중요 영양소이다. 우리가 식물플랑크톤의 성장과 광합성에 필요한 영양소를 이야기한다면, 사실 그것은 언제나 질소와 인의 결합에 관한 이야기가 될 것이다.

민물 체계에서는 대체로 인을 얼마나 이용할 수 있느냐에 의해 식물의 성장이 제한된다고 여겨진다. 그렇지만 대부분의 바다 체계에서는 질소가 식물플랑크톤의 성장을 제어하는 영양소로 알려져 있다. 우리가 이 책에서 인보다는 질소에 더 집중하는 이유 중 하나도 이 때문이다. 그러나 또 다른 이유는 탄소나 질소 순환의 변화에 비해서 바다의 인 순환에 생기는 변화의 영향이 훨씬 적은 것으로 보인다는 사실이다. 근래 역사에서 나타난 인구 증가와 인간 활동의 결과로, 인의 연간 유입량이 두 가지 이상의 요인들에 의해 전 세계에서 늘어난 것은 사실이지만, 이런 인의 풍부화enrichment가 지구 바다에 끼치는 영향은 인간에서 비롯한 탄소와 질소의 풍부화가 끼치는 영향에 견줘 적은 것으로 보인다.

당연히 인간 활동에서 생겨난 대량의 인은 폐수와 함께 바다 해안 지역에 도달한다. 그래도 폐수 처리 시설이 인 제거에 효과가 있는 것으로 입증되고 있다는 좋은 소식들도 주요 뉴스로 등장한다. 대부분 산업화 국가에서는, 폐수 처리 덕분에 최근 수십 년 동안 물에 실려 바다 환경에 흘러드는 인의 양은 사실상 줄었다. 물론 인의 풍부화는 여러 연해에서, 심지어 효과적인 폐수 처리 시설을 갖춘 지역에서도 여전히 발생한다. 이런 풍부화는 그 지역의 생물학적 조건에 영향을 주는 중요한 요인이 될 수 있다. 게다가 이런 양의 인이라면 먼바다에서는 질소고정을 일으키는 데 역할을 할 수도 있을 텐데 말이다.

규소의 순환도 또한 정상적으로 기능하는 바다의 능력에서 중요한 요인이 된다. 그렇지만 인과 마찬가지로, 규소 원소의 순환에서 바다는 인간 활동의 영향을 탄소, 질소, 그리고 어쩌면 황 순환의 경우만큼 극적으로 받지는 않는다. 규소Si는 규조류 껍질의 성분이다. 그러므로 규조류(그리고 수많은 바다 동물들)한테는 확실히 이 원소가 필수다. 또한 이런 생물들은 규소를 바다 표층에서 해저 퇴적물로 운반하는 데 중요한 구실을 한다. 따라서 규소 이용에 변화가 생기면 잠재적으로 바다에 사는 규조류의 숫자가 줄어드는 결과를 초래할 수 있다. 유기탄소를 바다의 표층에서 해저로 운반하는 생물학적 펌프(제3장 참조)의 기능을 유지하는 데 규조류가 특히 중요한 요인이기 때문에, 규조류 수의 변동은 다른 원소 순환에도 영향을 줄 수 있다. 실제로 인간 활동의 결과로 규소의 상대적인 양은 그동안 감소한 것으로 보인다.

대부분의 규소는 강과 개울을 통해 바다로 운반된다. 그래서 더 많은 댐을 건설한다는 것은 물이 이런 체계 안에 더 오래 머문다는 것을 의미한다. 이렇게 머무는 시간이 더 생기면 거기에 사는 규조류한테는 규소를 흡수할 시간이 더 많아진다. 그러므로 이전보다 더 많은 양의 규소가 바다로 운반되기도 전에 강에서 생물학적으로 고정되고 강바닥으로 떨어진다. 이론적으로 볼 때, 규소가 바다로 운반되는 과정에 나타나는 이런 변화는 바다 규조류의 수에 영향을 끼칠 수 있다. 그렇지만 서로 다른 식물플랑크톤의 상대적 분포를 제어하는 요인들에 관한 우리의 이해나 데이터는 모두 다 실제로 그런지 아닌지 결론을 내릴 만큼 충분하지 않다.

인과 규소가 식물플랑크톤한테 중요하다는 것은 분명하고, 이 두 원소의 순환이 인간 활동에 의해 변해 왔다는 것도 분명하다. 그렇지만 우리가 바다에 끼치는 지구적 영향에 관해 진실하게 말할 수 있을 정도로 이런 순환에 대한 인간 활동의 영향이 그토록 심각한지는 아직 분명하지 않다. 이런 점에서 이 두 원소에 관해서는 상황이 탄소와 질소 순환의 경우와 매우 다르다.

탄소

이제 탄소에 관해 살펴보자. 가장 자명한 변화는 순환에 있는 여러 개별 저장소들 사이에서 이 원소의 분포 양상이 달라졌다는 점이다. 제4장에서 이미 논했듯이, 점점 더 많은 이산화탄소가 대기에 축적되고 있다. 남극 빙상 내부에 포획된 기포에서 이산화탄소 농도를 분석하는 방법을 써서, 과학자들은 대략 65만 년에 걸친 지난 시기에 대기 중의 이산화탄소 농도가 어떠했는지 보여주는 지도를 가까스로 작성해 왔다.(일부 시기의 지도는 그림 5-1에 있다.)

그 농도는 전 시기에 걸쳐 들쭉날쭉한 요동을 보여왔다. 그렇지만 변화는 비교적 점진적이었으며, 이산화탄소 농도는 대략 180피피엠ppm에서 280피피엠까지 범위 안에서 유지되었다. 지난 한 세기에 예외가 있기는 하다. 2008년 현재 대기 중 이산화탄소 농도는 385피피엠이며, 기후 변화 정부간 위원회IPCC와 다른 기관들은 인간에게서 유래하는 이산화탄소의 대기 중 배출이 지금 속도로 계속된다면 그 농도가 2100년에는 700피피엠을 넘어설 것으로 예측하고 있다. 이런 추정값은 이산화탄소 농도가 다음 세기까지 치면 대략 200년 만에 거의 세 배로 뛰어오를 것임을 의미한다. 지구 기후 역사의 지질학적 데이터에서 이처럼 가파른 증가 속도를 보여주는 증거는 지금껏 없었다. 사실상 그것은 지구의 전체 역사로 볼 때 완전히 독특한 현상일 것이다.

이렇게 추가되는 모든 이산화탄소는 어디에서 오는 것일까? 그것은 더 많은 탄소가 지구적 순환 자체에 새로 들어와서 생겨나는 게 아니라, 제3장의 그림 3-1이 보여주듯이 서로 다른 저장소들에 있는 탄소의 분포가 달라지면서 생겨나는 것이다. 그중에서 큰 부분은 현재와 선사시대의 바다 아래 퇴적층에 있던 거대한 화석 매장지에서 탄소가 이동하면서 생긴 결과이다. 인간의 개입이 없다면 이런 매장지는 비교적 안정적이며 탄소가 거기에서 대기로 이동하는 일도 거의 일어나지 않는다. 그렇지만 화석연료(석유, 가스, 석탄)를 태우면

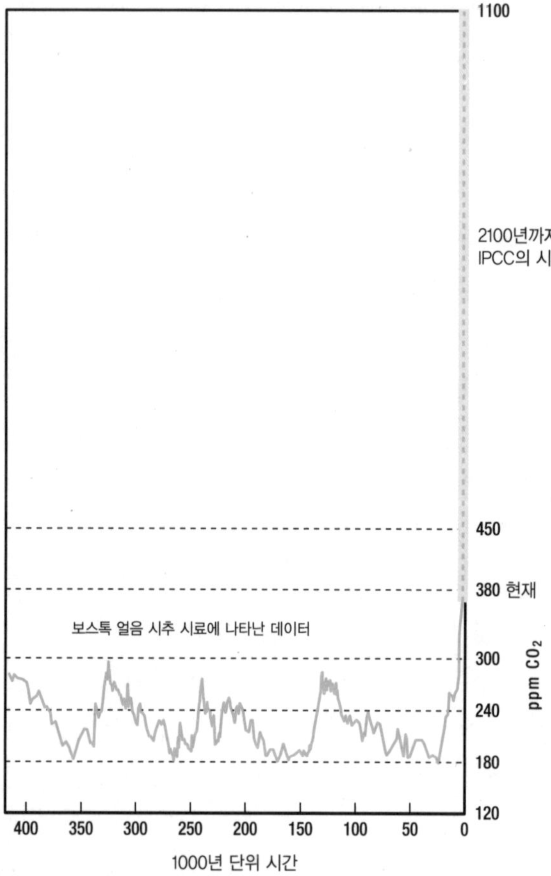

그림 5-1 지난 45만 년간의 대기 중 이산화탄소 농도

이른 시기의 수치는 남극에서 채집한 얼음 시추 시료 기포 안의 이산화탄소 농도를 근거로 얻은 것이다. 20세기 중반 이후에는 직접 관측한 자료가 존재한다. 관측값의 그래프에 이어지는 수치는 2100년까지 시기에 대한 IPCC의 추정값이다.

서, 인간 활동은 이런 안정적 저장소에서 탄소를 빼내어 이산화탄소(연소의 산물)의 형태로 대기에 옮겨놓고 있다. 화석연료의 연소가 인간에 의한 이산화탄소 증가의 주요 원인이지만 그것이 유일한 원인은 아니다. 삼림을 벌채하고 불태우는 식으로 초목지에 인간이 개입한 것도 대기 중의 이산화탄소 제거 능력을 떨어뜨려 결과적으로 이산화탄소 증가에 한몫을 했다.

이산화탄소 농도 증가의 영향

지구 체계의 다양한 영역에서 탄소의 분포가 달라지면 지구 체계 전반에는 수많은 후속 영향이 나타난다. 가장 직접적인 여파는 이산화탄소 온실효과(제4장 참조)를 통해 대부분 사람들에게 영향을 준다. 우리 지구는 태양에 의해 가열된다. 만일 지구가 이런 열을 다시 제거하는 메커니즘을 지니지 못한다면, 지구는 그저 점점 더 뜨거워지기만 할 것이다. 지구가 그 열을 없애는 메커니즘 중 하나는 적외선의 지구 밖 방출을 통해서 이뤄진다. 그렇지만 이산화탄소는 대기 상태를 적외선이 쉽게 투과할 수 없게 만드는 여러 기체들 중 하나이다. 그러므로 대기에 이산화탄소가 더 많아질수록, 지표를 떠난 열이 대기에 더 많이 흡수되고 머물게 된다. 그 결과로 기후는 가열된다.

여러 예측에 따르면 이런 지구 온난화는 지구적 탄소순환에서 행하는 바다의 역할을 바꿀 수 있다. 식물플랑크톤의 광합성이 줄어들고 그리하여 생물학적으로 유기물로 변환될 수 있는 탄소의 양도 줄어들 것이기 때문이다. 지구 온난화가 왜 식물플랑크톤의 활동을 감소시킬 것으로 예측되는지를 이해하려면, 앞서 제2장에서 다룬 일부 개념을 다시 참조해야 한다.

대부분의 경우에 바다는 안정적인 여러 층으로 성층화해 있다. 바닷물의 수직분포로 볼 때, 이는 상대적으로 따뜻한 표층이 훨씬 밑에 있는 하나 이상의 차가운 층 위에 놓여 있음을 의미한다. 영양소는 생물학적 입자의 형태로 표층수에서 저층수로 가라앉는다. 빛이 풍부한 표층수에서 식물이 성장하기 위해서는 영양소가 다시 심해수에서 표층수 쪽으로 운반되어야만 한다. 영양소가 이처럼 운반되려면 이 체계에 에너지가 추가되어야 한다. 즉 바닷물의 수직적 성층 구조를 극복하고서 영양소가 풍부한 저층수를 바다 표층까지 운반해 섞이게 할 정도의 에너지가 필요하다.

기온이 더 따뜻해지면, 바다의 표층도 더 따뜻해지게 마련이다. 따라서 바다 표층과 심해층 간의 온도 차이도 더 커질 것이다. 결국에 바닷물의 수직적 성층 구조 또한 더 강해질 것이며, 영양소가 풍부한 저층수를 광합성을 하기에 빛이 충분한 더 위쪽('유광층' euphotic zone이라 부른다)으로 밀어올려 섞이게 하는 데에는 더 큰 에너지가 필요하다. 더 따뜻해진 지구 체계에서는 표층수와 저층수를 섞는 데 더 많은 에너지가 필요하다는 사실은 달리 말해 바닷물의 혼합이 오늘날보다는 더 어려워질 것임을 의미한다.

바다의 저층수에서 표층수로 운반되는 영양소는 줄어들 것으로 예측된다. 그렇지만 식물플랑크톤이 광합성을 하려면 이런 영양소가 필요하다. 그러므로 바다 상층의 영양소가 줄어들수록 광합성도 그만큼 더 줄어들 것이며, 생물학적 물질(유기물)로 통합되는 이산화탄소의 양도 줄어들 것이다. 더 나아가 유기물로 통합되는 탄소의 양이 줄어들면, 물고기처럼 광합성을 하지 않는 바다 생물이 먹을 먹이도 줄어들게 된다. 마찬가지로, 탄소를 표층수에서 해저 지역으로 운반하는 생물학적 펌프나 탄산염 펌프에 쓰이는 물질도 줄어든다. 그리하여 온도의 단순한 변동만으로도 충분히 바다의 탄소순환에 악영향이 초래될 수 있는 것이다. 바다는 지구적 탄소순환에서 중요한 역할을 하기 때문에, 이는 다시 전반적인 지구 순환도 변화한다는 것을 의미한다.

표층수의 산성화

그렇지만 대기 중 이산화탄소 농도의 증가가 바다의 생명 현상 그리고 탄소순환에서 바다가 하는 역할과 관련해 불러일으킬 수 있는 또 다른 매우 중요한 변화가 있다. 제3장에서 설명했듯이, 지구 표면 중 대략 70퍼센트의 면적에 걸쳐 바다 표층수와 대기는 서로 접해 있으며 기체 상태의 이산화탄소는 두 영역에 모두 존재한다. 두 가지의 매질(이 경우에는 공기와 물)이 서로 접해 있을 때에 경계면의 양쪽에 있는 기체는 끊임없이 평형상태를 이루려고 한다. 따라서 대기 중 이산화탄소의 농도가 증가하면, 표층수의 이산화탄소 함량도 늘게 마련이다.

공기와 물 사이에서 기체의 평형을 이루려는 이런 경향성의 결과로 인해, 지구의 바다는 인간이 추가로 만든 이산화탄소의 30퍼센트 내지 50퍼센트를 이미 흡수했다. 당연히 이는 바다가 없다면 나타났을 농도보다 실제 대기 중 이산화탄소 농도가 더 낮게 측정되고 있음을 의미한다. 그러므로 바다는 대기에 그대로 머물러 있었을 이산화탄소의 상당량을 흡수함으로써 지구 온난화를 사실상 늦추어온 셈이다. 바다는 우리가 경험하는 환경에 영향력을 행사하며 우리를 위해 이런 엄청난 봉사를 하고 있다는 것을 인식하는 사람은 매우 적다.

이산화탄소가 물이 주요소인 액체 속으로 들어갈 때 어떤 일이 일어날까? 간단히 답하면 '그 액체는 더욱 산성을 띠게 된다'이다. 이런 현상은 우리가 탄산음료를 마실 때에도 경험한다. 치과 의사들이 콜라 같은 음료를 지나치게 많이 마시지 말라고 경고하는 것도, 탄산음료의 산성이 치아의 에나멜에 있는 몇몇 성분을 녹이기 때문이다. 이산화탄소가 물에 용해될 때 실제로 일어나는 일은 이산화탄소 CO_2가 물 H_2O와 작용해 탄산 H_2CO_3를 생성하는 과정이다. 이 분자는 용해 상태에서는 해리된다. 즉, 양성자(H+)들이 떨어져 나와 HCO_3^-가 된다. 액체 안에 있는 (떨어져 나온) 자유양성자의 숫자가 액체의 산도를 결정한다. 양성자가 많을수록 물이 주요소인 액체는 더 산성을 띠는 것이다.

산도는 보통 'pH 척도'로 측정하고 표시하는데, 이 척도는 단지 액체에 있는 자유양성자의 숫자를 (로그 값으로) 표현한 것이다. 그러니 누구라도 더 높은 산도를 띤 액체가 더 높은 pH 값을 갖는다고 예상할 것이다. 불행하게도 기이한 로그 값과 이런 척도를 만든 이(덴마크의 생화학자 쇠렌 쇠렌센Søren P.L. Sørensen)의 정의 덕분에 사실은 이와 다르다. 실제로는 pH 값이 낮을수록 산도는 높아진다.

대기 중 이산화탄소 농도의 증가로 인해, 바다 표층수의 pH 값이 떨어질 것(즉, 산성화의 증대)으로 예측되며, 실제로 일부 지역에서는 그런 현상이 이미 관측되었다. 그러므로 바다 표층수는 더 많은 이산화탄소가 추가됨으로써 탄산음료처럼 점점 더 산성을 띠어가고 있다. 이는 인간 활동에 의한 지구적 변화(이 경우에는 대기 중 이산화탄소 농도 증가)가 단순한 기후 변화 이상을 초래한다는 것을 보여준다.

경계면의 이쪽저쪽에 있는 기체 농도가 서로 평형을 이루는 것은 비교적 단순한 화학 원리를 따르기 때문에, 서로 다른 이산화탄소 농도에 근거를 두어 미래의 pH 값을 예측하는 게 가능하다. 대기 중 이산화탄소 농도가 1,000피피엠(이산화탄소 배출이 계속 증가한다면 2100년에 도달할 수도 있는 수치)을 넘어설 때, 바다 표층수의 pH 값은 대략 0.5pH 단위만큼 떨어질 것으로 예측된다. 이 정도라면 대단치 않게 들릴지도 모른다. 그렇지만 pH 척도는 로그 값을 쓰기 때문에 0.5pH 단위가 떨어지면 실제로는 용액 안의 자유양성자 수가 세 배로 늘어난다.

그렇게 많은 양성자가 떨어져 나오면 용액 안에서 탄소를 지닌 다른 이온들도 영향을 받는다. 바다 표층수에는 HCO_3 말고도 CO_3가 있다. 부분적인 이 두 분자의 상대적인 양은 물 안의 자유양성자 수에 따라 달라진다. 양성자 수가 많을수록 CO_3는 더 적게 나타난다. 바다의 pH 값이 더 낮아지면 CO_3 형태의 탄소는 더 적어진다. 우리는 이런 화학물질의 잠재적 감소를 걱정해야 할까? 어떤 차이가 나타날까?

답은 분명하게 '그렇다'이다. 탄산칼슘을 만드는 데 CO_3는 필수 부품building block이며 바다에는 탄산칼슘을 만드는 유기체가 매우 많다. 조개가 그렇고, 바닷말의 일부 종, 불가사리, 산호 그리고 아마도 가장 중요하게는 탄산염 펌프(제3장 참조)를 일으키는 석회비늘편모류coccolithophorid, 익족류pteropod, 유공충류foraminiferan 같은 작디작은 유기체들이 그렇다. 탄산염 펌프의 과정을 통해서 이들은 탄소를 탄산칼슘 형태로 바다 표층수에서 저층수로 운반한다. pH 값이 감소하면 이용할 수 있는 CO_3도 줄어들고, 이런 유기체들이 자신의 탄산칼슘을 만들어내고 유지하는 일은 점점 더 어려워진다. 산성 상태에서는 탄산칼슘이 용해되기 때문이다. 바다에서 산성 상태가 탄산칼슘에 어떻게 영향을 끼치는지는 베이킹 소다(중탄산 나트륨)에다 식초(산)을 넣어보기만 해도 알 수 있다. 물론 그 결과는 우리가 얘기하고 있는 가까운 미래의 바다에서 일어날 수 있는 그런 변화보다는 훨씬 극단적인 경우이다. 그렇지만 그 바탕을 이루는 기초적인 화학은 두 과정에서 너무나 똑같다.

앞에서 언급했듯이, 바다 상태와 대기 중 이산화탄소 농도만 알아도 미래 바다의 산성도를 예측하는 게 가능하다. 이렇게 예측된 미래 바다의 산성도에서, 바다 유기체의 탄산칼슘 생산 및 유지와 관련한 미래의 화학적 상태를 도출해낼 수도 있다. 그런 분석들은 대기 중 이산화탄소 농도가 상승하면서 이미 진행중인 바다 산성화가 크나큰 생물학적 영향을 끼치기에 충분한 수준임을 보여준다. 대기의 이산화탄소 함량이 억제되지 않고서 계속 증가하면, 2065년에는 산호가 탄산칼슘을 만들기에 충분한 화학적 조건을 세계의 대양 어디에서도 찾아볼 수 없으리라는 평가도 있다.

바다 산성화가 생물에 끼치는 여파는 다음 장에서 다룰 예정이다. 이 장에서 우리는 지구적 탄소순환과 그런 순환에서 바다가 행하는 역할에 어떤 변화가 있는지를 다루고 있으므로, 이 대목에서 눈여겨봐야 할 메시지는 바다 산성화가 탄산염 펌프 과정을 약화시킬 가능성이 매우 높은 것으로 예측된다는 점이다. 여기에서 다시 우리는 지구 체계를 이루는 갖가지 여러 요소들이 서로 연계되어 있다는 사실을 기억해야 한다. 언뜻 생각하면, 대기 중 이산화탄소 농도가 산호의 생성에, 또는 바다 표층수에서 저층수로 운반되는 탄소의 양에 영향을 준다고 믿기는 어려워 보인다. 그렇지만 그 체계 안에서 화학, 물리학, 그리고 생물학 사이에 일어나는 체계적인 상호작용을 이해한다면, 이산화탄소의 대기 방출과 산호(또는 해저로 운반되는 탄소)처럼 무관해 보이는 그런 것들이 어떻게 연계될 수 있는지 쉽게 알 수 있다. 바다의 미래를 보호하기 위해 우리는 바다가 전체 지구 체계의 일부임을 존중해야 하며, 그 체계 안에서 일어나는 모든 상호작용을 이해하고자 노력해야 한다.

지구 체계가 어떻게 기능하는지에 관해 여전히 우리의 기본 이해는 사실 매우 초보적인 수준이지만, 이 체계의 한 측면에서 변화들이 일어날 때 완전히 다른 부분에서 예측하지 못한 연쇄효과가 일어날 수 있음을 아는 것만으로도 충분하다. 이산화탄소의 바다 산성화 이야기도 또한 인간이 지구 체계의 일부이며 인간 활동이 지구 체계의 기능에 충분히 영향을 줄 수 있음을 보여준다. 인간 활동이 지구 체계에 영향을 줄 수 있다는 사실 자체만 가지고 두려워할 이유는 없다. 살아 있는 많은 생물체들이 지구의 기능에 영향을 준다. 그렇지만 중요한 점은 우리 사회가 지구 체계를 변화시키는 이런 능력을 자각하고서 그 능력을 지혜롭게 써야 한다는 것이다. 우리는 또한 인간 활동이 다른 유기체들이 해온 것에 비해 훨씬 더 짧은 시간에 지구 체계를 변화시키는 능력을 지닌 것으로 보인다는 점을 이해해야만 한다. 이런 점이 바로 지구의 기능에 영향을 끼치는 인간 활동의 방식과 다른 유기체들의 방식이 보여주는 차이일 것이다. 이제, 지구 체계의 한 요소에서 일어나는 변화의 속도가 왜 그토록 중요한지를 보여주는 사례를 살펴보자.

변화의 속도

바다가 더 산성화한다는 이야기와 바다에서 탄산칼슘을 만드는 유기체의 미래에 관한 무시무시한 예측을 접하고서, 일부 독자들은 곧바로 이런 문제를 제기할지도 모른다. 지구 역사를 보면, 대기 중 이산화탄소 농도는 점점 더 높아져 왔지만 바다 생물에 뚜렷한 재앙의 결과를 초래하지는 않았잖은가? 말할 것도 없이 맞는 말이다. 이산화탄소가 오늘날보다 더 많았던 적은 과거에 광합성의 진화 시대가 도래하기 이전에 대략 스무 차례나 있었다. 비교적 최근인 수백만 년 전에도 이산화탄소 수준은 오늘날과 비교할 때 매우 눈에 띨 정도로 더 높았고 기후도 더 더웠다. 그러므로 당연히 일부 사람들은 바다를 비롯해 지구 체계는 넓은 범위의 대기 중 이산화탄소 농도를 극복하고, 그것이 지구 체계의 여러 구성 요소들에 끼치는 영향을 넘어설 수 있는 메커니즘을 지니고 있는 게 분명하다고 주장할 것이다. 바다가 점점 증가하는 이산화탄소 농도의 산성화 효과를 상쇄할 수 있는 자연적 메커니즘을 지니고 있는 것도 사실이다.

작디작은 탄산칼슘 입자들이 탄산염 펌프 과정을 통해 비 내리듯이 해저 바닥에 떨어지기에, 바다 저층수에는 탄산염 이온이 풍부하다. 이는 산성을 중화할 수 있는 화학적 잠재력이 이런 층들에 존재한다는 뜻이다. 우리가 저층수를 표층수와 뒤섞는다면 저층수는 표층수에서 생성되는 산성을 중화할 것이다. 이 대목에서 비유를 하자면, 우리 정원의 흙이 지나치게 산성을 띨 때 우리는 생석회를 섞어 산성을 줄일 수 있는 것과 같다.(그런데 정원에서 쓰는 생석회 즉 산화칼슘은 석회암을 가열해 만드는데, 그 석회암 즉 탄산칼슘은 본래 해저에서 가져온 것이다!)

역사를 통틀어 볼 때에 이는 바로 대기 중 이산화탄소 농도의 증가로 인해 발생한 바다 표층수의 산성화를 지구 체계가 극복해온 방식이었다. 바다물의 요동과 대양 한류는 자연스럽게 탄산염이 풍부한 바다 저층수가 표층수와 섞이도록 돕고, 그 과정에서 대기 중 이산화탄소 농도의 증가로 인해 야기된 산성화는 중화된다. 그렇지만 이런 혼합은 수천 년의 시간 척도에서 일어난다. 얼음 시추 시료를 조사해보면 인간이 탄소순환에 영향을 끼치기 이전에 대기 중 이산화탄소 농도에서 생겼던 변화도 역시 점진적으로 일어났음을 알 수 있다. 방해를 받지 않는 지구 체계에서는, 대기 중 이산화탄소에 변화가 일어나는 시간 척도와 바다 저층수와 표층수가 섞이는 데 필요한 시간 척도는 서로 비슷한 규모를 지닌다. 달리 말하면, 바다의 자연적인 혼합 과정은 대기 중 이산화탄소의 자연적인 요동이 일으키는 산성화 효과를 충분히 상쇄할 수 있었다.

오늘날에 대기 중 이산화탄소 농도는 전례 없는 속도로 변하고 있다. 과거에 그랬던 것처럼 수천 년에 걸쳐 변화가 기록되는 게 아니라, 우리는 지금 수십 년 동안에 극적 변화를 경험하고 있다. 대기 중 이산화탄소 농도의 변화 속도는 현재 바다의 혼합 과정을 다스리는 시간 척도와는 완전히 다른 시간 척도에서 일어나고 있다. 그러므로 해저에서 올라오는 저층수의 혼합이 이제는 더 이상 표층수의 산성화 효과를 상쇄하지 못하는 것이다.

이제 지구적 탄소순환에서 바다가 행하는 역할을 이해하는 것이 미래의 대기 중 이산화탄소 농도, 더 나아가 미래의 기후 상태를 예측하는 데 긴요한 요소임이 분명해졌을 것이다. 오늘날 바다가 어떻게 움직이는지 그리고 바다가 탄소순환에서 어떤 역할을 하는지 이해하는 게 중요할 뿐 아니라, 바다에서 지금 일어나는 변화가 미래의 지구적 탄소순환에서 바다가 할 역할을 어떻게 잠재적으로 바꿀 수 있을지 이해하는 것도 중요하다. 예를 들어서 지구 체계에 대한 인간의 영향으로 인하여 바다의 생물학적 펌프와 탄산염 펌프가 둘 다 약화한다면(그렇게 예측된다), 바다의 이산화탄소 흡수 능력은 감소할 것이다. 이렇게 되면 대기 중 이산화탄소 농도는 현재보다 훨씬 더 빠르게 증가하고, 기후 변화의 효과는 현재 예측보다 훨씬 더 빠르게 나타날 것이다. 현재와 미래에 변화하는 지구적 탄소순환에서 바다가 하는 역할을 더 많이 이해하는 일에 과학자들이 상당한 노력을 집중하고 있는 것도 이상한 일이 아니다.

질소

바다에서 일어나는 탄소순환의 변화는 그에 따라 육상의 생명 조건들이 결정될 만큼 중요하다. 질소순환의 경우에는 상황이 거의 역전한다. 인간이 육지에서 일으키는 질소순환의 변화가 이제는 바닷속의 생활 조건들 그리고 바다의 대기 중 온실가스 방출에 영향을 끼친다. 제3장에서 언급한 대로, 방해를 받지 않을 때 질소가 지구 체계로 진입하는 주요 메커니즘은 생물학적 질소고정이다. 오늘날에 이런 자연적 메커니즘으로 해마다 대략 100테라그램Tg(1Tg = 10^{12}g)의 질소가 지구 체계에 유입된다. 다른 한 편에서 인간 활동

(인공비료, 에너지 생산, 질소고정 작물의 대량 경작)으로 인해 지구 체계에 유입하는 질소의 양은 150테라그램에 달하며, 여러 예측 연구에서 인간이 질소순환에 끼치는 영향은 미래에 훨씬 더 증가할 것으로 나타난다.

과학자들은 인간 활동에 의해 지구 체계로 유입되는 초과 질소가 실제로 결국 어디로 가는지 규명하지 못하고 있다. 그렇지만 분명한 것은 질소가 처음에 육지에서 유입된다 해도 모두 다 육지에 머물지는 않는다는 점이다. 이 질소의 일부는 여러 경로를 거쳐 대기로 방출된다. 예를 들어 질소산화물이 만들어지는 연소 과정(자동차 엔진 내 연소 등)을 통해, 또는 경작 과정(암모니아 방출)에서, 또는 연소와 생화학 과정을 통한 질소산화물(산화질소 N_2O)의 방출을 통해 대기로 방출된다. 이렇게 대기로 방출되는 질소 성분의 일부는 강력한 온실가스가 되어, 기후 상태에도 영향을 끼치기 때문에 우려를 불러일으킨다.

이와 더불어, 육상의 인간 활동에 의해 지구 체계로 유입되는 질소의 상당 부분은 결국 바다로 들어간다. 첫째 육지에서 바다로 흐르는 물(처리되지 않은 폐수 또는 경작지에서 흘러나오는 물 같은 갖가지 원천의 물)에 실려 들어가며, 둘째 대기에서 바로 바다로 들어간다. 후자의 경우는 마른 입자의 형태로도 일어나며, 대기 중의 질소 일부를 씻어내려 바다로 유입시키는 강수의 형태로도 일어난다.

앞에서도 얘기했듯이, 질소의 이용도가 바다의 대부분 지역에서 일어나는 식물플랑크톤 광합성의 양을 결정한다고 추정할 수 있다.

따라서 보통의 경우에 질소 원소가 바다 체계에 유입되면 식물플랑크톤의 활동성은 증가한다. 역시 인간에서 비롯한 바닷물의 인P 풍부화 현상이 나타나는 해안 지역에서 특히 그렇다. 대부분 식물플랑크톤 군집의 성장과 광합성은 초기에 질소 이용도에 따라 제한되는데, 추가로 더 많은 질소가 유입되면 이런 제한들이 다 사라지게 된다. 그 결과로 인의 이용도가 새롭게 결정적 요인으로 작용한다. 따라서 질소와 인을 함께 더해주면 식물플랑크톤 광합성에 대해 이 두 영영소가 가하는 모든 잠재적 제한들은 다 제거된다. 광합성이라는 것이 무기탄소(이산화탄소)를 유기물질(살아 있는 유기체)로 변환하는 과정임을 기억하자. 결국에 식물플랑크톤 광합성의 증대는 광합성이 일어나는 체계 내에서 유기탄소 생산량의 증대로 이어진다. 이 과정을 '부영양화(과도한 영양화)' eutrophication ■ 라고 부른다.

언뜻 생각하면, 바다 체계의 부영양화는 좋은 일처럼 보인다. 식물플랑크톤 광합성을 통한 이산화탄소 포집이 늘어나면 대기 중 이산화탄소의 양이 줄어들고, 더 많은 유기물이 유입되면 먹이사슬에 더 많은 먹을거리가 생겨나 더 많은 물고기가 자랄 수 있는 기반이 마련되리라고 예측할 수도 있기 때문이다.

그렇지만 상황은 언제나 단순하지 않으며 언뜻 그렇게 보이는 것처럼 직선적이지도 않다. 광합성이 증가하면 바다가 대기에서 흡수하는 이산화탄소의 양이 증가한다는 것은 사실이다. 그러나 부영양화는 해안에서 일어나는 현상이고, 해안 근처의 바다는 얕다. 이것이 의미하는 바는, 광합성을 거쳐 유기물질로 들어간 탄소가 수천 년 동안 대기와 접촉하지 않는 해저 층까지 운반되지 못한다는 것이다. 표층수에서 유기물질은 다시 분해되어 그 안에 담겼던 탄소는 다시 방출된다. 이런 방출의 책임은 식물플랑크톤 자신의 대사 작용 또는 그것을 잡아먹거나 분해하는 유기체에 있다. 바다의 질소/인 풍부화가 광합성을 촉진함으로써 추가로 고정되는 이산화탄소는 짧은 동안만 바다에 머물고는 다시 대기로 방출된다. 그러므로 순 효과를 따지면 대기에서 제거되는 이산화탄소는 없다는 것이다.

부영양화에 따른 먹이사슬의 잠재적 촉진 그리고 예컨대 어획량의 증가와 관련해서는 상황이 조금 더 복잡하다. 일부 먹이사슬의 높은 단계에서 번식이, 이용할 수 있는 식물플랑크톤의 양에 의해 제한되는 경우가 종종 있다는 말은 맞다. 그런 경우에 식물플랑크톤이 증가하면 먹이사슬을 촉진하는 결과를 낳을 수 있다. 그렇지만 바다 먹이사슬에서 번식을 제한할 수 있는 요인은 이 밖에도 여럿이다(예컨대 온도). 따라서 영양소가 풍부해져 번성하는 추가적인 대량의 유기물은 바닷물의 수직분포에서 잡아먹혀 사라지는 게 아니라 바닥까지 가라앉아 퇴적물이 된다. 이런 유기물은 바닥에 도달한 뒤에 박테리아와 다른 유기체에 의해 분해된다. 분해 과정에는 산소가 필요하다. 이는 식물플랑크톤 광합성의 촉진이 낳는 매우 일반적인 효과라는 게 결국은 퇴적물과 저층수에 있는 산소의 감소로 나타난다는 것을 의미한다. 간혹 산소 감소 현상이 너무 심해서 당장 더 이상의 산소가 남아 있지 않는 경우도 있다. 낮은 산소 농도(저산소hypoxia)나 산소 결핍(무산소anoxia)은 바다 바닥에 사는 유기체와 물고기한테 떼죽음을 초래할 수도 있다. 그렇지만 지구적 원소 순환의 변동의 측면에서 볼 때, 더욱 중요한 것은 이런 원소들과 관련한 서로 다른 화학적 반응의 속도가 산소 이용도의 변화와 함께 변한다는 점이다.

예를 들어 질소, 인, 탄소, 황의 순환은 모두 다 산소 이용도와 긴밀하게 연계되어 있다. 바다는 박테리아의 작용에 의해 N_2가 대기로 방출되는, 이른바 탈질소 작용denitrification이 일어나는 지구에서 가장 중요한 영역이다. 이 과정은 산소 이용도에 극히 민감하게 반응한다. 이에 더해, 바다는 질소산화물N_2O의 중요한 원천이다. 이 기체의 지구적 방출량 가운데 대략 15퍼센트가 바다에서 유래하는 것으로 추산되고 있다. 일부 지역에서는 부영양화에 따른 산소 고갈이 바다의 산화질소 방출을 증가시키는 것으로 입증돼 왔다. 마찬가지로, 메탄의 생산과 방출도 국지적인 산소 상태와 관련이 있다.

부영양화로 인해 연해와 퇴적물에 일어나는 산소 이용도의 변화 때문에 여러 기체들의 대기 유입량이 증가해도, 그것이 양적인 측면에서 지구적 규모의 중대 문제인지 아닌지는 아직 어느 누구도 알지 못한다. 그렇지만 특히나 메탄과 질소산화물이 둘 다 강력한 온실가스라는 사실에서, 이런 물음은 현재 많은 연구 활동의 초점이 되고 있다. 육지에서 쓰는 인공비료가, 적어도 이론적으로는 바다의 광합성을 촉진하고, 바다 바닥의 화학적 상태를 변화시키며, 그리하여 온실가스의 대기 방출을 증대시킨다. 이런 사실은 우리에게 지구 체계가 복잡하며 긴밀하게 얽혀 있어 한 부분에서 일어난 변화가 다른 곳에서 예기치 못한 반응을 촉발할 수 있는 그런 체계라는 점을 다시 한 번 일깨워준다.

황

우리가 이 책에서 다루는 지구적 원소 순환의 마지막은 황의 순환이다. 탄소순환과 질소 순환의 문제와 마찬가지로, 지구 체계 안으로 전가되는 이 원소의 양은 인간 활동으로 인해 극적으로 증가해왔다. 황은 대기를 구성하는 중요한 성분이다. 산업혁명 이전에 황은 자연적 물리 과정(예컨대 이산화황SO_2을 방출하는 화산 분출)과 생물 기원의 과정(예컨대 생물자원의 연소, 흙과 식물에 의한 방출)을 거쳐 대기에 방출되었다. 그러나 오늘날에 모든 황 배출의 75퍼센트 정도는 인간 활동에서 유래한 것이다. 이 원소는 구름의 생성과 화학 과정에 관여하기 때문에 기후 조절에도 일정한 역할을 하며 pH 값이 낮은 강수, 즉 '산성비'의 원인도 바로 이 원소에서 비롯한다. 발전소에 여과장치를 달아 황 배출을 줄이기 시작하기 전까지 이런 산성비는 민물과 삼림의 산성화를 초래했다.

황은 수많은 형태로 대기에 방출된다. 바다에서 나오는 가장 중요한 성분이 디메틸 황화물DMS과 이황화탄소CS_2이다. 양으로 치면, 오늘날 바다는 황의 가장 중요한 자연 원천이며, 황 배출 총량의 15퍼센트 정도를 대기에 제공하고 있다. 현재 우리는 바다에 함유된 황의 절대량이나 바다에서 나오는 황의 방출량에 관해서 충분히 알지 못한다. 그렇지만 미래의 바다에서 예측되는 물리적 변화들이 황을 방출하는 식물플랑크톤 생물종들(제3장 참조)한테 우호적인 조건이 되리라고 믿을 만한 좋은 근거는 있다. 그러므로 우리는 지구적 황 순환에서 바다가 하는 역할이 미래에 더 커질 것이라고 추정할 수 있다.

요약

지금까지 우리는 세 가지의 지구적 원소 순환과 이런 순환에서 바다가 하는 역할에 관해 상당히 자세히 살펴보았다. 세 가지 순환은 여러 가지 점에서 서로 매우 다르다. 탄소의 경우에, 인간이 일으키는 대기 중 이산화탄소의 농도 변화는 지구 순환의 교란이라는 관점에서 아주 깊은 영향을 끼쳤다. 그러나 바다에서 일어나는 반응들이야말로 대기 중 이산화탄소 농도를 실제로 제어하고 있다는 사실은 별로 인식되지 못하고 있다. 질소의 경우에, 육지 기반의 지구 순환 요소에 인간이 일으킨 교란은 매우 극적인 여파를 낳았다. 그러나 육지 기반의 변화는 다시 바다와 대기에 변화를 불러일으키고 있다. 황의 경우에, 인간에 의한 이 원소의 대기 방출은 지구 순환에 매우 극적인 여파를 끼쳐왔다. 대기 중 황의 풍부화 현상은 산성비를 내리게 한다는 점에서 육지 상태와 심각하게 연계되어 있다. 게다가 대기 중 황 성분이 증가하면 대기 중 입자들과 반응함으로써 적외선과 관련한 대기의 성질을 바꾼다는 점에서 기후에도 영향을 줄 수 있다. 이는 황 원소가 지구 온난화 효과를 완화하는 데 실제로 도움이 될 수도 있다는 의미이다.

세 가지의 원소 순환과 관련해, 인간 활동은 그동안 지구 체계 내 요동의 규모를 극적으로 바꾸어왔다. 결국에 이런 순환은 우리 인간한테 지구 체계의 기능을 바꿀 수 있는 능력이 있음을 분명히 보여준 셈이다. 이와 더불어, 세 가지 원소에 주목함으로써 우리는 지구 체계의 기능이 얼마나 복잡하고도 얼마나 긴밀하게 연계돼 있는지 이해하는 데 도움을 얻을 수 있었다. 인간 활동이 앞으로 지구에 어떤 영향을 줄지 내다보려면, 지구 체계의 작동 과정을 이해하는 일은 절대 필요하다.

하지만 지구 체계가 어떻게 움직이는지 자세히 이해하는 일이 중요한 이유는 또 있다. 어쩌면 이것이 가장 중요한 이유일 수도 있다. 세 가지의 원소 순환과 관련해 지금까지 얘기한 인간에게서 유래하는 변화는 모두 다 인간이 의식하지 못한 채 일어났던 변화들이었다. 산업혁명이 낳은 분명한 결과, 즉 이산화탄소의 대기 배출 증가가 궁극적으로 기후 변화나 바다 산성화를 일으킬 수 있다는 사실을 생각했던 사람은 아무도 없었다. 산업혁명이 시작되고 한참 뒤에 인공비료의 발명 이후에 일어난 농업의 '녹색혁명' 때에도, 그 여파로 바다와 대기의 화학과 생물학이 바뀔 수 있다는 사실을 안 사람은 없었다. 지금에 와서야 우리는 지구 체계가 어떻게 작동하는지, 그리고 우리 인간이 취한 선의의 행동이 지난 2세기 동안에 어떻게 그 체계를 바꿔놓았는지 이해하기 시작할 뿐이다.

이런 이해 덕분에 우리는 이제 지구적 원소 순환을 아무것도 모른 채 바꾸는 게 아니라 알면서 계획적으로 바꾸는 능력을 서서히 쌓아 갈 수 있다. 예측되는 기후 변화의 효과에 맞서기 위해서 지구적 원소 순환을 어떻게 계획적으로 조정할 수 있을지에 관한 여러 제안들이 저명한 과학저널들에 실려 이미 나오고 있다. 그런 제안들 중에는 예컨대 특정한 황 성분을 대기에 계획적으로 방출하자는 것도 있다. 그렇게 함으로써 복사열과 관련한 대기의 성질을 바꾸어 지구온난화의 속도를 줄이자는 것이다. 대양의 큰 바다에 계획적인 영양화를 일으키자는 제안도 있다. 대기의 이산화탄소를 흡수하는 생물학적 능력을 키워 표층수의 탄소를 심해수로 운반하는 생물학적 펌프를 촉진함으로써 이산화탄소를 바다 바닥의 퇴적물 안에 격리하자는 구상이다.

지구 체계의 작동 방식에 관한 우리의 이해 수준이 제한적이라는 점을 고려한다면, 우리가 그런 조처 뒤에 생길 잠재적 영향을 다 파악하기에는 아직 때가 너무 이르다고 생각한다. 그렇더라도 우리 인간이 현재 또는 가까운 장래에 지구적 원소 순환을 계획적으로 지구공학으로 조정하는 능력을 지닐 것이라는 사실을 인정하지 않는다면, 이 또한 실수가 될 수 있다. 의심할 바 없이 그런 날은 올 것이며, 아마도 아주 먼 미래의 얘기는 아닐 것이다. 그때에는 지구공동체가 과연 그런 과감한 행동에 나서야 하는지, 어떤 목적으로 그리해야 하는지를 두고서 심각한 격론을 벌여야 할 것이다. 지구공학적이고 계획적인 원소 순환 조정은 가벼이 행할 일이 아니다. 사실 어쩌면 그것은 절대 행해서는 안 되는 일이다. 그렇지만 인간이 그동안 자신은 몰랐지만 지구적 원소 순환에 변동을 초래했으며, 그리하여 지구 체계의 작동 방식에서 예기치 못한 극적인 반응이 일어나는 현실을 피할 도리 없이 봐야 하는 정도가 되었다는 사실에는 변함이 없다. 인간 활동에 대한 반응으로 우리 눈앞에 나타나기 시작한 예기치 못하고 달갑잖은 결과 중 일부를 막는 데에, 이처럼 인간이 일으킨 교란을 줄이는 일(예컨대 이산화탄소 배출 감소)이 그 자체로 충분한 효과를 낼지는 명확하지 않다.

6 바다 생명의 변화

우리는 바닷속의 모든 식물과 동물을 통틀어 '바다 생명' 또는 '바다 생물'이라는 말을 쓴다. 최근 몇 년 사이에는 어떤 서식지에 사는 서로 다른 유기체들을 다 합쳐 그 서식지의 '생물 다양성'이라 더 자주 부르기도 한다. 그러므로 바다 생물학에 나타나는 변화를 살피고자 한다면, 먼저 바다의 생물 다양성에 나타난 변화에서 시작해야 한다. 여기에서 중요한 점이 하나 더 있다. 많은 사람들은 인간이 바다 환경에 영향을 끼쳐 바다 생물이 오염되고 우리 사회에서 나온 쓰레기들이 바다로 흘러 들어가기 시작한 것이 근래의 일이라고 믿고 있다(제7장 참조). 그렇지만 아주 먼 과거에 있었던 인간과 바다 생물학의 상호작용도 생물 다양성에 변화를 초래했다. '거북 섬'이니 '해마 만' 같은 지명을 생각해보라. 이런 지명들은 그곳에 살면서 사냥거리가 되었던 몸집 큰 바다 동물의 이름을 따서 지은 게 분명하다. 그러나 그 동물들은 이제 완전히 사라졌거나 아니면 그저 가끔 나타날 뿐이다.

2001년에 발표된 어느 독창적인 논문(Jackson, J. et al. 2001. 'Historical overfishing and the recent collapse of coastal ecosystems'. *Science*. 293 : 629~636)에서, 인간 수렵 사회와 바다 생물학 사이의 관계가 역사적으로 다뤄졌는데, 여기에서 둘의 관계가 바다 생태계의 기능에 중요하다는 것이 확실하게 밝혀졌다. 이 연구는 바다 생태계에 대한 인간의 영향이 흔히 생각하는 것보다 훨씬 전에 시작했다는 분명한 결론을 제시했다.

이처럼 사람과 바다 사이에 오래 지속된 상호작용을 배경으로 삼아, 먼저 인간 활동이 생물 다양성에 끼친 영향을 살펴보고서 다음으로 바다를 일반적인 쓰레기 처분장으로 쓰고 있는 현대 사회가 맞이할 결과를 생각해보도록 하겠다(제7장 참조). 그렇지만 바다 생물학과 생물 다양성의 특정한 변화들을 그 변화의 원인과 함께 다루기에 앞서서, 생물 다양성의 일반 개념을 생각해 보고 그것이 지구 체계의 서로 다른 요소에는 어떤 의미가 있는지 살펴보는 게 좋겠다.

생물 다양성의 중요성

150명의 세계 지도자들이 생물 다양성 협약(www.biodiv.org)에 서명했던 1992년 리우 지구정상회의에서 정치적이며 대중적인 관심의 초점은 생물 다양성이었다. 그 협약은 지상의 생물 다양성을 확실히 보전하는 것을 전반적인 목표로 삼았다. 좀 더 세부적으로 말하면, 협약에서 언급한 목표 중 하나는 "지구, 지역, 국가 수준에 나타나는 생물 다양성 소실의 현 속도를 2010년까지 눈에 띌 정도로 줄여 빈곤을 완화하고 지상의 모든 생명체를 이롭게 하는 데 기여하게 하는 것"이었다. 따라서 지상의 동물과 식물은 그 자체로도 그렇고 인간 사회의 더 나은 발전을 위해서도 중요하며 보호되어야 한다는 정치적 이해가 있었다. 현재 생물종들은 놀랄 만한 속도로 지구에서 사라지고 있으며, 이렇게 사라지는 모든 또는 대다수 생물종의 멸종이 인간 활동에 의한 서식지의 파괴 때문임도 또한 명확하다.

지구 역사에서 생물종의 대량 멸종 사건이 일어났던 경우는 많았다. 이는 아마도 물리적 환경의 극적 변동 때문이었을 것으로 여겨진다. 그렇지만 지금의 사건은 지구의 전체 역사를 통틀어 볼 때 단 하나의 생물종(우리 인간)이 일으키고 있는 최초의 생물종 대량 멸종일 것이다.

이처럼 생물 다양성의 심각한 소실이 분명하게 나타나고, 생물 다양성 협약의 취지는 숭고하지만, 그런 소실에 대응하는 확실한 틀을 세우기는 어렵다. 그런 이유 중 하나는, 어느 한 지역에 있는 동물과 식물 세계의 구성은 자연적인 기후와 환경 변화의 요동으로 인해 끊임없이 변화하며, 게다가 긴 시간 척도에서 보면 늘 어떤 생물종은 사라지고 새로운 종은 출현하게 마련이기 때문이다. 그러므로 생물종의 분포에 변화가 일어날 때, 그런 변화의 정확한 원인을 가려내기는 쉽지 않다. 특히나 인간 활동이 그런 변화에 얼마나 기여했는지를 가리기는 어렵다. 생물종의 추가 소실을 막을 수 있는 잠재적인 대응 조처를 찾아내는 일은 마찬가지로 힘들다. 이 때문에 생물 다양성 협약에 규정된 목적을 성취하는 데 도움이 될 만한 메커니즘을 개발하고 목표를 설정하는 일은 쉽지가 않다. 그렇지만 그 취지는 분명하다. 즉, 우리가 살아 있는 지상 유기체의 대량 멸종이 현재 진행 중임을 인식하며 인간 활동에 의한 생물종 소실을 줄이고자 하는 정치적인 희망을 표현한 것이다. 이는 지구 전체의 생물 다양성에 적용된다. 그렇지만 우리는 바다의 생명체에 관해 너무도 아는 바가 적기 때문에(제2장 참조), 바다의 생물 다양성을 보전하는 일은 특히 더 어려운 도전이 된다.

바다에 사는 아주 많은 생물종이 너무나 작아서 맨눈으로는 볼 수조차 없다는 점에서, 바다의 자연을 보호하려는 모든 노력은 특별한 문제에 직면해 있다. 누구에게라도 어떤 형태의 바다 생물을 매우 긴급하게 보호해야 하는지 물어보라. 그러면 거의 확실히 사람들은 고래와 다른 바다 포유류, 그리고 어류, 이런 식으로 몸집이 큰 동물의 이름을 먼저 대고 나서 점점 더 작은 동물을 생각해 낼 것이다. 소수의 사람들은 해저에 사는 불가사리나 바다달팽이나 성게 같은 동물을 보호해야 한다고 주장할지도 모른다. 더 작은 유기체들에 대해서는 관심을 거의 보이지 않을 것이다. 그렇지만 제3장에서 이미 보았듯이, 우리 환경에 가장 중요한 것은 바로 바다에 사는 아주 작은 유기체들이다. 불행하게도, 바다 생명이 여러 측면에서 인간 사회에 중요하다는 사실을 이해하는 분위기는 거의 없다. 바다 생명은 인간에게 물고기라는 먹을거리를 제공한다는 점 이상으로 중요하다!

따라서 바다 자연을 보호하는 가장 좋은 해법은 개별 생물종을 보호하는 게 아니라 해양보호구역MPA의 도움을 빌려 다양한 바다 서식지를 될수록 많이 보호하고 보전하는 길이다.

보호구역이 기후 변화와 산성화를 멈추게 할 수는 없다 해도 그 밖의 많은 간섭 요인에 맞서 생태계를 보호하고 또한 지나친 어획으로 위협받는 생물종한테 피난처를 제공할 수 있을 것이다. 그러므로 이런 곳들이 더 넓어져 생태계를 대표할 정도로 폭넓은 보호구역 연결망이 형성되면, 바다 생태계의 회복력도 눈에 띄게 높아질 수 있다. 독일 기후 변화 자문위원회WBGU는 2006년에 낸 특별 보고서에서 세계 바다의 20~30퍼센트를 이런 방식으로 보호해야 한다고 제안했다.

생물 다양성을 보전하려는 정치적 의지를 혼란스럽게 하는 또 다른 요인은 여전히 생물 다양성이라는 것이 특정한 생태계의 기능에 과연 어떤 의미를 지니는지 완전하게 명쾌하지 않다는 점이다. 우리는 어떤 단일 생물종의 소실에 대해 걱정해야 하는가? 그 종은 우리한테 어떤 '가치'가 있는 걸까? 생태계는 모두가 같은 기본 기능을 하는 서로 다른 유기체들을 지녀야 하는가? 모든 생물종은 평등하게 중요한가? 그리고 모든 생물종을 보호하는 게 불가능하다면, 생태계의 기능에서 다른 것들보다 더 중요한 구실을 하는 생물종은 따로 있는가? 이것들이 현재 과학계가 그 답을 찾고자 하는 물음들이다.

생물 다양성이 바다 생태계에서 얼마나 중요한지 강조해 보여주는 몇 가지 분명한 사례들이 등장하고 있다. 예를 들어 자메이카의 디스커버리 만Discovery Bay에서 연구 활동을 하는 산호초 생태학자들은 1980년대에 해조류가 번성하면서 불과 몇 년 만에 산호들이 호흡을 하지 못해 떼죽음하자 놀라움에 사로잡혔다. 직접 원인은 우점종인 토종 성게(디아데마 안틸라룸*Diadema antillarum*)를 떼죽음으로 몰아넣은 유행병이었던 것으로 보였다. 이 성게는 산호 표면에 붙어 사는 유기체들을 먹고 산다. 그럼으로써 성게는 무엇보다도 산호에 달라붙는 해조류를 없애주는 구실을 한다. 해조류가 산호를 질식시키는 것을 막아주는 셈이다. 그래서 유행병이 성게 개체군을 떼죽음으로 몰아넣자, 산호에 달라붙어 산호를 질식시키는 해조류를 없애줄 만한 생물종도 사라졌다.

언뜻 보기에 이런 생물종 분포의 변화, 즉 바다 체계의 기능에 나타나는 변화는 자연의 작용일 뿐이지 인간 활동의 영향으로 생긴 것이 아니라고 쉽게 생각할 수도 있다. 그러나 성게 개체군의 붕괴 현상을 더 철저히 분석해 보면, 생태계의 기능 변화를 초래한 것은 사실상 인간 활동임을 알 수 있다. 유행병이 돌기에 앞서, 성게 개체군은 극적으로 증가했다. 사실, 유행병 자체는 개체군 밀도가 높아지고 그로 인해 성게 개체들 간의 접촉이 가까워지면서 촉발될 수 있었다. 이처럼 성게 개체군이 증가한 원인은 두 가지일 가능성이 매우 높았다. 우선 성게를 잡아먹는 포식자의 수가 감소하고, 이와 동시에 성게의 먹을거리가 증가했다는 것이다. 두 요인은 산호초 지대에서 이뤄진 집약 어획으로 인해 생겨난 결과였고, 뒤이어 성게 개체군이 폭발적으로 증가했다.

산호초에 의지해 사는 일부 물고기 종은 성게를 먹고 산다. 그러므로 이런 물고기는 포식 압력을 가하며 성게의 수를 조절하는 구실을 한다. 산호초 지대의 어획 활동은 성게를 잡아먹는 포식자를 제거함으로써 성게에 대한 포식 압력을 감소시켰다. 성게와 마찬가지로 산호초에 의지해 사는 다른 물고기들도 산호 표면에 붙어 사는 작은 유기체들을 잡아먹는다. 이는 이런 물고기들이 하나의 먹이를 두고서 성게와 경쟁하는 관계에 있음을 의미한다. 이런 물고기의 숫자가 줄어들면, 성게가 먹을 수 있는 먹이는 더 많아진다. 성게에 대한 포식 압력의 감소, 그리고 먹을 수 있는 먹이의 증가로 인해 성게 개체군은 어느 정도 억제되지 않은 채 증가해, 나중에는 질병이 빠르게 확산할 수 있을 정도의 높은 밀도에 도달하고, 이것이 떼죽음을 일으켜 심각한 개체군 규모의 감소를 초래한다. 산호초 지대의 집약 어획 전에는, 그리고 심지어 성게의 떼죽음 뒤에도, 먹이를 잡아먹으며 산호 표면을 깨끗하게 청소해 주는 다른 유기체들(물고기)은 여전히 남아 있었을 것이다. 그러므로 산호초 지대의 집약 어획은 성게 개체군이 폭증할 수 있는 조건을 만들어줄 뿐 아니라, 산호초 생태계에 개입해 해조류가 산호보다 더 무성해지지 않도록 막아주는 그 능력을 잃게 하는 구실도 한다.

바다 생태계를 현 상태로 유지하는 것은 다름 아니라 현존 유기체들 간의 상호작용임을 충분히 보여주는 비슷한 사례들은 바다 생태계의 전 범위에서 발견되고 있다. 카리브 해의 산호초 지대에 대해 방금 얘기한 것과 같은 사례는, 생태계가 전반적 복원력을 지닐 수 있게 하려면 하나 이상의 생물종들이 특정한 기능을 수행할 수 있게 하는 일이 얼마나 중요한지 보여준다. 마지막으로, 여기에서 제시한 사례는 바다 생태계를 구성하는 데 포식자가 중요함을 다시 한 번 더 뒷받침해 보여주며, 또한 이런 생태계의 구성요소들이 복잡하고도 예측하기 힘든 방식으로 서로 얽혀 있다는 사실을 부각해 보여준다.

앞에서 얘기한, 생태계에 생물 다양성이 중요함을 강조하는 유형의 사례들은 근래에 점점 더 많이 발견돼 왔다. 사실 놀랄 일도 아니지만, 근래에 알려진 이런 대부분의 사례들은 생태계의 일부를 구성하는 큰 유기체와 관련돼 있다. 그런 유기체는 맨눈으로 볼 수 있고 개체 수의 변화도 즉시 알 수 있기 때문이다. 일부의 사례에서는, 생태계 안에서 더 큰 유기체 간의 상호작용에 변화가 생기면 미생물이 지배하는 생태계의 구성요소도 간접 영향을 받는다는 분석이 제시됐다. 예를 들어 먹이를 섭취하는 과정에서 바닷물을 여과하는 생물인 홍합을 제거하면 식물플랑크톤의 개체군이 증가한다. 이는 다시 해조류 번성algal boom으로 이어지고 산소 함량 감소와 수질 하락으로 이어진다. 이에 더해 일부 연구들은 바로 눈길을 끌지 못하는 그런 유기체(예컨대 해저 퇴적층 안의 벌레)의 생물 다양성이 중요하다는 점 자체에 초점을 맞춰 왔다. 이런 연구들은 또한 생물 다양성이 생태 교란에도 불구하고 생태계의 총 생산성과 복원력을 모두 다 증진시킨다는 점을 보여주었다.

물론 생물 다양성이나 생태계의 기능에 관한 모든 연구들이 같은 결론에 도달한 것은 아니다. 그렇지만 생물 다양성 전반의 역할을 보여주는 일반적인 그림을 그릴 정도로 충분한 수의 연구들이 그동안 수행됐다. 최근에도 바다의 생물 다양성에 관한 몇몇 연구들이 발표됐는데, 모두 다 생태계의 생산성과 복원력이 생물 다양성과 자주 연계될 수 있다는 결론을 제시했다. 이제 과학계는 점차 생물종의 소실에 맞서 싸우는 일이 일반적으로 중요하다고 보고하기 시작하고 있다. 멸종 위기에 처한 유기체 자체를 위해서도 중요하고, 또한 생태계의 기능을 위해서도 중요하며, 궁극적으로는 생태계가 인간 사회와 지구 체계 전체에 이바지하는 바를 보전하기 위해서도 중요한 일이다.

이에 대해 공감대가 형성되고는 있지만 다른 종보다 생태계에 더 중요한 특정 생물종이나 생물종 집단이 따로 있는지는 여전히 분명하지 않다. 만일 그렇다 하더라도, 그런 생물종이나 생물종 집단을 어떻게 찾아내고 보호할 수 있는지도 분명하지 않다. 생태계의 기능에 대해, 즉 지구 체계에 이바지하는 생태계의 능력에 대해 생물 다양성이 어떤 의미를 지니는지에 관한 연구는 여전히 현재진행형이다. 우리가 정책결정자들한테 생물 다양성 협약의 목적을 성취하는 가장 좋은 방법을 권고하고자 한다면 이런 연구는 긴급하게 필요한 것이다.

어획의 영향

어획은 인간이 바다 생물과 서로 영향을 주고받는 가장 분명한 방식이다. 훨씬 몸집 큰 바다 포유류를 사냥하는 것과 더불어, 인간의 어획 활동이야말로 바다의 생물 다양성에 일차적 영향을 끼쳐왔다. 오늘날에는 자연산과 양식을 합쳐 해마다 억 톤 규모에 달하는 물고기가 사람의 입 속으로 들어간다. 사람의 음식으로 직접 소비되는 이런 물고기와는 별개로, 대략 2000만 톤의 물고기는 산업용(예컨대 농업이나 양식업 분야에서 사료 첨가물로 쓰는 생선가루)으로 어획된다. 어획량은 최근 수십 년 동안에 극적으로 증가했다. 1950년대 초에는 세계 어장fish stock 중 10퍼센트 미만에서 충분한 어획이 이뤄졌다. 오늘날에는 세계 어장의 70퍼센트 가량에서 충분한 어획이 이뤄지며, 20퍼센트의 어장에선 더 이상 지속가능하지 않으리라 여겨질 정도로 과잉 어획되고 있는 실정이다. 달리 말해, 이들 지역들에서 어획이 지금 수준으로 계속된다면, 결국에는 어장이 완전히 파괴될 지경에 이를 수 있다는 얘기이다. 오늘날에 우리가 이미 잡고 있는 양보다 더 많은 자연산 물고기를 어획할 수 있다고 믿을 만한 근거는 거의 없어 보인다. 실제로 어획량은 근래 들어 정체되어 왔다(그림 6-1). 따라서 식량농업기구FAO가 최근에 보고한 어류 생산량 증가는 모두 다 양식 어류에 기인한다.

우리는 생물학자들이 어장의 현재 상태에 관해 어업계와 생물학자들이 종종 견해를 달리한다는 뉴스를 듣는다. 어업계는 바다 어장

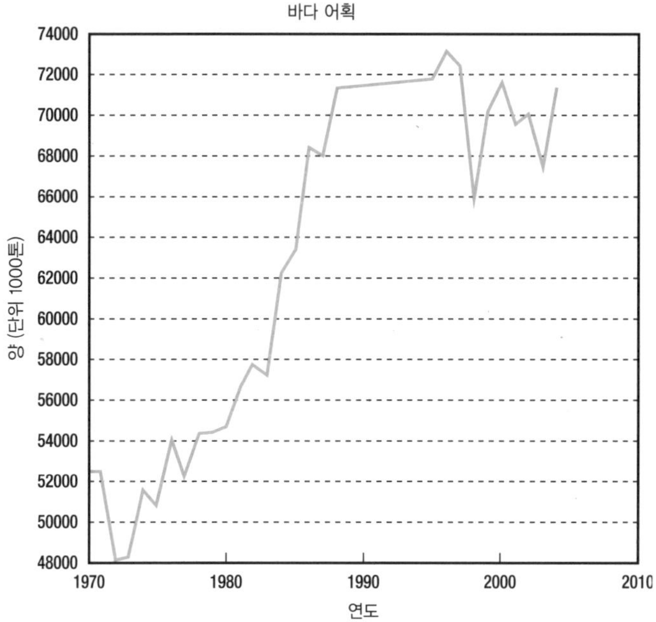

그림 6-1 자연산 어획량은 지난 몇 년 동안 정체 수준을 보여왔다.

에는 여전히 많은 물고기가 있다고 주장한다. 또한 어장이 위협받고 있다는 생물학자의 주장은 고기잡이 방법을 알지도 못하면서 하는 소리이며, 생물학자들은 완전히 잘못된 지점에 가서 어장 상태를 확인하고 있다고 어업계는 불만의 목소리를 낸다. 이런 갈등을 이해하려면, 생물학자들이 어장을 평가하는 방식을 살펴볼 필요가 있다. 생물학자들의 어획 전략은 될수록 많은 물고기를 잡아 생계를 유지하려는 어부들의 어획 전략과는 다른데, 왜 그렇게 다를 수밖에 없는지 이해하는 일이 중요하다.

생물학자들의 목표는 될수록 많은 물고기를 잡자는 게 아니다. 그 목표는 올해에는 바다의 특정 지점에 얼마나 많은 물고기 표본이 있는지 확인하여 현재의 수치를 과거의 데이터, 즉 지난해의 자료, 지 지난해의 자료, 또는 20여 년 전의 자료와 비교하는 것이다. 이런 비교 작업을 하려면, 생물학자들은 비교 대상의 시계열이 시작된 해에 처음 채택한 것과 똑같은 장비와 방법을 사용해야 한다. 당연히 생물학자들이 더 효과적이며 더 현대적인 장비를 쓴다면 더 많은 물고기가 어획될 것이며, 그러면 과거보다도 현재에 더 많은 물고기들이 바다에 있는 것처럼 보일 것이다. 생물학자들이 상업적 어획 활동에 쓰이는 현대식 장비에 비해 효율이 떨어진다고 알려진 '옛날 방식의' 장비를 쓰는 이유가 여기에 있다.

어업계가 생물학자들에게 던지는 또 다른 비판은 생물학자들이 물고기가 없다고 알려진 곳에 가서 물고기를 잡고 있다는 것이다. 그대로 들으면 이런 비판은 정당해 보인다. 그렇지만 생물학자들은 일부러 그렇게 하고 있다. 물고기들은 한 해 중에도 이리저리 이동한다. 개체 수가 줄어들면 물고기들은 전체 바다에서 더 적은 지역을 점유하게 된다. 생물학자한테는 전체 지역 안에 사는 어류의 절대수치에 대한 그림을 얻는 일이 중요하다. 그러기 위해서 이들은 해마다 표본을 얻는 '격자'grid 방식의 고정된 지점을 이용하고 있다. 정해진 어획 지점에 물고기가 없거나 매우 적지만 과거에는 그 지점에서 어획 활동이 이뤄졌다면, 오늘날 물고기가 없다는 사실을 확인하는 것은 당연히 생물학자한테 중요한 정보가 된다. 물론 어부들은 물고기가 없다고 알고 있는 곳에서 어획 활동은 결코 하지 않을 것이다. 그래서 생물학자의 이런 행동을 어부들이 쉽게 이해하기 어려울 수 있다.

생물학자들은 특정 개체군 중에서 암컷 물고기의 숫자가 얼마나 되는지 평가하고자 애쓴다. 왜 암컷일까? 당연히 물고기 떼의 미래를 좌우하는 것이 바로 암컷이기 때문이다. 특정한 단계까지는 암컷 물고기의 수가 증가하면 어획할 수 있는 개체로 성장할 어린 물고기의 수도 증가할 것이다. 잡을 수 있는 크기로 성장할 수많은 어린 물고기는 '새내기' recruit라는 이름으로도 불린다.

그렇지만 증가한 암컷 물고기 수와 어획 가능 개체군에 공급되는 새내기의 증가한 숫자가 더 이상 같지 않는 단계가 오게 된다. 왜냐하면 어미 물고기가 매우 많아지고, 그래서 어린 물고기도 매우 많아지면, 모든 어린 물고기의 배를 채우기에는 먹이가 부족해지기 때문이다. 또한 어린 물고기의 수가 크게 늘면 어떤 경우에는 사실상 서로 잡아먹기도 한다.(바다 생태계를 구성하는 데 포식이 얼마나 중요한 구실을 하는지 기억하라.) 따라서 어린 물고기가 아주 많아지면 수많은 어린 물고기가 어획할 정도로 성장하기도 전에 굶어 죽거나 잡아먹힌다.

어획관리의 목표는 최대 수의 새내기를 생산할 수 있는 규모로 암컷 물고기의 수를 될수록 유지하는 데 있다. 이는 달리 말해 어미의 번식 활동으로 어획 가능 개체군에 드는 어린 물고기의 수가 가능한 최대치에 도달하는 수준에서 어미 물고기의 수도 유지돼야 한다는 의미이다. 지속가능한 어획을 하려면, 어부들은 미래에 어획할 물고기 떼의 규모가 더 늘지 않는, 그런 최대치 단계의 어미 물고기 수에 만족해야 할 것이다.

북해의 대구를 예로 살펴보자. 이용할 수 있는 모든 데이터를 보면, 미래의 물고기 떼를 형성할 어린 물고기의 수는 어미 물고기 수가 대략 15만 톤 규모에 이를 때까지 계속 증가하는 것으로 나타난다. 이상적인 세계에서는 어미 물고기의 수가 대략 이 정도 수준을 유지할 수 있도록 어획 활동도 조절해야 할 것이다. 그렇지만 물고기 규모의 자연적 요동과 어업계의 경제적 현실로 인해, 어미 물고기 떼의 규모를 정확하게 이런 이상적인 수준으로 유지하는 일은 결코 가능하지 않다. 그래서 생물학자들은 '임의로' 어림짐작의 방법을 고안해냈다. 어미 물고기 수가 새내기를 최대 수로 생산할 수 있는 수준에서 그 절반 밑으로 떨어지는 것을 그대로 두어서는 안 된다는 권고였다. 생물학자들의 권고에 따르면, 북해의 경우에는 어미 물고기 떼의 규모가 대략 7만 톤 이하로 떨어지게 해서는 안 된다. 그렇지만 현재 어미 대구의 수는 고작 5만 톤도 되지 않는 것으로 추정하고 있다. 생물학자들이 북해에서 대구 어획을 잠정적으로 완전 중지해야 한다고 주장하는 이유도 여기에 있다.

그렇지만 생물학자들의 권고는 무시되었고, 분명 경제적인 이유로 인해 정치인들은 북해에서 대구 잡이를 중지시키지 않은 채 대구의 '복원 프로그램'을 연기하는 결정을 내렸다. 눈에 띄는 점은 복원 계획을 늦춘 이런 정치적인 결정이 다음과 같은 가정에 바탕을 두고 있었다는 점이다. 즉, 만일 대구가 과잉 어획되어 개체 수가 아주 크게 줄더라도, 나중에 어획 활동을 중단하면 그 수는 다시 예전의 수치로 돌아갈 것이라는 가정이다. 하지만 그렇게 되리라는 보장은 없다. 이런 사실을 보여주는 매우 극적인 입증 사례 중 하나가 캐나다 동부 해안인 뉴펀들랜드 부근 바다에 사는 대구 개체군이다.

이곳의 대구 떼는 유럽의 초기 탐험가나 정착민한테 신세계인 아메리카 대륙이 지닌 여러 매력 중 하나로 받아들여졌다. 당시 그들의 일기에는 전에는 전혀 경험하지 못한 그런 종류의 풍성한 어획 활동에 관한 기록이 담겨 있다. 사람들이 그곳에 거주하기 시작한 이래로 내내 대구 떼는 경제의 큰 버팀줄이었다. 그렇지만 1990년대 초에, 대구 떼는 매우 낮은 수치로 떨어졌고, 결국에 대구 어획에 대한 완전 금지 조처가 1992년에 내려졌다. 이후에 15년에 걸쳐 대구 떼가 복원되고 있음을 보여주는 아무런 징후도 나타나지 않았다. 왜 그 수치가 나아지지 않는지 확실하게 아는 사람은 없다. 이제는 이 지역에 다른 생물종들(예컨대 바닷가재)이 대구가 번성했던 과거 시절보다 더 많이 나타나고 있다.

다른 생물종의 대규모 증가 현상은 대구의 과잉 어획으로 다른 개체군에 대한 압력이 줄어들었다는 사실로 설명할 수 있다. 포식자인 대구를 제거하면 더 많은 어린 바닷가재가 살아남아 바닷가재 떼의 규모는 더 커질 수 있다. 여기에서 우리는 포식이 바다 생태계의 구성을 결정하는 아주 중요한 요인이라는 사실을 다시 한 번 기억해야 한다. 아마도 한때 대구가 차지했던 생태계 안의 지위를 다른 종이 들어와 차지했다고 얘기할 수도 있으리라. 이런 생태적 지위가 이제는 더 이상 비어 있지 않다는 사실로 인해 대구가 다시 그 생태적 지위로 되돌아오기는 어렵다.

요즘 과학계에서는 생태계에 하나 이상의 자연적인 상태가 존재할 수도 있다는 데 대한 동의가 생겨나고 있다. 다른 말로 하면, 대구가 반드시 '건강한' 북대서양 생태계의 일원이어야 한다는 그런 자연법칙은 없다는 것이다. 대구가 없어도 다른 종이 대구의 빈자리를 채우며, 대구가 했던 생태적 기능을 똑같이 수행할 수 있다면 생태계가 자연적으로 '건강하게' 유지될 수 있다. 어떤 자연 상태에서 다른 자연 상태로 변화하는 것을 일러 체제 변동regime shift이라고 부른다. 예컨대 기후 조건이 변해 생긴 결과처럼, 이런 변화를 몰고 오는 것은 간혹 자연 자체이다. 그러나 더 많은 징표들은 이런 체제 변동이 과잉어획 같은 인간의 개입 탓에 벌어질 수도 있음을 보여준다. 지속가능한 어업을 발전시키고 싶다면, 과잉어획이 생태계의 상태를 바꿀 수도 있다는 가능성을 염두에 두어야만 한다. 상업적으로 중요한 대구 같은 물고기 떼의 규모와 어획 활동의 강약 사이에는 선형적인 관계가 존재한다는 가정이 늘 진실인 것은 아니다. 오히려 생태계의 상태가 '뒤집히기 시작하는' 어떤 한계선이 존재할 수 있다. 그러므로 그런 가정에 바탕을 두어 어획 할당량을 조절한다면 이는 잘못되고 위험한 일이다.

어업이 어획 대상인 생물종의 양 그리고 바다의 생물 다양성에 잠재적인 영향을 끼친다는 것은 자명하다. 북해의 대구 사례에서 볼 수 있듯이 어획 활동이 심한 일부의 경우에는 그 생물종의 대략 70퍼센트 이상이 바다에서 어획된다. 해마다 그렇다! 비교적 최근까지만 해도, 어획 관리는 어획 대상 종의 규모 그리고 그 종이 감내할 수 있는 어획 압력에 대한 평가만으로 다뤄져 왔을 뿐이다. 1990년대까지 어획 대상 이외의 종에 대한 관심, 또는 생태계의 구조와 그 안의 상호작용에 어획 활동이 끼치는 영향에 대한 관심은 거의 없었다. 그러나 1998년 일부 연구자들이 유엔 식량농업기구의 어획 통계를 분석하면서, 인간의 어획 활동으로 세계 바다에서 비교적 몸집이 큰 물고기들이 본질적으로 사라지는 식으로 생태계의 구조가 변화했다는 가설을 제시했다. 이들의 추론은, 식량농업기구에 따르면 근래 몇 년 동안에 어획된 물고기의 크기가 지난 수십 년 기간과 비교해 볼 때 점점 더 작아져 왔다는 관측 결과에 바탕을 둔 것이었다(D. Pauly et al. 1998). 말할 필요도 없이, 이 연구는 큰 관심을 끌었으며(그리고 격렬한 논쟁이 뒤따랐고), 여전히 과학계 안에서 많은 관심이 이에 쏠리고 있다.

대체로 어업계 쪽의 생물학자들은 어획 활동만으로 생태계가 충분히 파괴될 수 있다는 결론을 받아들이기를 꺼렸다. 이들은 물고기가 얼마나 잡히느냐는 어부의 활동에 따라 달라지며(매우 옳은 주장이다), 어부의 활동은 다시 어부들이 잡는 물고기의 잠재적 시장에 의해 제어된다고 지적했다. 최근 수십 년 동안에 시장은 산업용 어업, 즉 북해의 까나리 같은 작은 물고기를 겨냥하는 어업 쪽으로 발전해 왔다. 산업용 어업 활동으로 잡힌 물고기는 소비자들한테 직접 팔리지 않고 어유나 어분을 생산하는 데 쓰인다. 따라서 이런 산업은 작은 물고기의 시장을 창출했으며, 적어도 이론상으로 본다면 작은 물고기의 시장은 FAO 통계에 기록되는 어획 자료에 변화를 일으켰어야 했을 것이다. 이 말은 산업용은 빠진 상업용 데이터만을 분석했을 때, 생태계 구조의 변화를 확실하게 식별하는 일이 결코 쉽지만은 않다는 뜻이다.

그렇지만 어쨌든 그런 문제가 제기되었고 큰 물고기가 과거 몇십 년에 비해 더 줄어들었다는 주장이 나온다는 사실 때문에, 다른 연구자들은 방법을 바꿔 이 문제를 다루기 시작했다. 그 결과, 실제로 많은 여러 바다 지역(북해를 비롯해)에서 30~40년 전에 비해 요즘 들어 큰 물고기가 줄고 작은 물고기는 늘어났음을 입증할 수 있다는 점이 부각되었다. 물론 이런 변화가 입증된다고 해서 어획 활동이 곧바로 그런 변화의 원인임이 밝혀지는 것은 아니다. 그렇지만 대부분의 어획 활동이 큰 물고기에 초점을 맞추고 있으며, 극심한 어획 지역에서는 일부 생물종이 최대 70퍼센트 넘게 제거된다는 사실로 미루어보건대, 어업이 생태계 구조에 이런 변화를 일으킨 후보 요인이 된다는 점은 확실하다. 바다 생태계의 구조를 바꿀 수 있는 어업의 잠재력을 생각할 때에는, 바다 생태계의 구조를 조절하는 지배적인 힘으로 여겨지는 게 바로 포식이며, 어획도 궁극적으로는 포식과 마찬가지라는 점을 기억해 둘 필요가 있다.

어획은 바다에 사는 크고 작은 물고기의 상대적 분포를 바꿈으로써 바다 먹이사슬의 구조에 잠재적인 영향을 끼치지만, 이와 더불어 물고기 개체군에 유전학적 압력을 가할 수 있기에 특정한 물고기 떼의 유전자 총체gene pool를 바꿀 수도 있다는 사실이 이제 알려지고 있다. 그 과정에는 몇 가지 메커니즘이 있다. 집중적인 어획이 개체군 중에서 몸집이 더 큰 물고기를 없앤다는 점이다. 그렇게 해서 초래되는 결과 중 하나는, 가장 먼저 성숙한 물고기 개체에 유리한 선택 압력이 생긴다.(왜냐하면 늦게 성숙하는 개체들은 번식에 참여할 기회를 얻기도 전에 바다 밖으로 어획되기 때문이다.) 예를 들어 어느 지역에 집중된 어획 압력은 물고기의 부차 집단sub-population을 제거하는 구실을 할 수도 있다. 이런 유전학적 선택 압력이 물고기에 (실제로 그런 게 있다면) 어떤 장기적인 영향을 끼칠지는 아무도 모른다. 하지만 이런 선택이 일어날 수 있다는 사실은 다시 한 번 더 인간 활동이야말로 지구 체계에 주요한 힘을 끼치는 요인, 즉 지구 체계의 기능을 생각할 때에는 반드시 고려해야 하는 그런 요인이라는 점을 우리에게 일깨워준다.

혼획과 쓰레기

물론 어획 활동은 잡으려는 물고기가 아닌 다른 유기체에도 영향을 끼칠 수 있다. 저인망은 특별히 어획할 대상을 가리지 않는다. 집중적인 어획이 이뤄지는 일부 지역에서 해저는 한 해에도 몇 번씩 갈아엎어지고 파헤쳐진다. 이로 인해 해저에 사는 아주 유약한 유기체들이 파괴되는 것은 말할 필요도 없다. 해저가 자주 파헤쳐진다는 것은 그곳의 동물군이 반복적으로 스스로 재건해야 함을 의미한다. 따라서 그런 지역의 해저 동물군은 어리고 빠르게 성장하는 종이 지배하게 마련이다.

어획 대상이 아닌데도 뜻하지 않게 잡힌 유기체(해저의 동물과 바닷물 위아래 쪽에 사는 어획 대상 아닌 물고기)는 대부분 그냥 바다로 다시 되던져진다. 언뜻 보면 이는 바다 생명에 좋은 일로 여겨질지도 모른다. 그렇지만 저인망 어획은 폭력적인 과정이며, 그래서 그물에 잡힌 뒤에 나중에 '버리는 패'로 바다에 다시 보내지는 동물의 대부분은 이미 죽은 상태이거나 바다로 돌아가자마자 죽을 운명인 것이다. 일부 어획 활동에서는 버려지는 유기체의 숫자가 놀라울 정도이며, 그것을 다 합하면 잡은 어획 대상 종의 양보다 더 많은 경우도 있다. 북해에서는 해마다 어획으로 잡힌 물고기와 해저 척추동물 중 22퍼센트가 육지까지 운반되지 않고 쓰레기 또는 버리는 패로 바다에 다시 던져진다.

이런 쓰레기의 일부(대략 6만 3000톤)는 선상에서 이뤄지는 수산물 처리 과정을 거쳐 나온 물고기 내장이지만, 물고기가 통째로 버려지는 경우는 이보다 10배나 된다. 이에 더해 1만 5000톤의 상어, 홍어, 가오리, 그리고 15만 톤의 해저 척추동물(저생동물)이 잡혔다가 다시 바다에 던져진다. 이 모두를 합하면 북해에서 어획된 물고기와 기타 동물에서 버려지는 생물학적 물질은 엄청난 양에 이른다.

이는 북해에 있는 어류 생물총량biomass의 4퍼센트에 맞먹는 양이다. 그 양을 생각할 때, 그것이 먹이사슬에서 얼마나 많은 먹이가 되며, 어선의 갑판에 오르는 여행을 하고나서는 먹이사슬의 어느 단계에서 끝나는지 묻는 것도 흥미로울 것이다.

새는 이렇게 버려지는 물고기의 '공짜 점심' 혜택을 누리는 최대 수혜자인 게 분명하다. 거의 600만 마리 새의 에너지 수요가 어획물 쓰레기나 버려지는 물고기로 충족되는 것으로 추정된다. 지난 수 세기 동안에 북해에서는 새(특히 갈매기와 관련 생물종)의 수가 엄청나게 늘어났다는 기록이 있는데, 이런 증가는 주로 같은 시기에 진행된 거대 규모 어업의 발전에 힘입은 것이었다. 현재 여러 환경단체들이 어획물 쓰레기의 대량 폐기를 중단하라고 요구하고 있으며, 중단 요구를 뒷받침하는 여러 좋은 논리도 있다. 그러나 그런 중단이 불가피하게 북해 지역에서 사는 조류 개체군한테는 먹이 감소와 대량의 굶주림과 죽음을 초래할 것이라는 사실을 명심해야 한다.

이른바 혼획은 어획 대상 종의 개체군 규모에도 영향을 끼칠 수 있다. 그렇지만 이런 잠재적 영향을 정확하게 평가하기는 어렵다. 이 생물종들의 양과 분포에 나타나는 시간대별 변화를 이해하는 데 이용할 수 있는 좋은 데이터가 부족하기 때문이다. 어업 관리fisheries management는 지난 20세기 중반부터 대부분 선진국에서 실행되고 있으며, 이런 맥락에서 상업적으로 중요한 물고기 떼의 양과 분포에 관한 데이터도 수집되었다. 이런 숫자를 이용하면, 우리는 상업적으로 관심 대상이 되는 물고기 개체군들의 크기가 시간이 흐르면서 어떻게 변해 왔는지 추적할 수 있다. 하지만 아쉽게도, 상업적인 관심 대상이 되지 못하는 종들에 관해서는 아무런 데이터도 얻을 수 없다. 그 결과로, 자주 잡히는 여러 생물종들한테 어업이 끼치는 장기적 여파는 알려지지 않았다. 그렇더라도 홍어, 가오리, 상어 같은 물고기의 양이 어업의 영향을 받아 세계 대양의 대부분 지역에서 심각한 정도로 줄어들었다고 여겨지고 있다. 이와 함께 대양의 바닥에 사는 일부 생물종도 피해를 받겠지만, 대양의 해저 군락에 관해서는 데이터가 없기 때문에 이런 유기체에 어업이 어느 정도나 여파를 끼치는지는 앞으로도 전혀 밝혀지지 않을 것이다.

제5장에서 설명한 대로 지구 체계에서 일어나는 변화는 단지 기후 이상의 것들과 연관돼 있다. 지난 반세기 동안에 일어난 주요한 지구적 변화 중 하나가 지구 차원의 어업 강화였다. 어업은 우리 인간에게 먹이를 제공하는 중요한 원천이기에 중요하다. 세계의 일부 지역에서 어업은 많은 사람들한테 단백질을 공급하는 주요한 또는 유일한 원천이다. 그렇지만 바다 자체의 생물학과 생태학으로 볼 때에, 어업 활동은 주요한 영향을 끼치며 일부 주요한 변화를 이미 불러일으켰다. 어업 활동은 앞으로 변해야 한다. 어업 관리의 초점은 어획 대상 종의 상황을 고려하는 쪽으로, 그리고 이뿐 아니라 미래 세대들이 자신을 위한 수확을 바다에서 계속 얻을 수 있도록 하려면 바다 전체의 기능에 어업이 끼치는 영향도 고려하는 쪽으로 바뀔 필요가 있을 것이다. 비록 어업이 지금까지 바다 생물에 가장 직접적으로 영향을 주는 인간 활동일 수 있지만, 지구적 변화로 볼 때 지금

도 바다 생물에 직접 또는 간접으로 이미 영향을 끼치고 있거나 미래에 그럴 수 있는 다른 인간 활동도 많이 있다.

부영양화

제5장에서 우리는 지구적 질소순환이 극적으로 변화했으며 이는 특히 인공비료의 발전 때문이었고, 또한 육상에서 방출되는 많은 질소가 결국에는 연해로 흘러든다는 사실을 살펴보았다. 이는 식물플랑크톤 광합성을 촉진하고, 유기물의 퇴적 증가와 저층수의 산소 부족을 초래할 수 있다. 또한 이는 바다와 대기 간의 기체 교환에도 영향을 끼친다. 더욱이 더 많은 양의 질소가 연해로 운반됨으로써 바다 유기체도 그 영향을 받는다.

이런 부영양화가 초래하는 가장 분명한 변화는 식물플랑크톤 생물총량의 증가이다. 바닷물의 수직분포에 식물플랑크톤이 늘어난다는 사실은 햇빛이 부영양화 이전처럼 바닷물 깊숙이 뚫고 들어갈 수 없게 됨을 의미한다. 달리 표현하면, 이는 바다 바닥까지 도달하는 빛이 더 줄어들어 해저에서 사는 식물들이 더 이상 생존할 수 없다는 뜻이 된다. 이에 따라 위아래 쪽 바닷물에 사는 작은 크기의 식물플랑크톤이 바닥에 사는 더 큰 식물을 대신해서 지배적인 식물이 된다. 이것이 부영양화에 대한 첫 번째 반응 중 하나이며, 사실상 '체제변동' regime shift을 보여주는 사례이다. 체제변동에서는 생태계가 어떤 상태(더 큰 해저 식물이 지배하는)에서 다른 상태(바닷물에서 작은 식물플랑크톤이 지배하는) 쪽으로 이동한다.

흥미로운 것은 이런 부영양화가 도중에 멈춘다 해도 그 생태계가 저절로 애초의 상태로 돌아가지는 않는다는 점이다. 영양소의 유입이 증가하면, 늘어난 식물플랑크톤 생물총량 때문에 바닷물의 투명도는 점점 더 줄어든다. 그러나 부영양화가 감소해도 그 과정이 역전되지는 않는다. 다른 말로 하면, 그 생태계는 이제 식물플랑크톤이 지배하는 새로운 상태에 놓이게 된다는 것이다.

이것은 바다 체계가 변화(예를 들어 부영양화 또는 과잉 어획)에 대해 반드시 선형적으로만 반응하는 게 아님을 보여주는 또 하나의 사례이다. 영양소 유입 증가는 저생식물의 소실을 초래하지만, 영양소 유입 감소가 사라졌던 유기체들의 복귀로 이어지지는 않는다. 마찬가지로 앞에서 이미 논의했듯이, 어획 압력의 증가는 어류 군체들의 크기를 눈에 띄게 감소시키지만, 어획 압력의 감소가 언제나 어획 대상 종의 군체 규모를 되돌려 증가시키는 것은 아니다. 우리가 바다를 지속가능하게 이용하는 길을 찾고자 한다면 이런 점을 기억해 두는 게 정말 중요하다.

바다 생태계는 튼튼해서, 예를 들어 어획과 부영양화 같은 많은 압력을 견뎌낼 수 있다. 그렇지만 거기에는 문턱들이 있다. 우리가 어떤 문턱 너머로 생태계를 밀어낸다면, 생태계는 더 이상 견디지 못하고 완전히 다른 길로 나아간다. 오늘날 우리는 그런 현상에 익숙해져 있다. 바다 생물학 그리고 바다 관리의 측면에서 이는 두 가지 의미를 담고 있다. 첫째, 어느 정도가 이런 문턱이 될지 예측하기 위해서는 필수적으로 바다 체계가 어떻게 작동하는지 더 많이 이해해야 한다. 둘째, 바다 관리의 측면에서 이런 문턱에 가까워지지 않도록 하는 일은 매우 중요하다.

부영양화는 지배적인 식물 형태를 해저에 사는 저생식물에서 바닷물에 떠다니는 유영 식물로 바꾸기도 하지만, 먹이사슬에서 서로 다른 단계에 있는 유기체들의 상대적인 규모를 바꾸기도 한다. 먼저 식물플랑크톤의 생물총량이 증가한다. 어느 정도까지는 이것이 먹이사슬의 다음 단계(동물플랑크톤)에 필요한 먹이가 더 많아짐을 의미한다. 하지만 식물플랑크톤이 모두 다 잡아먹히지 않으면, 이제 식물플랑크톤의 누적, 즉 '조류 번성'algal bloom 현상이 초래된다. 이런 조류 번성은 (상업적으로 그리고/또는 공중보건의 측면에서) 종종 인간에게 해를 끼친다. 특히 식물플랑크톤이 독성을 띠는 경우에 그렇다(제3장 참조). 해저로 떨어진 식물플랑크톤이 부패하면 산소가 부족해진다. 이 때문에 해저는 그곳이나 부근에 사는 수많은 다른 생물들이 살기에 부적합한 상태가 되며, 그곳의 많은 생물들이 사라진다. 따라서 부영양화가 생물 다양성에(적어도 우리 눈으로도 볼 수 있을 정도로 큰 유기체들에게) 어떤 의미를 지니는지는 이미 잘 알려져 있다.(그리고 그런 일은 세계 각지의 연해에서 관찰돼 왔다.)

부영양화가 아주 작은 식물플랑크톤 자체의 생물 다양성에 끼치는 영향은 대체로 무시되곤 한다. 부영양화 이후에 식물플랑크톤 집단이 더 많아진다는 사실은 그동안 알려졌지만, 최근까지도 우리는 식물플랑크톤 군락의 모든 부분이 균등하게 자극을 받는다거나 군락 내의 잠재적 변화가 먹이사슬 구조에는 아무런 변화를 일으키지 않는다고 생각해 왔다. 지금에 와서야 과학자들은 사실 인간이 초래한 부영양화의 가장 일반적인 형태들이 플랑크톤 군락을 변화시켜 작은 식물플랑크톤 단세포들이 부영양화 전보다 더 지배적인 종이 된다고 인식하기 시작한다. 이게 어떻게 가능할까?

대부분 해안에서, 바다로 흘러드는 지배적인 영양소는 인간에서 비롯한 질소이다. 이는 보통 바다의 상태와 비교할 때 필수영양소인 질소와 인의 이용도가 질소 쪽으로 기울게 됨을 의미한다. 그러므로 질소 얻기는 식물플랑크톤한테 아무런 문제가 되지 않는다. 그렇지만 이 유기체들은 이제 희소 자원인 인을 얻으려고 서로 경쟁해야 한다. 작은 단세포 생물종은 부피에 비해 표면적이 상대적으로 크기 때문에 영양소를 두고 경쟁할 때 더 유리하다는 점은 이미 제2장에서 살펴보았다. 영양소(질소)의 이용도가 증가하면 생태계에 변화가 초래된다. 또 바다 생물학의 전통적 지식에서는 영양소 이용도가 높아지면 큰 식물플랑크톤이 지배하게 된다고 알려져 있다. 그러나 이용 가능한 영양소 비율이 통상의 경우와 비교해 한쪽으로 치우쳐 있다는 사실은 작은 식물플랑크톤이 사실상 지배적인 생물종이 될 수도 있음을 의미한다. 식물플랑크톤 군락들에서 규모의 구조를 조절하는 메커니즘은 아직 충분히 밝혀지지 않았지만, 이용할 수 있는 자료들은 심각한 부영양화를 겪는 생태계에서는 작은 단세포 종이 지배적인 지위를 얻음을 보여준다.

식물플랑크톤이 큰 것에서 작은 것으로 바뀌면 먹이사슬에서 에너지 이전의 효율은 떨어진다(제2장 참조). 이는 곧 상층의 영양단계(즉 어류의 단계)에서 번식력이 낮아짐을 의미한다. 달리 말하면, 식물플랑크톤은 몸집이 작아서 부영양화로 그 수가 늘더라도 반드시 어류의 먹이 이용도가 커지는 것은 아니라는 것이다.

이런 사례는 지구 체계가 복잡하고도 예측할 수 없는 여러 가지 방식으로 서로 연계돼 있다는 사실을 다시 깨닫게 해준다. 전체 체계 안에서 일어나는 하나의 변화(예를 들어 대기의 질소가 더 많이 고정되어 육상 체계에 유입된다면)가 그 체계의 기능에 예기치 못한 변화(예를 들면 작은 바다 식물의 규모 분포 변화로, 이는 다시 어류 번식력에 영향을 준다)를 초래할 수 있다. 이와 더불어 이런 사례는 우리가 눈으로 볼 수 없을 정도로 너무 작은 유기체 사이에서도 생물 다양성은 생태계 기능에 영향을 주는 중요한 문제임을 당연히 다시 한 번 더 떠올리게 한다.

바다 온도 상승

현재 많은 연구자들은 지구 온난화가 바다 생명에 끼치는 잠재적 영향을 예측하는 데 연구의 초점을 맞추어 노력하고 있다. 이런 일이 쉽지 않은 데에는 많은 이유가 있다. 첫째 미래 기후 상태에 대한 예측은 대체로 한 해 또는 한 철에 걸쳐 나타날 평균온도의 변화에 바탕을 두고 있다. 당연히 지상의 어느 생물도 평균온도에서 살고 있지는 않다. 여러분이 머리를 오븐에, 발을 냉동고에 넣는다 해도 평균온도는 완전하게 안락한 수준을 유지할 수도 있다. 그렇지만 몸의 두 부분에 나타나는 극한 온도는 의심할 바 없이 여러분을 불편하게 한다. 이런 얘기는 변화하는 기후체계에서 생존하는 육지의 생물이건 바다의 생물이건 상관없이, 인간을 포함해서 모든 유기체에 적용된다.

바다 유기체에 끼치는 온난화의 잠재적 효과를 예측하는 일은 또한 바다 먹이사슬이 복잡하고도 변덕스럽다는 사실 때문에 더 어려워진다. 온난화가 바다 생물에 끼치는 효과를 예측할 때, 서로 다른 생물종의 온도 반응을 이해하는 것으로는 충분하지 않는 식으로, 온난화의 효과는 여러 종 사이에 서로 연결돼 있다. 이와 동시에, 관심 대상이 되는 생물종이 모든 생애 단계에서 먹이로 삼는 모든 유기체에 기후 온난화가 끼치는 잠재적 효과를 이해하는 일도 또한 필요하다.

이를 보여주는 좋은 사례는 우리가 제2장에서 얘기한 요각류 칼라누스 핀마르키쿠스이다. 북해에서 어린 대구의 생존을 좌우하는 것은 먹이인 칼라누스의 이용 가능성이다. 하지만 온도 상승 그리고 그린란드 해와 래브라도 해의 심해수 형성 감소로 인해 해류 체계에 변화가 생기면, 북해와 북대서양 사이에서 칼라누스를 운반하는 해류의 기능도 변하고 이 종이 겨울을 보내는 서식지(페로스-셰틀랜드 해협의 차가운 심해수)도 줄어들어, 결국에는 칼라누스의 생활사에도 영향을 끼칠 것이다.

그러므로 온난화 기후가 상업적으로 가치 있는 대구 종에 끼치는 영향을 예측하는 데에는 단지 성체 대구가 온도 변화를 얼마나 견디느냐를 연구하는 것만으로 충분하지 않다. 대구가 여러 생활사 단계에서 의존하는 먹이인 생물종에 온도 상승이 끼치는 효과를 이해하는 것도 또한 필요하다.

어떤 생물종에 끼치는 기후 변화의 영향을 예측하려면 전체 생태계 내의 상호작용을 이해할 필요가 있음을 보여주는 또 다른 좋은 사례는 지구 반대편에서 찾을 수 있다. 대서양 바닷물은 고래와 펭귄이 많은 것으로 유명하다. 온도 상승은 이들 생물종에 어떤 효과를 줄까? 아주 작은 규모의 온도 변동은 아마도 이런 바다 동물에게 직접 영향을 거의 끼치지는 않을 것이다. 그렇지만 펭귄이나 많은 고래를 비롯해 남극 바닷물의 먹이사슬 전체는 작디작고 새우처럼 생긴 '크릴'이라는 생물에 의존하고 있다. 그리고 이런 크릴의 수는 바다얼음 면적에 따라 달라진다.(왜냐하면 크릴이 먹는 식물플랑크톤 종은 얼음 바로 밑에 밀집해 있기 때문이다.) 온도 상승은 얼음을 녹인다. 그 결과로 식물플랑크톤이 서식할 공간이 더 줄어든다. 크릴이 먹을 먹이인 식물플랑크톤이 줄어들면 크릴의 수도 줄어든다. 결국에 고래와 펭귄이 먹을 먹이가 줄어드는 것이다.

이런 사례들은 많다. 사례들은 모두 바다 체계 안의 개별 요소가 변할 때 그에 대한 반응이 어떻게 나타날지 예측하고자 한다면 바다 생태계(또는 지구 체계) 내부의 상호관계를 이해하는 게 얼마나 중요한지 잘 보여준다. 비록 바다 체계 안의 이런 상관성을 우리가 불완전하게 이해하고 있지만, 우리는 최근에 세계 바다에서 기록된 온도 상승(제4장 참조)이 일부 생물종의 지리적 분포에 영향을 끼쳐 왔음을 알 수 있다. 오늘날에는 '온난성 어류'가 이전보다 더 많이 북쪽 위도에서 발견된다. 북해에는 온도 상승과 온후한 바닷물 덕분에 온난성 어류나 다른 종들이 최근에 토착화한 사례들이 많다. 이런 어류 중에 한 가지 흥미로운 예는 유럽 농성어이다. 이 물고기는 최근까지만 해도 북해까지 멀리 올라오지 않았으나, 지금은 노르웨이 정도의 북쪽에서 활발하게 잡히고 있다.

유럽 농성어의 북해 출현이 관심을 끄는 흥미로운 점은 이 물고기가 기생충을 달고 나타났다는 사실이다. 이것은 자기 생활사의 일부 기간에 갑각류를 숙주로 이용하는 벌레이다. 그렇지만 이 기생충이 생긴 갑각류는 번식을 할 수 없게 된다. 북해 어류 군락의 어엿한 일원으로서 유럽 농성어가 출현한 이후에 이 기생충은 네덜란드, 독일, 덴마크 해안에 잇닿은 바덴 해의 갑각류에서 처음으로 나타났다. 이 기생충의 유입이 낳을 생태적 영향이 있다면 어떤 것일지는 아직 알려지지 않았다. 그렇지만 이런 사례는 지구 온난화가 바다 생물에 끼칠 영향을 예측하고자 할 때, 개별 유기체의 온도 반응만을 살피는 것으로는 충분하지 않다는 점을 다시 한 번 일깨워준다. 전 세계에서 과학자들이 지금도 온도와 생태계 기능 간의 상호작용에 대한 이해를 높이는 데 열중하고 있다는 것은 놀라운 일이 아니다.

산성화의 영향을 받는 바다 생명

제5장의 주요 초점은 대기 중 이산화탄소 농도 상승이 바다 표층수의 산성화를 초래한다는 사실이었다. 이것은 비교적 새로운 발견이라 바다 생명에 대한 영향이 아직 명확하지는 않다. 그렇지만 산성화가 바다 생명에 끼칠 수 있는 영향을 간략하게라도 살피고 넘어가지 않으면 안 될 것이다.

제5장에서 이미 얘기했듯이, 바다 산성도가 더 높아지면 탄산칼슘이 녹기 때문에 탄산칼슘을 형성하는 유기체들은 가장 직접적인 영향을 받을 것이다. 탄산칼슘은 해초에서 산호나 작은 유기체에 이르기까지 다양한 바다 유기체 전체에서 생산된다. 그런 작은 유기체들은 비 내리듯이 바다 바닥으로 내려앉아 결국에는 회백질 절벽의 바탕을 형성한다. 그렇지만 이런 유기체들이 모두 다 똑같이 바다의 산성도 변화에 민감하지는 않은 것으로 알려지고 있다.

이는 바다 유기체들이 서로 다른 두 가지 형태의 탄산칼슘을 만들기 때문이다. 하나는 칼사이트calcite이며 다른 하나는 아라고나이트aragonite이다. 이 둘은 결정구조에서만 다르다. 탄산칼슘을 생산하는 유기체의 개별 집단들은 두 가지 중에서 하나만을 만들어낸다. 이 두 가지 형태의 탄산칼슘은 모두 다 산성 조건에서 용해되지만, 아라고나이트가 산성도 변화에 좀 더 민감하다. 그러므로 우리는 아라고나이트를 생산하는 유기체들이 바다 산성도 상승의 영향을 받는 첫 번째 생물이 될 것으로 내다본다. 산호가 아라고나이트를 생산하기에, 산호는 바다 산성화의 정도가 높아지는 데 대해 특히 민감할 것으로 예측된다. 앞의 제5장에서 얘기했듯이, 금세기 후반에 들어서 대기 중 이산화탄소 농도가 막힘없이 계속 상승한다면, 산호의 탄산칼슘 생산을 뒷받침할 만한 화학적 조건을 갖춘 곳은 세계 바다 어디에서도 찾아볼 수 없을 것으로 예견된다.

익족류pteropod도 아라고나이트를 생산하면서 바다 산성화에 매우 취약한 또 다른 집단이다.(익족류는 바닷물에 사는 작디작고 달팽이처럼 생긴 유기체이다.) 이 유기체 집단은 고위도 지방에서 먹이사슬에(즉 북극과 남극의 생태계에) 특히 중요한 동물이다. 예를 들어 남극 근처의 로스 해Ross Sea에서 이 유기체는 매우 풍부한데, 그곳 생태계에서 탄소(유기탄소와 탄산칼슘에 결합된 탄소)를 바닥까지 운반하는 극히 중요한 역할을 한다. 이것은 이들이 먹이사슬에서 핵심 역할을 할 뿐 아니라 표층수의 탄소를 대기와 직접 접촉하지 않는 심해수로 운반하는 데에도 핵심 역할을 한다는 것을 의미한다. 그렇지만 산성도 조건의 변화로 인해, 대기 중 이산화탄소 농도 상승이 늦춰지거나 중단되지 않는다면, 이 유기체들은 앞으로 50년 이내에 로스 해의 생태계에서 사라질 것이라는 우려가 나오고 있다. 다른 한 편으로 칼사이트를 생산하는 유기체들(예컨대 홍합, 바다달팽이, 바닷가재 등)은 바다 산성도의 변화에 비교적 덜 민감하다고 알려져 있다. 물론 그렇다고 해서 이들이 극도의 산성화 사건에서 피해를 받지 않을 것이라는 말은 아니지만.

그렇지만 탄산칼슘의 용해와 그로 인해 생물 다양성에 끼치는 영향이 산성화의 결과로 바다 생물에 닥칠 것으로 예견되는 유일한 영향인 것은 아니다. 예를 들어서 물로 호흡하는 동물(즉 공기보다는 물에서 산소를 얻는 동물)은 물 속의 산소 대비 이산화탄소 비율에 민감하게 반응한다고 알려져 있다. 이산화탄소 농도 상승으로 초래되는 이런 비율의 변화가 바닷물에서 산소를 뽑아 호흡하는 유기체의 능력에 영향을 줄 만큼 중요한 것일지 아닐지는 아직 밝혀지지 않았다. 이런 의문에 대한 답변을 현재 세계 각지의 수많은 과학자들이 찾고 있다.

요약

대부분의 경우에 바다 생명은 우리 눈에 보이지 않는다. 그래서 우리는 대체로 바다 생명에 눈길을 돌리지 않는다. 그렇지만 그것은 땅에 바탕을 둔 우리의 환경을 형성하는 데에도 매우 중요한 구실을 하고 있다. 우리가 바닷속의 자연과 직접 접촉하는 일은 거의 없다. 바로 그 이유 때문에 우리는 인간 활동이 바다의 생물과 생존 조건을 바꾸고 있음을 인식하지 못하는 경향이 있다.

우리가 바다에서 사냥이나 어획을 통해 동물을 수확할 때, 명백하게 이런 행위는 대상 유기체나 우연찮게 혼획된 다른 유기체에 직접적인 영향을 끼친다. 마찬가지로 바다에 유입되는 영양소의 변화, 지구 온난화, 그리고 바다 산성화로 이어지는 대기 중 이산화탄소 농도 상승은 모두 다 오늘날의 바다 생물에 영향을 주며 미래에도 지속적으로 영향을 주는 과정들이다. 그러므로 우리 인간 그리고 인간이 거주하는 지구 행성 사이에 지속가능한 관계를 발전시키고자 한다면, 지구 체계를 보전하는 데 바다 생물이 중요함을 인식하는 일이 절대적으로 중요하며, 또한 바다 생명을 바꾸고 그리하여 바다 생명이 지구 체계에서 행하는 기능까지 바꿀 정도로 인간의 영향이 크다는 사실을 받아들여야 한다.

7 쓰레기 저장소, 바다

지구의 광대한 부분은 물로 덮여 있다. 자그마한 우리 몸집과 지상에서 개인이 점유하는 작은 공간으로 보면, 우리 자신의 활동이 저 거대한 바다의 작용에 어떤 영향을 끼칠 수 있기나 하다는 사실은 언제나 상상하기도 어려워 보인다. 그렇지만 이른바 산업화를 이룬 국가들에서도 바다를 거대한 쓰레기장 정도로 취급해서는 안 된다는 인식은 근래에 와서야 확립되었다. 오늘날 여전히 일부 나라에서는 더 이상 필요 없거나 쓸모없는 것이면 뭐든지 바다에 쉽게 내다버리는 게 일반적이며 또한 대체로 허용된다. 반면에 대부분의 산업 국가들은 바다를 쓰레기 처분장으로 여겨 잡동사니와 산업쓰레기를 직접 버리는 것을 엄격한 규제로 통제하며, 국민 다수도 바다가 일반적인 쓰레기장으로 이용될 수 있다는 인식을 거부한다. 하지만 이런 태도가 등장한 것도 지난 한두 세대만의 일이다.

과거 되돌아보기

바다의 미래 그리고 그것과 우리의 관계를 생각할 때에는 과거를 되돌아보면 어떤 흥미로운 통찰을 얻을 수도 있다. 사회의 역사 발전 과정에서, 인간 활동이 바다에 영향을 끼칠 잠재력은 어떻게 평가를 받게 되었을까? 산업 국가에서 바다와 인간의 관계는 1950~60년대에 점차 공공의 관심을 지니는 문제가 되기 시작했다. 당시는 연해에서 멀리 떨어진 곳에다 독성의 산업쓰레기를 내다버리는 과정이 유해하다는 사실이 명확해지던 때였다. 이것은 부분적으로 바다 기능에 관한 과학적 연구결과를 더 많은 청중에게 보여주었던 생태학자와 환경운동가의 책들(예를 들어 1951년에 출간된 레이첼 카슨의 책 『우리를 둘러싼 바다』*The Sea Around Us*), 그리고 화학쓰레기의 해양 투기가 초래할 재앙적인 영향이 널리 알려진 데 뒤따른 것이었다. 크나큰 대중의 관심을 끌었던 특히나 극단적인 사례는 일본에서 일어난 미나마타 비극이었다. 1950년대와 1960년대에, 도쿄에서 남서쪽으로 900킬로미터 떨어진 곳에 있는 한 산업도시의 연해에 몇 년에 걸쳐 화학 유출물이 흘러들면서 이 도시 사람들이 심각한 질병을 앓게 되었음이 점점 분명해졌다. 뒤이은 분석에서는 1932년과 1968년 사이에 적어도 27톤의 수은 성분이 이 만에 내다버려졌으며 그로 인해 생긴 '미나마타 병'은 사실상 메틸수은 중독이었음이 밝혀졌다.

이미 1970년대 초 무렵에 화학 물질의 해양 투기를 규제할 필요성이 일반적으로 받아들여졌다. 1972년 런던에서는 '쓰레기와 기타 물질의 투기에 의한 해양오염 방지 협약' London Convention on the Prevention of Marine Pollution by Dumping of Wastes and Other Matter 회의가 열렸다. 오늘날 81개국이 이 협정에 서명해, 협정은 서명국에 법적 구속력을 지니게 되었다. 런던협약은 1996년에 개정되어 현대화했으며, 의정서 개정안이 채택되었다. 지금까지 새로운 의정서는 28개국에서만 비준됐지만, 결국에는 애초 런던 회의에서 나온 협정을 대체할 것으로 전망된다. 처음 런던 회의가 열리던 때에도, 바다 물고기 떼의 할당과 보전이라는 목적을 지닌 어획 할당제도fishing quota에 관해서는 일부 논란이 일었다. 그렇지만 공유와 보호라는 두 문제를 빼면, 인간 활동이 바다와 그 기능에 대해 잠재적 영향을 끼칠 수도 있다는 우려는 거의 없었다.

이는 지금 생각하면 조금 놀라운 일이다. 왜냐하면 당시에도 이미 하수 체계와 농업으로 인한 과잉 영양소 공급이 민물 호수의 닫힌 체계에 부영양화의 형태로 부정적 영향을 끼친다는 것은 잘 알려져 있었기 때문이었다(제5장 참조). 그렇지만 대체로 과학계에서는 인간 활동으로 유입된 추가적인 영양소를 효과적으로 희석할 정도로 바다는 충분히 크다는 인식이 널리 퍼져 있었던 것도 사실이었다. 십여 년 뒤인 1980년대가 되어서야, 민물 체계에서 그러하듯이 영양소 이용도의 증가로 인해 바다 체계도 해조류 번성이나 저층수의 산소 결핍, 생물 다양성 변화 등을 겪을 수 있다는 폭넓은 인식이 과학계 안에서 등장했다. 이 시기에 바다에 대한 이해가 증진했으며,

인간 활동이 만 지역과 해안 부근의 전 지역에 여파를 끼칠 수 있으며, 또한 그 효과는 유독 쓰레기의 해양 투기로 인해 직접 영향을 받는 바다 지역에만 나타나는 게 아니라는 사실이 알려지게 되었다. 1990년대에는 어획 활동이 끼치는 잠재적인 생태계 영향(즉 어획 대상이 아닌 생물종과 물리적인 환경에 끼치는 영향. 제6장 참조)에 관심이 쏠렸다.

새로운 천 년을 맞이하던 무렵에, 적어도 과학계 안에서는 인간 활동이 해안의 바다 상태와 기능에 거대 규모로 영향을 끼칠 수 있다는 데 동의가 이뤄졌으며, 2000년 이후에 과학자들은 이것이 해안 지역뿐 아니라 전반적으로 지구 차원의 바다에 영향을 준다는 사실을 점점 더 많이 인식하게 되었다. 대기 중 이산화탄소 농도 증가는 바다의 산성화를 일으키며 바다 동물과 식물의 생존 조건을 바꾸어놓는다. 또한 생물 다양성에도 영향을 끼치며, 다시 이것은 지구 체계에서 일어나는 지구적 원소 순환에서 바다가 하는 역할에도 영향을 끼칠 수 있다(제5장 참조). 불과 40년의 시기에 우리는 인간 활동이 저 거대한 바다에 영향을 끼칠 수는 없으리라는 확신에서 벗어나 우리 행위들이 실제로 바다에 지구 차원의 영향을 가할 수 있고 가하고 있다는 과학적 이해에 도달해 왔다.

미래의 바다에 대한 희망?

인간이 바다에 해를 끼칠 수 있다는 폭넓은 인식은 이렇게 진화해 왔지만, 이런 진화의 방식은 바다의 미래에 희망을 품게 하는 어떤 흐름을 보여준다. 먼저 우리는 생물 다양성과 바다의 기능에 끼치는 우리의 영향을 비교적 단기간에 이해하기에 이르렀다. 단지 두 세대 만에 과학자들은 인간의 영향을 부정하는 데에서 벗어나 우리가 지구 체계의 이 중요한 구성요소에 악영향을 끼친다는 것을 이해하는 단계에 접어들었다. 두 번째로 얘기해 주는 바는 전반적인 인구가 바다 오염의 잠재적 영향을 인식하기 시작할 때부터 유독 쓰레기 투기를 제한하는 국제적인 규제가 마침내 비준되기까지 걸린 시간도 비교적 짧았다는 점이다.

이것은 바다에 대한 인간의 개입을 통제하는 법률적인 틀을 세워야 할 때 일반 대중의 압력이 얼마나 중요한지 잘 보여준다. 또한 이것은 이 책에서 인간이 배출한 쓰레기로 인한 바다 오염에 관심을 기울이기에 앞서서 바다와 바다 생물에 대한 인간 유래의 영향을 먼저 다루기로 했는지 그 이유를 설명해준다. 오염의 문제는 이미 인식되는 문제인지라, 바다가 오염될 때 인간과 바다의 관계를 다스리는 전반적인 규제가 적절하게 마련되어 있다. 그렇지만 우리 자신과 바다의 지속가능한 관계를 발전시키려면 단지 오염뿐만이 아니라 그 밖의 다른 일련의 인간 활동도 바다와 그 기능에 영향을 준다는 점을 사회 전체가 인식할 필요가 있다. 물론 그렇다고 해서 쓰레기 투기가 이제는 더 이상 현재 바다의 지구적 상황과 관련되는 대표적인 문제가 아니라는 뜻은 아니다.

앞에서 설명했듯이 유독 쓰레기를 바다에 그대로 내다버리는 일은 대부분 엄격히 통제를 받으며, 단지 많이 희석된 형태로만 허용된다. 그렇다 해도 바다에 유독 화학물질을 버리는 것을 우려하는 데에는 여전히 정당한 이유가 있다. 그것들은 바다에 사는 유기체는 물론이고 이런 유기체를 잡아서 먹는 인간들에게도 잠재적 위협이 된다. 해양 투기를 제한하는 법적 틀이 있다 해도, 인간 활동을 통해 바다 환경에 유입되는 화학물질이 끼칠 수 있는 영향을 우리는 여전히 걱정한다. 이런 걱정이 여전한 것은 화학물질의 지속적인 직접 투기 때문이기도 하지만, 화학물질이 이전에 생각했던 것보다 훨씬 더 낮은 농도로도 생물학적 영향을 끼칠 수 있다는 사실이 점점 더 많이 받아들여지기 때문이다. 게다가 화학물질이 한정된 공급원이 아니라 널리 퍼진 공급원(예를 들어 대기)을 통해서 바다로 유입된다는 점도 그런 걱정과 관련이 있다. 공급원이 한정돼 있다면 통제하기가 상대적으로 쉽지만 널리 퍼져 있으면 그렇지 않다. 여기에서 이제 잠시 20세기 초에 바다에 유입되어 엄청난 우려를 불러 일으켰던 화학물질을 살펴보자.

수은

수은 오염과 관련한 문제가 미나마타 참사 이후에 이미 널리 알려졌지만, 최근 몇 년 새 물고기의 수은 오염과 관련한 잠재적 건강 위험은 다시 주목의 대상이 됐다. 바다에 수은을 직접 버리는 것은 대부분 나라에서 금지 대상이다. 그렇더라도 일정량의 수은은 여전히 육지에서 바다로 흘러든다. 이와 함께 대기 중 수은 농도는 지난 150년 동안에 두세 배 증가했다고 여겨지고 있다. 이런 수은 중 많은 부분이 마지막에는 바다 물고기에, 특히 기름진 살점을 지닌 긴 수명의 물고기 종에 축적된다. 물고기에 쌓이는 수은 농도는 아주 낮고 그래서 물고기를 먹어서 생기는 잠재적인 수은 노출은 미나마타 주민들이 겪었던 노출 수준보다는 매우 낮지만, 최근 몇 년 사이에는 아주 낮은 수은 노출조차도 예컨대 태아 신경계에 해를 끼칠 수 있음을 보여주는 눈길 끄는 증거도 많아지고 있다.

섬 주민에 대한 연구들(예를 들어 페로스 제도에서는 많은 양의 기름진 고래 고기와 지방 부위가 소비된다)에서는 수개월 간의 수은 노출과 자녀의 지능IQ 사이에 연관성이 있는 것으로 나타나고 있다. 어머니의 몸에서 수은이 많이 검출될수록 자녀의 지능은 더 낮았다. 미국 연방 식품의약청FDA을 비롯해 여러 기관들은 이런 연구결과에 바탕을 두어 임신한 여자나 임신 연령의 여자들한테는 기름진 생선의 섭취를 금하라고 권고한다.

그렇지만 기름진 생선의 섭취를 금하는 것 자체가 또 다른 건강 문제로 이어진다. 일부 과학자들은 수은 노출이 태아 신경계나 뇌의 발달에 해를 끼칠 수 있다는 사실을 발견했지만, 이와 동시에 다른 과학자들은 특히 기름진 살점을 지닌 생선에 함유된 일부 지방산이 태아 뇌의 건강한 발달에 매우 중요하다는 사실을 인정하고 있다. 어떤 연구들은 어머니의 수은 노출과 자녀의 지능 저하 사이에 상관성이 있음을 보여주는 반면에 또 다른 연구들은 기름진 생선의 지방산을 산모가 섭취하면 자녀의 시력이 좋아진다는 긍정적인 상관성을 보여준다.

이 때문에 우리에게는 딜레마가 생긴다. 기름진 생선을 먹으면 수은 오염 때문에 뇌 발달이 잠재적으로 저해될 수도 있으나, 기름진 생선의 지방산이 바로 그 뇌 발달에 필수적이기에 기름진 생선을 먹지 않으면 잠재적으로 비슷하게 해로운 효과를 낳을 수 있다는 것이다. 인간의 음식에서 차지하는 생선과 조개류의 가치를 더 잘 이해하고 임신 기간에 기름진 생선을 먹거나 먹지 않을 때 태아의 뇌 발달에 끼치는 영향이 어떠한지 확실하게 규명하기 위해서는 더 많은 연구가 이뤄져야 한다.

그렇지만 수은은 반세기 넘게 관심의 초점이 되었던 바다 오염물질 가운데 하나의 사례이다. 수은 오염은 이 시기에 극적으로 줄어들었다. 그렇더라도 수은 농도는 여전히 상당한 우려를 자아내는 문제이다. 예전에는 안전하다고 여겼던 농도도 지금은 사실상 유해하다고 인식되고 있기 때문이다. 다시 한 번 우리는 수은의 사례에서 지구 체계의 모든 것이 서로 연계되어 있으며 인간은 거기에서 중요한 일원임을 보게 된다. 수은의 해양 투기가 수십 년 지나서 태아의 지능에 잠재적 해를 끼치리라고, 50년 전이라면 그 누가 상상이나 할 수 있었겠는가?

잔류성 유기 오염물질

런던협약이 입안된 이래, 잔류성 유기 오염물질persistent organic pollutants에 관해서는 상당히 많은 지식이 쌓였다. 이것은 큰 그룹을 이루는 화합물로서, 아주 오랜 기간에 걸쳐 환경에 잔류하고(분해되기 어렵기 때문이다), 생체 축적이 이뤄지며(즉, 먹이사슬의 단계가 높아질수록 그 농도도 높아진다), 공기나 물에 실려 멀리까지 운반될 수 있고 인간 건강 그리고/또는 환경에 위험을 가할 수 있는 것으로 여겨지고 있다. 이런 화합물 중 일부는 발암 물질이나 내분비 교란물질(자연 호르몬의 기능을 흉내 내며, 자연 호르몬의 순환이나 호르몬으로 조절되는 과정을 방해한다)인 것으로 여겨진다. 잔류성 유기 오염물질로는 DDT 같은 살충제와 폴리염화비페닐PCBs, 다이옥신 등이 있다. 이제 이런 화학물질 그룹은 크나큰 관심의 초점이 되어 2001년에 이런 화학물질을 다루는 새로운 협약이 도출되었다. 잔류성 유기 오염물질에 관한 스톡홀름 협약이 그것이다. 2004년 이 협정에 50개국이 서명하고 비준했으며, 이를 통해 이 나라들은 협정에 설정된 목표를 좇아 잔류성 유기 오염물질의 방출을 감축하거나 중단하겠다고 스스로 약속했다.

이 화합물이 분해되기 어렵고 먹이사슬의 위쪽으로 갈수록 누적된다는 사실은 먹이사슬의 최상층에 있는 유기체(몸집 큰 육식 동물)들이 종종 이런 화학물질을 놀라울 만큼 높은 수준으로 체내에 지니고 있음을 의미한다. 이런 화학물질이 먹이사슬의 최상층에 있는 동물한테 해를 끼칠 수 있다는 최초의 분명한 징후는 몸집 큰 여러 육식 조류(독수리나 말똥가리뿐 아니라 많은 바닷새들)의 개체군 규모가 줄어든 사실에서 볼 수 있다. 감소 현상은 지난 세기의 중반에 여러 다른 지역에서 얻은 기록들에서 찾아볼 수 있다. 이런 감소는 번식 실패 때문에 생기는데, 새 알의 껍질이 너무 얇아져서 알 속의 배아가 생존하지 못한 것으로 나타났다. 알 껍질이 얇아진 원인은 어미새의 체내에 있는 고농도의 DDT였다. 오늘날 DDT는 여러 나라에서 금지돼 있으며, 최근 수십 년 동안에 DDT의 환경농도는 눈에 띄게 감소했다.(완전히 사라진 것은 아니다.) 이에 따라 그 영향을 받았던 조류 개체군의 대부분도 눈에 띄게 회복했다.

인간이 바다에 끼칠 영향을 생각할 때 인간과 바다의 상호작용 역사에 나타난 이런 성공 스토리를 기억해 두는 것은 좋은 일이다. 인간 행동이 환경에 위험을 일으킬 수 있다는 인식이 생겨났으며, 그런 상황을 치유하기 위한 법률들이 통과되고, 그 덕분에 새의 개체군이 회복되었다. 그렇지만 여기에서 가장 중요한 대목은 우리 사회가 적절한 시기를 놓치지 않고서 대응했다는 점이다. 만일 과학자들이 조류 개체군 감소의 원인을 찾아내지 못했거나 우리 사회가 더 늦게 대응했다면, 아마도 이런 조류 개체군은 다 사라지고 말았을 것이다. 그렇게 되면 체제 변동(제6장 참조)이 초래되었을 것이고, 먹이사슬 최상층에 육식 조류가 있는 생태계는 이런 조류가 없는 다른 생태계로 바뀌었을 것이다.

DDT 이야기에서 우리는 두 가지 소중한 교훈을 얻을 수 있다. 먼저 하나의 계(그 차원이 생태계이건 해양 체계이건 또는 지구 체계이건)가 어떻게 작동하는지, 즉 그 계 내부의 상호작용과 연계성을 이해하는 일은 중요하다. 바다 안의 상호작용과 상호연계를 이해하기 위해서는 여전히 엄청난 연구 활동들이 필요하다. 둘째, DDT 사례는 어떤 체계가 새로운 상태로 변화할 정도로(즉 체제 변동이 일어날 정도로) 인간 활동이 체계에 영향을 줄 수 있는 잠재력을 분명하게 보여준다. 그리고 지구 체계 또는 그 내부의 다른 구성요소들과 인간의 상호작용을 관리하면서 인간 행위가 그런 체제 변동을 일으키기 전에 대응하는 일이 중요하다는 점을 잘 보여준다.

오늘날 DDT는 바다의 대부분 지역에서 더 이상 주요한 우려 사항이 아니다. 그렇지만 DDT 농도가 감소하고 있을 때에도 다른 잔류성 유기 오염물질POPs의 수준은 증가하고 있었다. 본질적으로 이것은 화학과 플라스틱 산업 분야가 발달한 데 따른 것이다. DDT와 비슷하게 이런 화학물질도 지방 조직에 축적된다. 이는 지방 함량이 높은 동물들이 종종 체내에 이런 화학물질을 매우 높은 수준으로 지닌다는 것을 의미한다. 일부 지역에서는 DDT와 육식 조류의 경우와 똑같이 먹이사슬의 최상층에 있는 일부 동물의 번식 능력이 감소한다는 징후들도 있다. 북극곰과 바다 포유동물은 이런 잔류성 유기 화학물질(특히 폴리염화비페닐)에 노출돼 해를 입었을 수도 있다. 이 화학물질은 특히 발트 해처럼 바닷물의 교환이 제한되는 어느 정도 폐쇄된 연해에 사는 기름진 물고기에 축적된다. 그러므로 우리 식탁에 오르는 생선에서 발견되는 오염물질은 수은만이 아니라 잔류성 유기 오염물질도 있다.

잔류성 유기 오염물질의 또 다른 그룹으로는 요즘 세상의 주목을 받고 있는 다이옥신(폴리염화 유기화합물)이 있다. 다이옥신은 여러 경로를 통해 환경으로 들어온다. 쓰레기 소각로, 디젤 엔진, 금속 제련, 그리고 야외로 확산되는 육상의 하수 침전물 등이 그런 경로이다. 가공 목재를 태울 때 나오는 연기와 담배 연기에는 모두 다 다이옥신이 섞여 있다. 따라서 다이옥신은 도처에 있으며 그 일부는 암을 일으키기 때문에 사람의 건강에 매우 해로운 것으로 알려져 있다.

대다수 사람들은 주로 음식 소비를 통해 다이옥신에 노출된다. 다이옥신은 사실상 모든 곳에서 생기므로 땅과 바다에 사는 야생동물의 체내 다이옥신 농도는 상대적으로 높다. 요즘에는 특히 발트 해처럼 폐쇄된 바다에서 잡힌 생선의 다이옥신 함량에 상당히 많은 관심이 쏠리고 있다. 이곳에서 스웨덴과 핀란드 어부한테는 유럽연합의 다른 지역보다 더 많은 다이옥신 함량을 지닌 발트 해의 물고기를 잡아 올리는 게 허용되는 예외도 인정돼 왔다. 하지만 그렇게 잡은 물고기는 자국 안에서만 소비해야 한다.

이와 비슷하게 최근에는 발트 해의 연어를 대상으로 한 특별한 규정이 도입되었다. 연어의 경우에 가장 어린(가장 작은) 것들을 소비용으로 잡아 올리는 게 허용된다. 이와 관련해서는 생체 축적 과정 때문에 다이옥신과 다른 잔류성 유기 오염물질의 농도가 어린 물고기보다는 성장한 큰 물고기에서 더 높게 나타난다는 주장이 있다. 다이옥신은 또한 주로 생선가루를 먹고 자라는 양식어에서도 문제가 된다(특히 연어처럼 기름진 물고기의 경우에). 야생 물고기로 만드는 어분에서 다이옥신 농도는 상대적으로 높기 때문에 다이옥신은 다시 양식어에 축적된다. 그러므로 생선은 인간의 식생활에서 다이옥신의 주된 경로가 될 수 있다.

바다달팽이의 임포섹스

잔류성 유기 오염물질이 내분비 교란을 일으키는 것으로 여겨진다는 얘기를 앞에서 했다. 이는 다시 말해 이런 오염물질이 동물 체내에서 호르몬으로 조절되는 생체 과정을 방해한다는 것이다. 바다에는 호르몬 조절 과정을 교란할 수 있는 화학물질이 더 있다. 그 중에서 가장 중요한 것이 아마도 트리부틸린TBT일 텐데, 그것은 한동안 선체에 사용되는 오염방지용 페인트의 표준 성분이었다.

1980년대에 북해의 상태에 관한 장관 보고서를 준비하는 동안에 바다달팽이의 이상 분포가 관측되었다. 많은 암컷 달팽이의 생식 체계가 기형임이 발견되었다. 후속의 심층 분석에서는 이런 암컷 달팽이들에서 사실상 수컷 성기가 발달하고 있었으며, 극단적인 경우에는 이런 생식기관의 기형 때문에 달팽이들은 불임 상태에 이르렀다는 사실이 드러났다. 이런 현상은 '임포섹스'imposex라고 알려졌으며 지금은 이것이 TBT 노출로 인해 일어난다고 알려져 있다. 임포섹스 달팽이는 현재 세계 바다의 각지에서, 특히 항구나 아주 번잡한 해운 항로에서 발견된다.

TBT의 환경 영향이 인식되면서 유럽을 비롯해 일부 지역에서는 작은 선박의 TBT 사용을 금지하는 법률이 시행되고 있다. 대형 선박에서는 여전히 TBT가 함유된 페인트를 사용하는 게 허용된다. 그렇지만 현재 이런 페인트는 퇴출되는 중이며 수중의 오염방지용 페인트에 쓰는 TBT의 적절한 대체물을 찾으려는 연구도 계속 진행되고 있다.

TBT 이야기는 그것이 바다 체계에서 일어나는 예기치 못한 상호작용을 다시 한 번 보여준다는 점에서, 그리고 그것이 바다와 인간의 상호작용에 대한 규제의 딜레마를 드러내어 준다는 점에서 관심을 끈다. 수십 년 전에 해운업은 부력 조정용으로 배 밑바닥에 싣고 다니는 다량의 오염된 물을 항구의 바다에 내다버려 크게 비판을 받았다.(화물을 싣지 않은 화물선은 항해할 때에 선박의 안정성을 높이기 위해서 매우 많은 양의 부력 조정용 선박평형수를 싣고 다닌다. 화물이 선적되자마자 이 물은 다시 바다에 버려진다.) 바다에 화학물질을 내다버리는 것을 금하는 법률이 채택된 뒤에, 이런 해양 투기는 더 이상 가능하지 않게 되었다. 오늘날에 선박평형수에는 기본적으로 독성물질이 없다. 그렇지만 이는 새로운 문제를 낳았다.

이제 선박평형수는 너무 깨끗해져서 선박평형수에 섞여 들어온 유기체들은 물탱크 안에서 생존할 수 있어서 이 유기체들은 전에 알지 못했던 새로운 생태계에 선박평형수와 함께 방출될 때에도 여전히 살아 있다. 이렇게 새롭게 유입되는 생물종의 대부분은 새로운 생태계에 들어가 죽음을 맞이하지만 때때로 대체종 또는 외래종으로서 살아남는다. 종종 이런 종은 자신이 맞이하는 새로운 생태계에서 자연의 포식자를 만나지 않는다. 이는 이 종들이 새로운 생태계에서 우세한 지위를 얻고 그 생태계의 구조 그리고/또는 기능을 바꿀 수도 있음을 의미한다.

선박평형수를 통해서 새롭게 유입되어 재앙적인 결과를 초래하는 외래종의 사례는 헤아릴 수 없을 정도로 많다. 그중에는 미국 오대호Great Lakes에 유입된 얼룩말홍합zebra mussel이나 북해에 유입된 작은 빗해파리Mnemiopsis의 사례들이 있다. 얼룩말홍합은 본질적으로 아무 표면 위에서나 잘 자라, 파이프를 막거나 수중 구조물의 무게를 크게 증가시키기 때문에 시설물의 구조 견실성에 해를 끼치게 된다. 오대호에서 이 종에 맞서기 위해 쓴 재정적 비용은 엄청나다. 빗해파리는 북해에 유입된 이후에 다른 모든 종들보다 월등하게 우세한 지위를 차지해, 몇 년 동안 현지 어업계는 속수무책으로 손을 놓아야 했다.

이런저런 사례들은 선박을 통한 외래종의 잠재적 유입과 관련한 위험을 잘 보여주기에, 어업계는 선박평형수와 관련한 위험을 최소로 줄이기 위해 노력하고 있다. 그렇지만 이는 쉬운 일이 아니다. 살아 있는 유기체를 죽이려고 선박평형수에다 화학물질을 넣는 방법은 생각할 가치조차 없는 게 자명하다. 선박평형수를 바다에 내다 버릴 때에 독성의 화학물질도 함께 환경에 방출되기 때문이다. 가열 방법도 대체로 실행 불가능하다. 어찌됐건 가열 방법은 산업계가 이산화탄소 배출을 줄이라는 요청을 받고 있는 이때에 연료 사용량을 늘리고 그리하여 이산화탄소 배출도 늘릴 것이다. 선박평형수의 운항 도중 교환 방법(이렇게 하면 해안의 바닷물/생물종은 공해상에 방출되고 공해의 바닷물/생물종은 해안의 바다에 방출된다)은 외래종이 새로운 생태 환경에 토착화하는 위험을 줄이는 메커니즘이 될 수 있다. 그러나 이산화탄소 배출 증가, 추가 비용, 그리고 어떤 경우에는 안전성에 관한 문제가 공해상에서 선박평형수를 교환하는 방식에서 생길 수 있다. 그러므로 선박평형수에 담긴 외래종의 유입 위험에는 아직 해법이 없다. 그러나 이를 TBT 문제의 관점에서 고려하는 것은 중요하다.

우리는 선박평형수를 통한 외래종의 유입을 막아주도록 해운업계에 요구하고 있다. 그러나 TBT가 함유된 효과적인 오염방지용 페인트의 사용을 금지하다 보니 선체 밑바닥에 실린 외래종이 살아 있는 상태로 운반되는 위험은 늘어나고 있다. 이와 동시에 효과가 떨어지는 오염방지용 페인트를 쓸 때 선박의 밑바닥에서 생기는 추가 오염은 선박이 운항할 때 생기는 저항을 증가시켜 연료 소비와 이산화탄소 배출을 늘리게 된다. 여기에서 얻을 교훈은 인간과 바다의 상호작용은 거의 모두 다 갖가지 차원에서 작동한다는 점이다. 만일에 우리가 해운업과 바다의 상호작용과 관련해 여기에서 논의한 갖가지 문제들 각각에 대처하고자 시도한다면, 여러 조처의 과정은 결국에 서로 상충하는 결과로 이어질 수 있다. 우리 사회가 미래의 바다와 지속가능한 관계를 이루고자 한다면 우리는 우리가 행하는 상호작용의 모든 잠재적 결과를 고려해야 한다. 먼저 이런 모든 상호작용들이 규명되면, 환경에 대한 비용을 포함하는 비용-편익 분석cost-benefit analysis을 도출하는 일도 가능해질 것이다. 그래야 인간이 생태계에 끼치는 순 효과를 최소화하는 최선의 조처 과정을 결정하는 데에도 도움을 얻을 수 있다. 그렇지만 우리는 바다에 대한 이런 유형의 상호작용조차도 늘 환경에 영향을 초래할 수 있음을 명심해야 한다.

모든 유형의 기름이 다 똑같지는 않다

원유 누출에 의한 바다 오염은 언제나 훌륭한 머릿기사 감이며, 따라서 일반 대중 사이에서 상당한 관심을 끌어모은다. 이런 사고는 많은 경우에 누출된 원유가 물보다 가벼워 바다 표면에 쌓이기 때문에 일어난다. 조류나 바다 표층에 사는 다른 동물들은 기름 막을 뒤집어쓰고 고통을 받으며 죽기까지 한다. 기름 덮인 바다의 영상이나 죽거나 죽어가는 동물의 영상은 대중의 눈에 도드라지는 장면이기도 하다.

원유의 바다 누출과 관련한 사건은 세상을 떠들썩하게 하며 크나큰 걱정거리를 던져준다. 그렇지만 흥미롭게도 바다에서는 거대 규모의 기름 누출이면서도 세상에는 이보다 덜 알려진 사건들도 일어난다. 적어도 차가운 바다에서는 바다의 표면에 층을 형성하지 않는 대신에 바닷물의 수직분포에서 더 아래쪽에 축적되는 그런 기름의 유형도 있기 때문이다. 이런 유형의 기름 누출은 평시처럼 바다를 바라보는 사람들한테나 기름 누출을 감시하는 데 쓰이는 전통적인 방법으로도 눈에 띄지 않는다. 사실상 이런 유형의 기름 누출을 보여주는 유일한 징후 중 하나는 물속으로 다이빙하는 새들이(오로지 다이빙하는 새들만이) 기름을 뒤집어쓴 채 나타나는 일이다.

그렇다 해도 바다 표면에서 눈에 띄는 기름띠 덕분에 대부분의 사람들은 해상 사고로 야기되는 기름 누출이 바다에서 가장 심각한 오염 문젯거리 중 하나라고 여긴다. 그렇지만 기름 탱크에서 나오는 거대한 기름 누출은 해마다 세계 바다에 흘러드는 기름 중 대략 5퍼센트에 불과하다. 바다 바닥에서 새어나오는 자연적인 기름 누출은 대략 10퍼센트를 차지하며, 그 밖의 나머지는 인간 활동 때문에 생긴다. 단연 최대의 양은 땅에서 바다로 흘러드는 하수와 빗물에서 비롯한다.(즉 강을 통해 바다로 운반된다.) 당연히 그 상당량은 자동차 이용과 오일 교환 뒤에 버려야 하는 폐유와 관련이 있다. 실제로 대략 500만 명이 사는 미국 도시에서 바다로 흘러드는 연간 기름의 양은 거대한 기름 탱크의 누출 사고 때의 양과 거의 같다.

강을 거쳐 바다로 운반되는 기름의 대부분은 바다에 도달해 표면에 떠 있는 게 아니다. 그래서 이런 기름 유입의 결과는 거대한 기름 탱크가 파손될 때처럼 아주 분명하게 드러나지는 않는다. 그러나 이런 유형의 기름 오염이 눈에 보이지 않는다고 해서, 거기에 기름이 없다거나 바다 유기체에 영향을 끼치지 않는다는 뜻은 아니다! 바다의 기름 오염은 많은 이유 때문에 걱정거리이지만 그 중에서도 가장 중요한 이유는 아마도 기름에 다환 방향족 탄화수소PAH가 함유돼 있다는 점일 것이다. 이것들은 극히 심각한 건강 문제를 일으킬 수 있는 (그리고 함유량이 높으면 생명을 앗아갈 수 있는) 고도의 유해 화합물 그룹에 속해 있다. 게다가 일부는 암을 일으키며 일부는 내분비 교란물질로 작용한다.

그러나 이런 유형의 오염에 관해 어느 정도 좋은 소식도 있다. 잔류성 유기 오염물질과 비교할 때에, PAH는 적어도 특정한 바다 조건에서는 상대적으로 쉽게 분해될 수 있다. 한편으로 이 화합물은 햇빛에 의해 분해되며, 다른 한편으로는 PAH와 다른 기름의 구성 성분들을 분해하는 데 특별한 능력을 갖춘 수많은 박테리아들도 있다. 그러므로 바다 체계에는 기름 오염에 대응하는 일정한 회복 능력이 있다고 볼 수 있다. 그렇더라도 기름과 그 성분들이 모든 바다에서 똑같이 잘 분해되는 것은 아니라는 점에 유의해야 한다. 온도, 염도와 산소 함량은 모두 다 기름 분해 속도에 영향을 주는 요인들이다. 분해는 특히 차가운 바닷물에서 느려진다. 이는 바다의 일부 지역이 다른 지역들에 비해 기름 때문에 더 큰 고통을 받고 있음을 의미한다.

바다 체계가 기름 오염에서 벗어나는 회복력을 어느 정도 지닐 수 있음을 안다고 해서, 이런 지식을 바다에 기름을 흘려보내는 인간의 활동을 제한하지 않는 핑곗거리로 잘못 이용해서는 안 된다. 바다 생태계에 복원력이 있다 해도 기름 오염은 바다 유기체에 심각하고도 예민한 영향을 끼치고 있다.

바다에는 시간이 흐르면 기름 오염에서 회복하는 분명한 능력이 있다는 점을 생각한다면, 대부분 사람들이 바다에 가하는 인간의 상호작용 중에서 가장 심각한 위협의 하나로 기름 누출 사고를 주저하지 않고 꼽는 것은 흥미로운 일이다. 기름 누출이 매우 두드러지게 눈에 들어오는 사고이니 그럴 만하다. 그러나 실제로는 해상 사고 때문에 빚어지는 기름 누출은 다른 경로를 거쳐서 바다로 흘러드는 기름의 양과 비교할 때에는 그다지 중요하지 않을 정도이다. 게다가 기름 오염은 바다 유기체들이 직면한 화학물질 오염 중에서 가장 위협적인 것이라고도 말할 수 없을 것이다. 인간이 만든 잔류성 유기 오염물질 같은 화학물질 오염과는 대조적으로 기름 오염은 해저에서 새어나오는 기름에 의해서도 자연적으로 일어난다. 그러므로 기나긴 시간을 거쳐 기름과 그 성분들을 분해할 수 있는 유기체들이 진화해 왔다. 따라서 바다에는 기름의 유입에서 벗어나 생태계를 회복할 수 있게 도와주는 자연적 과정들도 존재한다. 재빠르게 작동하지 않는다 해도 그 메커니즘들이 존재한다는 것은 사실이다. 그러나 인간이 만든 화학적 오염물질에 대해서는 이러한 자연적 분해 메커니즘이 구축되어 있지는 못하다. 그러므로 바다 오염은 예를 들어 잔류성 유기 오염물질처럼 비교적 눈에 덜 띄는 형태로 생기더라도, 긴 기간으로 볼 때에 그것은 지금 우리가 텔레비전에서 보는 엄청난 광경의 기름 누출 사고보다도 더 위협적인 바다 오염이 될 것이다.

바다가 떠안는 다른 부담들

바다에 버려지는 인간의 쓰레기가 모두 다 화학물질의 형태를 띠는 것은 아니다. 얼마나 많은 고체 파편들이 바다에 버려지는지는 아무도 모르더라도 누구나 어느 해변을 잠시 걸어보면 그런 쓰레기 버리기가 일반적이라는 사실은 금세 알 수 있다. 2002년 전 세계의 해변들에서 수집한 고체 파편 쓰레기는 370만 킬로그램을 넘어섰다고 한다. 이 조사로 볼 때에 바다로 들어가는 파편 쓰레기의 80퍼센트 가량은 육지 기반의 경로에서 생기며, 나머지 20퍼센트는 선박이나 앞바다에 설치된 석유개발대에서 나오는 것으로 추산된다.

바다 쓰레기로 인해 생기는 문제들 중 하나는 바다 유기체들이 쓰레기에 걸려들어 잡힐 수 있다는 점이다. 또한 몸집 큰 동물은 쓰레기 파편을 집어삼킬 수 있다. 바다거북은 종종 플라스틱 가방을 해파리로 착각해 먹는 것으로 보인다. 네덜란드에서 이뤄진 어느 연구를 보면 바닷새 표본의 90퍼센트에서 풍선 조각이나 라이터, 심지어 골프공 같은 플라스틱 조각들이 나왔다. 어떤 지역에서는 '유령 어획'ghost fishing(유실된 어획 장비가 계속 바다 동물을 잡는다는 의미)이 바다 포유동물들한테 크나큰 위협이 된다.

쓰레기와 관련한 또 다른 문제는 최근에야 알려졌다. 수십 년 동안 바다에 축적되고 있는 플라스틱 조각들이 작디작은 입자로 분해되고 있으며, 그 입자들은 바다에 떠다니거나 퇴적층으로 비처럼 내려 가라앉는다는 점이다. 오늘날 세계 어느 지역의 모래사장 해변에서 무작위로 표본을 채집하더라도 거기에는 플라스틱 입자들이 들어 있을 것이다. 바다 생물들이 이런 입자들을 먹는다. 훨씬 더 걱정스러운 일은 잔류성 유기 오염물질(DDT와 PCBs)이 이런 입자들 표면에 쌓인다는 사실이다. 측정 자료를 보면, 이런 입자에 붙은 잔류성 유기 오염물질의 농도는 바닷물 속에 있을 때보다 무려 100만 배나 더 높아질 수 있는 것으로 나타난다. 그토록 고도로 오염된 입자를 생물들이 먹고 있다는 사실은 이런 오염물질이 먹이사슬 안으로 들어갈 수 있다는 점에서 매우 우려스러운 상황임이 확실하다. 그러므로 바다 쓰레기는 단지 눈에 거슬리는 문제일 뿐 아니라 바다의 유기체한테 심각한 영향을 끼쳐, 결국에는 우리가 바다에서 수확하는 먹이를 오염시킬 수 있다.

소음은 우리 인간이 바다에 유입시키는 또 다른 폐기물이지만 거의 인식되지 못하고 있다. 소음은 예를 들어 선박 프로펠러, 해저의 지진 탐사, 그리고 수심을 재고 물고기 떼의 위치를 찾기 위한 음파의 사용(음향 측심기)에서 생겨난다. '소음 공해'의 최대 범위는 알려져 있지 않다. 마찬가지로 소음이 살아 있는 유기체에 끼치는 영향은 수치로 나타내지 못하고 있다. 소음 공해는 특히 바다 포유동물에 적용되는데, 여러 포유동물은 음파를 쏘아 먹이를 찾거나 같은 무리와 의사소통을 한다. 어떤 경우에는 바다에서 인간이 만드는 음파가 바다 포유동물들끼리 주고받는 의사소통을 잠재울 수 있는 바로 그런 주파수와 음량을 지닌다는 사실이 입증되어 왔다. 소음을 통한 인간과 바다의 상호작용이 바다의 전반적인 기능에 중요한 영향을 끼치는지 아닌지는 아직 알려져 있지 않다. 그러나 지금은 이 문제가 활발한 연구 대상이 되고 있다.

요약

따로 떼어놓고 생각하면 개개인의 활동들이 저 거대한 바다에 영향을 끼칠 것처럼 보이지는 않겠지만, 모든 인간 활동의 총합을 고려한다면 상황은 완전히 달라진다. 인간 활동의 총합은 세계 바다의 상태에 영향을 줄 수 있고 실제로 주고 있다. 이것이 바로 이 책에서 전하고자 하는 주요한 이야기 중 하나이다. 우리는 이런 이야기가 어획 활동에서나 원소 순환 변화에서나 모두 다 해당한다는 점을 바로 앞 장에서 보았다. 이 장에서는 바다를 지구적인 쓰레기 저장소로 사용하면서 바다에 지구적인 영향이 초래된다는 점, 그리고 이런 쓰레기의 대부분이 육지에서 연안의 대륙붕바다shelf sea로 흘러든다는 점을 살펴보았다.

대륙붕바다는 본질적으로 대륙붕 지역에 걸쳐 있는 바다로 정의된다(제1장 참조). 이 바다 지역은 지구 표면의 20퍼센트 미만을 차지하지만 인구의 45퍼센트 이상(거의 30억 명)이 이런 바다의 가장자리를 따라 살고 있다. 게다가 지구의 거대도시megacity(1000만 명 이상이 사는 도시)들 가운데 75퍼센트가 대륙붕바다의 해안을 따라 형성돼 있다. 그러므로 세계의 다른 바다 지역들에 비해서, 연해는 쓰레기의 나쁜 영향을 훨씬 더 심각하게 받는다. 이와 함께 자연적으로 생물 생산성이 엄청난 연해는 지구적 생산성의 25퍼센트 가량을 차지한다고 여겨진다. 그래서 세계 수산업 중 대략 90퍼센트가 대륙붕바다에서 이뤄진다. 이 장에서 보았듯이 대륙붕바다를 쓰레기 처분장이자 동시에 인간이 소비하는 먹을거리의 원천지로 사용하다 보니 결국에는 바다의 기능에 매우 심각한 결과를 초래하는 불행한 연쇄 사건이 이어질 수 있다.

국지적 차원에서 행해지는 인간 활동이 바다나 지구 체계에 지구적인 영향을 끼칠 수 있는 이유는 단순하게 말해 인구가 현재 거대한 규모로 성장했기 때문이다. 그토록 많은 인간 활동이 해안 지역에 몰려 있다는 점을 고려한다면, 인간 활동이 바다에 지구적인 충격을 가할 수 있고 실제로 충격을 주고 있다고 생각하는 것은 어려운 일이 아니다.

8 인간이 바다를 이용하는 여러 방식

앞의 장들에서 우리는 인간이 바다의 자연적 균형에 깊고도 오랫동안 지속되는 변화를 일으키는 전 과정의 물리학적이고 생물학적인 성격을 살펴보았다. 우리는 기후 변화가 어떻게 바다를 가열하고 바다얼음을 사라지게 하며 해수면을 상승하게 하는지에 관해 논의했다. 또한 어떻게 바다에 점점 더 지나치게 많은 영양소가 흘러들며 바다가 어떻게 산성화하는지도 보았다. 마지막으로 바다의 생물다양성과 바다 생태계의 건강이 어떻게 점점 더 큰 위협을 받는지 설명하고 바다의 오염에 관해서도 논의했다.

이제 이 장에서는 인간이 바다를 직접 이용하는 여러 가지 다른 방식을 들여다보고자 한다. 예컨대 바다는 여가와 휴가 활동에도 이용되며, 에너지원이 되기도 하며, 화물 운송의 수단으로 이용되기도 한다. 여기에서 서로 다른 형태의 상호작용들은 자칫하면 서로 갈등을 빚으며 환경이 견딜 수 있는 한계를 넘어서기도 한다. 현명하게 계획을 수립하고, 자연에 책임감 있게 접근하며 통합적으로 해안 지대를 관리한다면 이런 갈등과 문제를 피하는 데 도움이 될 수 있다.

태양, 모래사장, 파도타기…

해안 휴양지와 바다로 떠나는 여행과 휴가는 관광산업 중에서 가장 빠르게 성장하는 영역 중 하나이다. 지난 수십 년 동안 점점 더 많은 사람들이 해변으로 몰려들었고, 그래서 해변은 여러 나라에서 관광업 발전의 초점이 되었다. 태양(Sun), 모래사장(Sand), 파도타기(Surf), 섹스(Sex)의 영어 첫 글자를 딴 '4S'가 관광업에서 마법의 공식으로 통하는 데에는 근거가 전혀 없는 게 아니다. 고전적인 해변의 휴가는 물론이고 항해, 다이빙 휴가, 심해 물고기 잡이, 크루즈, 파도타기, 윈드서핑, 고래 구경, 해수 요법과 인도 장수학 요법을 갖춘 건강 챙기기 휴가들처럼 바다에 근거를 둔 여러 가지 다른 유형의 관광사업이 발달해 왔다. 그 사업의 목록은 계속 늘고 있다.

이런 흐름은 바다에 점점 더 쉽게 접근할 수 있게 되면서 촉진되었다. 항공료가 훨씬 싸지면서, 산업국가들의 서민 대중도 카리브해나 케냐, 타일랜드의 해변 휴가 여행에 나설 수 있었다. 이런 휴가 여행의 부담은 부유한 산업국가와 여행지 국가 사이의 소득 격차 때문에 더욱 더 줄어들었다. 게다가 다이빙 장비, 제트 스키, 유람선의 위성 항법 시스템 같은 현대 테크놀로지의 도움 덕분에, 바다로 떠나는 일이 요즘처럼 쉬운 적은 없다.

다시 제1장으로 돌아가 기억을 되살리면, 우리는 전 세계 해안선을 따라 (지구촌 60억 명의 사람을 한 줄로 세운다면) 1미터마다 6명씩 서 있는 셈이라는 것을 알고 있다. 세계 인구의 절반쯤이 해안에서 100킬로미터 이내의 거리에 산다는 점을 추가로 고려하면, 여가나 휴가를 보내려고 해안을 찾는 수많은 사람들의 압력이 증가하면서 여러 해안 지역에 가해지는 부담이 상당히 가중된다는 점은 쉽게 생각할 수 있다. 이와 동시에 무엇보다도 수많은 관광객의 관심을 끄는 것은 종종 정확하게 말해서 건강하고도 '자연적인' 바다 환경이다. 깨끗한 바닷물과 순수한 바다 공기, 건강한 생태계와 풍부한 바다 생물들(조개와 물고기, 산호, 바닷새)이야말로 바다 기반의 휴가에 크나큰 즐거움을 주는 것들이다. 따라서 관광사업의 생태적 지속가능성은 근래에 들어서 점점 더 관심의 초점이 되어왔다.

지나친 관광사업의 파괴적인 효과를 보여주는 부정적인 사례들은 많다. 값싼 리조트의 제한 없는 과도한 개발로 인해 값진 자연 경관은 완전히 망가졌다. 바다거북의 보금자리는 호텔을 짓느라 파괴되었다. 관광객의 보트에서 내리는 닻은 산호초를 파괴한다. 맹그로브 숲은 골프 코스를 만드느라 잘려나간다. 산호섬의 많지 않은 민물 매장량이 샤워에 사용되는 바람에 지하수에는 소금물이 스며든다. 자연 초목을 개간하고 뒤이어 건물들을 건설함으로써 침식 문제가 일어난다. 호텔에서 버리는 물로 연해는 부영양화하고, 그리하여 해조류 번성이 초래돼 산호초가 파괴된다. 해변은 쓰레기로 뒤덮인다. 관광객 때문에 겁 많은 야생동물들이 불안해하며 쫓겨난다. 바다의 대형 쾌속선은 망가지지 않은 북극과 남극의 예민한 지역까지 깊숙하게 항해해 들어가, 오염물을 남기고 닻의 피해를 남긴다. 그러나 마지막으로 특히 주목할 만한 것은, 비교적 부유한 관광객들이 자신만의 가치관과 요구사항을 지닌 산업국가들에서 오는 경우에 관광사업은 덜 발전된 나라의 기성 문화에다 종종 상당한 이탈과 갈등을 만들기도 한다는 점이다. 관광 유원지에 어울리는 표준적인 리조트들을 건설하다 보면 휴가 지역에 원래 있던 생활 방식은 사라진다. 기후 변화를 가중시키고, 바로 해안의 휴가 지역을 위협하는 해수면 상승, 열대 사이클론이나 가뭄의 위험도 높아진다.

물론 이런 일은 여기에서 한쪽 측면만을 보여주는 그림일 뿐이다. 해안 관광업의 부정적 영향은 이미 많이 얘기됐고, 이제는 그런 부정적 영향의 대부분이 결코 피할 수 없는 것도 아니다. 환경의 측면에서 지속가능성을 유지하기 위해서 세심하게 관리되는 관광사업은 여러 경우에 긍정적인 결과를 낳기도 한다. 훨씬 더 큰 피해를 끼치는 다른 형태의 토지 사용에 비하면 관광업이 더 낫다. 좋은 사례가 바다거북이다. 전 세계에서 바다거북은 밀렵과 어망의 위협을 받고 있지만 관광객의 관심을 끄는 상업적 가치 덕분에 보존 대상이 될 수 있다. 생태관광은 갈수록 높은 인기를 누리고 있다. 자연 서식처를 찾아가는 고래 구경이나 산호초 지역에서 하는 스노클링은 이런 관광업과 관련한 활동들을 보여주는 몇 가지 사례일 뿐이다. 점점 더 많은 해안 지역이 더 유순하고 자연에 초점을 맞추는 식의 관광업 쪽으로 이동하고 있으며, 이런 식의 관광업이 경제적으로 번성하려면 건강한 바다 환경이 기본적인 선결요건임을 인식하고 있다. 따라서 관광사업을 관리하는 데에는 점점 더 환경뿐 아니라 사회, 문화적인 측면도 다뤄지고 있다. 관광업의 상업적 중요성은 커지고 관광업이 산업, 운송, 농업 또는 자연보전과 갈등을 빚는다는 점에서 볼 때, 관광 목적으로 해안 지역을 활용하는 문제는 포괄적이고 통합적인 해안 지대 관리의 일부가 되어야 한다.

그렇지만 관광산업에는 혼란스러울 정도로 수많은 소규모 업종이 관련돼 있다는 사실 때문에 생태적으로 지속가능성을 유지하는 관광 발전 계획은 더욱 어려워진다. 특히 발전도상국에서는 여전히 해안 지대 관리를 도모하는 계획 수립 과정이나 환경 관련 법률이 존재하지 않는다. 가난한 나라에는 대개 더 급박한 단기 우선 과제들이 있게 마련이라, 무엇보다도 환경 영향을 조사하는 데 필요한 자원이 없는 경우도 종종 있다. 그렇기 때문에 해안 지역에서 관광산업의 지속가능 발전을 설계하고 관리하는 일은 매우 어려운 도전이 된다.

화물 운송

갈수록 세계화하는 우리 지구촌에서 보면, 국제적인 노동 분담이 이뤄지고 전 생산 부문이 저임금 국가로 이전함으로써 대양을 가로질러 운송되는 화물의 양은 극적으로 증가했다. 북아메리카, 유럽, 극동의 거대 경제권 사이에서는 대양을 거치는 대량의 교역이 이뤄진다. 대륙 간 화물 운송량의 대략 95퍼센트는 선박에 실려 오간다. 북해에만 해마다 20만 척의 선박이 지나간다. 이런 식으로 운송되는 화물량은 연간 60억 톤에 달하며 이런 화물의 30퍼센트는 원유이다. 선박을 통해 처리되는 교역량은 다음 20년 안에 3배나 늘어날 것으로 예측되고 있다. 가까운 미래에 북극 바다얼음은 크게 후퇴할 가능성이 높으며, 그렇게 되면 북극해를 지나가는 정기 해운 항로가 만들어질 수 있다. 2006년 4월에는 독일-러시아의 쇄빙선 실무그룹이 러시아 무르만스크에서 만나 북동 항로의 미래를 놓고 협의했다. 게르마니셔 로이드가 행한 계산 결과를 보면, 이 항로는 바닷길을 단축해 예컨대 로테르담과 요코하마 사이의 항로를 34퍼센트나 줄이는 효과를 낼 수 있다.

화물 운송은 여러 가지 방식으로 바다 환경에 부담을 안겨주었다. 1989년에 알래스카 앞바다에서 일어난 엑손 밸디즈 호Exxon Valdez의 좌초 같은 엄청난 유조선 사고도 있었고, 2002년에는 유럽 해안을 따라 최악의 환경 재앙 중 하나를 일으켰던 스페인 연안 앞바다의 프레스티지 호Prestige 침몰 사고도 있었다. 단일선체 설계 방식인 유조선 프레스티지 호가 건조된 곳은 일본이었으며, 선주는 라이베리아인, 선장은 그리스인이었고, 선박은 바하마 국기를 달고 운항했다. 이 때문에 프레스티지 호 침몰은 세계화와 관련하는 문제를 상징하며 전 세계에 적용되는 구속력 있는 법률로써 문제를 풀어야 할 필요성을 상징하는 사건이 되었다. 그리하여 이제는 수많은 국제 조약들, 그리고 해양오염방지협약MARPOL과 국제해사기구IMO 같은

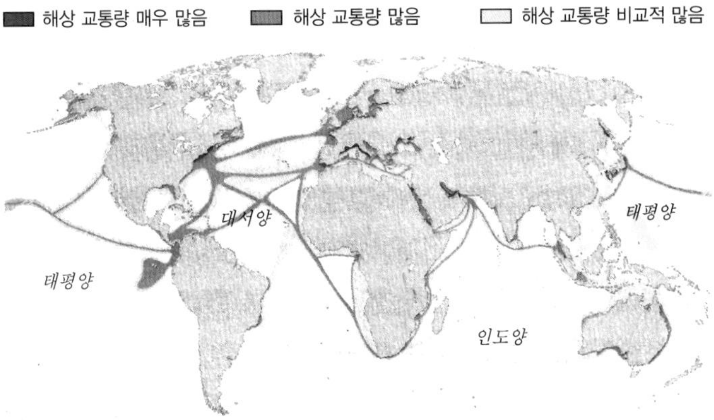

그림 8-1 세계의 주요한 해상 운송 노선

기구들이 생겨났다. 협정에 이르기 위해서는 아주 많은 관련 국가들 사이에서 합의를 이뤄야 하기 때문에, 이런 기구들이 정하는 법률은 종종 생태학적 상식에서 한참 멀어지기도 한다. 게다가 합의한 협정을 제대로 준수하는지조차 제대로 감시하지 못하거나 강제하지 못하는 경우도 자주 있다.

그렇지만 이런 대형 사고들도 사실 해운과 관련해서는 주요한 문제가 아니다. 정상 운항을 하는 동안에도 선박은 많은 양의 오염물질과 폐수를 쏟아내고 있기 때문이다. 갈수록 커지지만 어떤 규제를 통한 대처가 거의 이뤄지지 않고 있는 문제가 바로 선박에 동력을 공급하는 중유 연료의 연소이다. 중유 연료는 정유공장에서 나오는 폐기물이라, 값이 싼 만큼이나 더럽다. 어떤 계산에 따르면, 유럽의

그림 8-2 북동 항로의 지도. 장래에 유럽과 태평양을 잇는 해상 운송 노선이 생길 수 있다.

바다에서 선박에 의한 황 배출은 유럽 전역의 모든 트럭과 자동차, 공장에서 나오는 배출 총량만큼이나 많다. 이런 추세가 계속된다면, 2010년에는 육상의 모든 대기오염의 대략 40퍼센트가 선박에 의해 초래될 것이다.

도로교통과 발전소들은 이제 새로운 엄격한 배출 표준을 준수해야 하지만, 해상 운송의 문제는 지금까지 '잊고' 지내온 것처럼 보인다. 최근에 보여주고 있듯이, 화물 1톤을 1킬로미터 운송할 때, 선박의 황 배출량은 트럭보다 50배나 된다. 정유공장들은 이제 도로교통용으로 깨끗한 연료를 생산하지만, 정유공장에서 나오는 더러운 찌꺼기들은 선박에서 연소된다. 이 때문에 이런 식의 선박 추진 동력은 종종 '해상의 쓰레기 소각'과 다름없다는 비판을 받는다.

선박은 항구에 정박할 때마다 자체의 전기 동력을 생산하기 위해서 선박 엔진을 가동하기 때문에 많은 항구도시에서는 대기오염과 관련해 큰 문제를 일으키고 있다. 항구 주변에 사는 사람들한테는 암, 심장병, 천식, 호흡기 질환의 발병률이 평균보다 높고 기대 수명도 평균보다 더 짧게 나타난다. 따라서 환경단체들은 선박의 오염물질 배출을 대폭 감축하기 위해서 수년째 싸우고 있다. 이런 문제는 더 깨끗한 연료를 쓰고 더 나은 기술을 이용하면 비교적 쉽게 해결할 수도 있다. 선박이 항구에 정박하는 동안에 가장 좋은 해법은 육지 기반의 전력을 공급해 선박 엔진을 꺼두는 것이다. 발트 해에서는, 유럽연합위원회EU Commission의 지원을 받아 18개 항구도시 간에 새로운 계획이 시행되어 왔다. '새로운 한자'New Hanza라는 이름을 지닌 이 공동계획의 목적은 환경의 측면에서 더욱 지속가능한 해상 운송의 방식을 구축하자는 것이며, 무엇보다도 선박에 제공하는 육지 전력 공급의 국가 간 표준을 도입하기 위해서 정치권에 압력을 가하자는 것이다.

오염물질의 배출 문제 이외에도, 해상 운송량이 늘어나면 해안 권역의 육지 지역까지 이용하므로 새를 보호하는 데 매우 중요한 구실을 하는 소중한 염생 초지salt meadow나 개펄이 희생되기도 한다. 항해로가 파헤쳐지고 강어귀의 생태는 피해를 입는다. 미래에는 항만산업, 관광업, 보건, 그리고 자연보전 사이에 서로 충돌하는 갈등은 점점 늘어날 것이기에 해상운송과 항구의 발전은 지속가능성이라는 엄격한 표준을 지켜야 할 것이다.

물과 소금

바다에서 갖가지 물질을 채취하겠다는 꿈들은 지금까지 대부분 실망으로 끝이 났다. 1920년대에 바닷물에서 금을 추출하겠다는 꿈이 그랬고, 근래에는 1970년대에 대양의 바닥에서 망간 덩어리를 건져 올리겠다는 꿈이 그렇게 끝났다. 이런 갖가지 구상들 중에서 유일하게 상업적으로 의미 있는 사업은 해안 지역의 자갈 퍼내기 뿐이었다. 여기에 더 보태 물과 소금도 바닷물을 이루는 주요한 두 요소로서 이용되어 왔다.

고대 이래로, 바닷소금은 '증발 접시'(염전)의 도움으로 생산되었다. 소금은 조건이 잘 맞아 떨어질 때에만 생산할 수 있다. 예컨대 편평한 해안 지대와 풍부한 햇빛, 그리고 적은 강수량이라는 조건을 갖춘 프랑스 남부가 그런 곳이다. 오늘날에도 전 세계에서 사용되는 식탁용 소금의 20퍼센트는 이 지역의 바다에서 생산된다.

인간한테 소금은 식생활의 필수 요소이며 우리가 생존하는 데 없어서는 안 되는 요소이다. 누구나 하루에 3~6그램의 소금이 필요하다. 또한 음식을 보존하는 데에도 소금이 사용되며, 소금이 없다면 음식 맛은 심심해질 것이다. 그래서 소금은 여러 지역에서 매우 값진 필수품이었다. 이는 소금이 한때에는 '흰 빛깔의 금'으로도 불렸다는 사실에서도 알 수 있다. 예컨대 독일 루네부르크Luneburg 같은 도읍과 도시 전체는 소금 교역 덕분에 풍족함을 누렸다. 소금이 풍족한 지역에서 부족한 지역으로 향하는 교역 경로는 '소금길'salt road이라고 알려져 있으며, 오늘날에도 투아레그족Tuareg은 소금 대상을 꾸려 사하라 사막을 횡단하고 있다. 소금 교역은 여러 지역들에서 중요한 독점 사업이었다.

영국의 식민 지배에 저항하는 인도 인민의 조직적인 반대 운동으로서 마하트마 간디가 촉구한 시민 불복종 운동의 정점은 1930년의 '소금 행진'Salt March이었다. 당시에 간디는 소금을 생산하겠다는 상징적 행위를 위해 78명의 지지자들과 함께 아라비아 해까지 행진했다. 지배자인 영국은 어떤 형태의 소금 생산과 교역에서도 독점 지위를 지키고 있었다. 간디의 운동이 벌어지는 동안에 5만 명의 인도인들이 접시에 바닷물을 받아 햇빛에 증발시킴으로써 소금을 불법적으로 생산했다는 혐의로 체포됐다.

이와 동시에 사람들한테는 민물도 필요하다. 마실 물로도 필요하지만 농사를 짓기 위해서 더 많은 양의 민물이 필요하다. 과도한 개발, 어설픈 물 관리, 그리고 기후 변화로 인해서 물 부족을 겪는 지역은 점점 더 많아지고 있다. 예를 들어 지중해 지역에서는 요즘에 가뭄 증가의 추세가 나타나고 있다. 여러 기후 모형을 보면, 온실효과 때문에 이런 문제가 더 나빠지리라는 데에는 이론의 여지가 없다. 안데스 산맥의 도시들(예컨대 페루 수도인 리마)과 히말라야 산맥의 도시들에서는 물 공급이 무엇보다도 빙하의 물에서 비롯한다. 하지만 빙하가 점차 사라진다는 것은 곧 물 공급원이 결국에는 말라버릴 수 있음을 뜻한다. 무궁무진한 바닷물을 담수화함으로써 모든 물 문제를 해결하는 게 가능할 것인가?

성경에 따르면 모세는 시나이 사막에서 처음으로 담수화를 행한 인물이었다. 너무 써서 마실 수 없는 물에다 더 쓴 나뭇조각을 넣음으로써 모세는 그 물을 마실 수 있는 물로 바꾸었다. 1971년에 토머스 제퍼슨Thomas Jefferson은 담수화 기술에 대한 과학적인 설명을 처음으로 발표했다. 그렇지만 소금과 물을 섞는 일은 쉽지만, 다시 그 둘을 분리하는 일은 훨씬 더 어렵다. 그 과정에는 일반적으로 많은 에너지가 필요하고, 따라서 그 과정에 들어가는 비용은 상대적으로 비싸다.

오늘날 바닷물의 담수화 기술은 소규모로는 선박이나 잠수함에 물을 공급하는 데 이용되며 대규모로는 마실 물의 정수 처리나 산업적 목적을 위해서 이용된다. 쿠웨이트에서는 농업용 관개 체계를 이루는 데에도 쓰이고 있다. 대부분의 담수화 처리가 에너지는 매우 풍부하며 물은 부족한, 중동 같은 나라들에서 행해진다는 점은 우연의 일치가 아니다. 세계에서 가장 큰 담수화 공장 중 두 개는 이스라

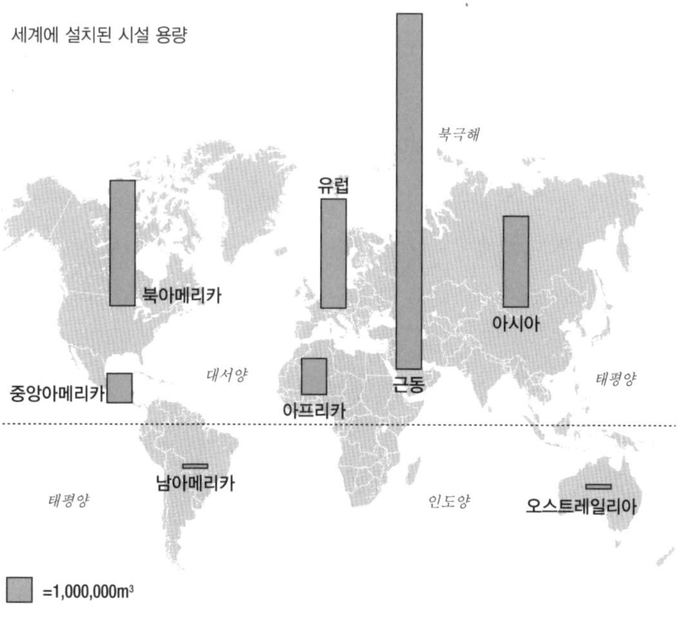

그림 8-3 세계에 설치된 바닷물 담수화 시설의 용량

엘의 아쉬켈론Ashkelon과 사우디아라비아의 쇼아이바Shoaiba에 있다. 스페인 정부는 근래에 북부지방의 물을 가뭄이 심한 남부지방에 공급하는 파이프라인을 건설하려는 계획을 포기하고서 그 대신에 20기의 담수화 공장을 건설하기로 결정했다.

담수화 방법에는 여러 가지가 있지만 모두가 두 가지 기본원리에 바탕을 두고 있다. 증발(증류)과 막을 통과하는 여과가 그것이다. 필요조건의 에너지가 더 작다는 이유로 역삼투 같은 막 기반의 기술을 점점 더 많이 사용하고 있다. 이 기술에서 바닷물은 높은 압력으로 막을 지나는데, 이때에 소금 같은 큰 분자는 막에 걸러진다. 마실 물을 생산하는 데 쓰이는 바닷물은 되도록 깨끗해야 하므로 이처럼 바닷물의 용도가 더 늘면서 연해를 청정하게 유지하도록 하는 추가적인 자극 요인도 생겨날 수 있다. 증류 기술은 비용 대비 효과를 높이기 위해 발전소에서 나오는 폐열을 사용한다. 그렇지만 미래를 위해서 훨씬 더 큰 관심 대상이 되는 것은 예컨대 풍력 에너지나 태양에너지 같은 재생가능 에너지와 결합하는 기술이다. 물을 생산하면서 기후를 희생해서는 안 되기 때문이다. 최근에는 에든버러대학 공학자들이 파력 에너지를 이용해 담수화를 실현하는 공정을 개발했다.

바닷물을 담수화하는 설비 용량은 근래에 급속하게 증가하고 있으며, 지금은 날마다 대략 3000만 세제곱미터의 수준에 도달했다. 이 정도는 독일의 수돗물 소비량에 견줘 적어도 두 배는 된다. 생산단가는 계속 떨어지고 있으며, 현재 그 비용이 1세제곱미터당 1미국달러 정도 된다. 많은 개별 가정들에, 그리고 산업적 활용의 측면에서 이는 충분히 부담할 만한 가격이다. 그렇지만 이런 가격이 수많은 세계 빈곤 인구의 물 문제를 풀어주기에는 아직 충분한 것 같지는 않다. 빈곤 인구는 무엇보다도 깨끗한 물을 이용하지 못해 고통을 겪고 있다. 또한 농업 용도에 필요한 정도의 양을 담수화한다는 것은 상상하기 어렵다. 이에 대한 해결책 가운데 하나는 공급의 측면에서 제시되는 첨단기술의 해법보다는 소비의 측면에서 물 관리를 더 잘하도록 보장하는 일임에 틀림없다. 이와 더불어 담수화를 위해서 지불해야 하는 환경 비용은 여전히 존재한다는 점을 기억하는 것도 중요하다. 특히 담수화 공정에서 만들어지는 고농도의 소금물 찌꺼기, 즉 종종 화학적으로 오염 상태에 있는 찌꺼기의 처분 문제가 남게 된다.

바다에서 에너지 얻기

바다는 이미 에너지 생산에 이용되고 있다. 주로 해저 아래에 있는 원유와 가스의 채굴이 그런 사례이다. 북해에만 540기의 석유개발대oil platform가 있으며 멕시코 만에는 그 수가 수천 기나 된다. 석유개발대들은 바다와 해저에 원유와 화학 오염물질을 제공하는 주요 원천이기 때문에, 이런 시설이 이처럼 집중해 있는 것 자체만으로도 문제가 된다. 또한 더 이상 필요하지 않은 석유개발대를 어떻게 처리할 것이냐를 두고서도 논란이 있었다. 1995년에 그린피스 활동가들은 셸Shell 기업이 원유 저장탱크인 석유개발대 '브렌트 스파'Brent Spar를 그냥 북해 바다에다 폐기하려는 계획에 맞서서 그곳을 점령하는 시위를 벌였다. 또한 셸 주유소에 대한 소비자들의 보이코트 운동이 널리 퍼져 이 기업은 최대 50퍼센트의 매출 손실을 입었다. 항의가 이어지자 셸은 결국에 이 석유개발대를 육상에서 처리하기로 결정을 내렸다. 10년이 지난 뒤 셸독일Shell Germany의 최고경영자인 쿠르트 되멜Kurt Döhmel은 이런 경험을 겪은 이후에 셸

이 '완전한 탈바꿈'을 했으며, 이제 이 기업은 지속가능 발전의 정책을 따르고 있다고 말했다. 1998년에 북동대서양 해양환경보호협약 회의OSPAR Conference의 15개 회원국은 북대서양 바다에다 석유개발대를 폐기 처분하는 것을 금지하는 데 동의했다. 이것은 환경 압력단체의 헌신과 소비자의 압력이 어떻게 바다를 더 건강하게 보존하는 데 결정적인 기여를 할 수 있는지 보여주는 고무적인 사례가 되었다.

이와 더불어 석유개발대에는 폭풍에 의한 손상과 원유 누출의 위험도 존재한다. 2005년에는 허리케인 카트리나와 리타가 멕시코 만에서 114기의 석유개발대를 파괴했으며 다른 69기에 크나큰 손상을 입혔다. 제때에 대비한 덕분에 허리케인이 타격을 입히기 이전에 생산을 중단하고 석유개발대를 비워둘 수 있었다. 그 결과 인명 피해는 물론이고 큰 누출 사고는 없었다.

기후가 온난화하고 이에 따라 북극해 얼음 면적이 축소되면(제4장 참조) 알래스카와 시베리아에 매장된 원유와 가스를 좀 더 쉽게 이용할 길이 열릴 것이라는 기대도 있다. 이 지역은 석유수출국기구OPEC 회원국을 빼고 따지면 아마도 세계 최대 규모의 매장지일 것이다. 훨씬 더 많은 화석연료로 나아가는 길을 열어놓은 게 바로 기후변화라 한다면 이는 아이러니가 아닐 수 없다.

일부 나라들에서 기대를 돋우는 새로운 연료원은 이미 제4장에서

그림 8-4 북해의 원유와 가스 기반시설

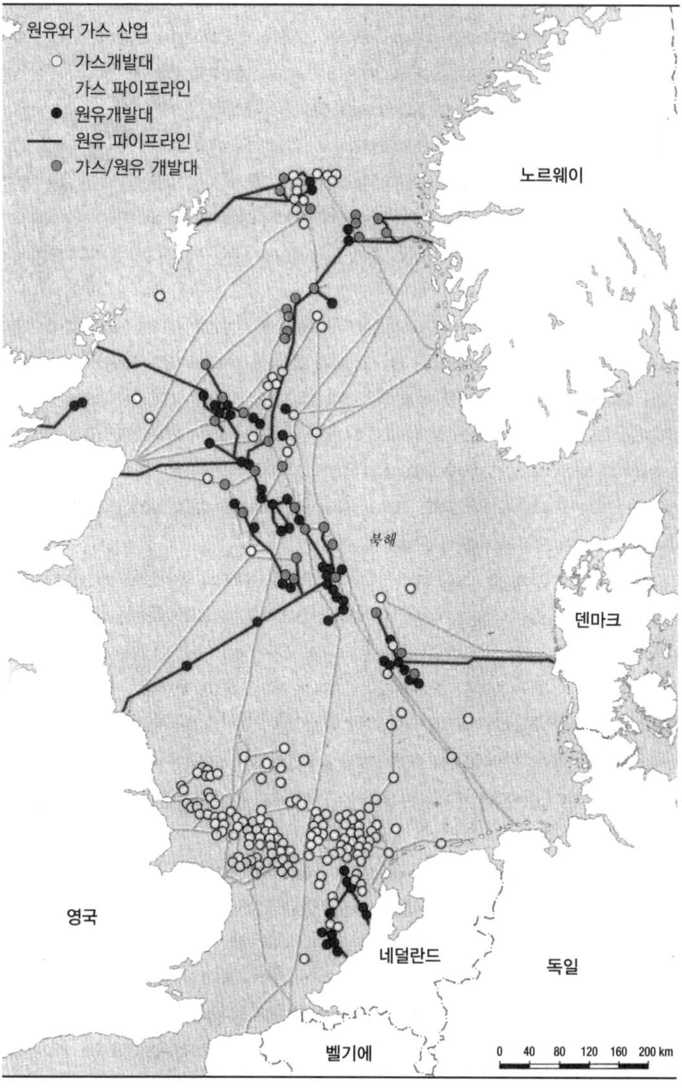
원유와 가스 산업
가스개발대
가스 파이프라인
원유개발대
원유 파이프라인
가스/원유 개발대
노르웨이
북해
덴마크
영국
네덜란드
독일
벨기에
0 40 80 120 160 200 km

도 얘기했던 해저 퇴적층의 메탄 하이드레이트methan hydrate이다. 확실하지 않은 추정이지만, 그 양은 지구의 석탄 매장량과도 맞먹을 정도라고 여겨진다. 그렇지만 이 자원의 채굴과 관련한 기술적인 과제들은 아직 다 해결되지 않았으며, 상당한 위험 요소도 뒤따를 것이다. 여러 지역에서 퇴적층의 하이드레이트는 대륙붕의 끝자락에서 시멘트처럼 해저를 안정화하는 구실을 한다. 그렇기 때문에 채굴은 수중 산사태를 불러일으킬 수도 있다. 또한 채굴 과정에는 하이드레이트 층 아래에 있는 기체 메탄이 폭발적으로 방출되는, 일종의 폭발 위험도 존재한다.

그렇지만 주요한 걱정거리는 메탄 하이드레이트도 역시 화석연료라는 점이며, 이것을 연소하면 이산화탄소가 더 많이 방출될 것이고, 이산화탄소는 다시 온실효과와 지구 온난화에 영향을 끼친다는 점이다. 의도하지 않은 메탄의 대기 중 방출도 또한 과소평가해서는 안 되는 위험 요소이다. 분자 대 분자로만 따지면, 메탄은 이산화탄소보다 25배나 더 강력한 온실가스이다.(이는 메탄의 농도가 훨씬 낮고 따라서 장파장 복사에 대해 대체로 포화되지 않은 상태의 흡수 대역을 지니기 때문이다.) 결국 메탄 하이드레이트의 사용이 미래의 에너지원을 찾아 나아가는 데 지속가능한 기여를 하지는 못하며, 오히려 제4장과 제5장에서 얘기한 문제를 더 나쁘게 만들기만 할 수 있다. 탄소에서 벗어나는 에너지원을 찾아야 한다는 인류의 필요성에서 보면, 메탄 채굴에 대한 투자는 궁극적으로 크나큰 역효과를 낳을 수도 있다.

그렇지만 바다는 또한 이산화탄소 없는 에너지원, 즉 환경친화적인 에너지원을 찾아나서는 데에 귀중한 도움을 줄 수 있다. 여기에서 앞바다의 풍력 에너지는 가장 큰 잠재력을 지니며 가까운 미래에 개발될 것이다. 궁극적으로 바람은 대기의 온도차 때문에 생기며 온도차는 태양이 일으킨다는 점에서 보면, 풍력 에너지는 곧 태양에너지의 변형인 셈이다. 지구에 들어오는 태양복사의 총량 중에서 대략 4퍼센트가 바람의 형태를 띠어 운동에너지로 전환된다. 만일 우리가 이런 풍력 에너지의 1천분의 1만이라도 동력으로 이용할 수 있다면 규모는 지구적 전기 수요량을 두 배나 넘어설 것이다. 이런 풍력 에너지 중 거의 90퍼센트가 대양 위에 존재한다.

그렇지만 지금까지도 현대 풍력 에너지의 발전시설은 해저 바닥에 정박해야만 하기 때문에, 이 기술은 상대적으로 바람이 적은 해안의 바다에 제한적으로 적용된다. 수심 55미터 이하의 지역만을 고려하면(이와 비교해 많은 원유 시추 개발대는 현재 수심 300미터 지역에 세워지고 있다), 북해만을 따져도 풍력 에너지 잠재력은 유럽연합 지역의 현재 전기 수요보다 세 배나 많다. 물론 여러 이유들 때문에 하나의 에너지원에서 우리가 필요로 하는 모든 전력 수요를 충당하려는 시도는 바람직하지도 않고 실행 가능하지도 않다. 그러나 이런 계산 결과는 유럽 지역의 전기 소비량 가운데 상당한 부분이 이런 식으로 충당될 수 있음을 보여준다. 유럽의 여러 다른 해안 지역(육상과 앞바다 모두)을 개발하고 그렇게 생산한 전기를 강력한 송전망에 공급한다면, 유럽 전역에 나타나는 풍력 이용도의 들쭉날쭉한 차이를 상당히 상쇄할 수 있을 것이다. 어쨌든 바람은 언제나 어느 곳에서 불지 않아도 다른 어느 곳에서는 불게 마련이니까. 그래도 다 상쇄되지 못하는 차이에 대해서는 유럽의 기존 수력발전소들이 벌충하는 구실을 충분히 해낼 수 있다.

육상 풍력 발전의 개발은 급속히 이뤄져 이제는 낙관론자의 기대조차 넘어섰다. 오늘날에 풍력 발전 지역wind farm은 기술적으로 성숙하여 여러 곳에서 비용 대비 효과가 큰 상업운전을 하는 능력을 갖췄다. 우리는 가까운 미래에 이것이 앞바다 풍력 발전의 전기 생산에도 응용될 것임을 믿어 의심치 않는다. 풍력 발전의 지구적 개발이 다음 25년 동안에 연간 20퍼센트의 속도로 계속 증가한다면(지난 10년 동안 그랬듯이), 2030년 무렵에는 풍력 에너지가 지구적 전력 수요량의 대략 40퍼센트를 충당할 수 있을 것이다.

해류를 이용해 전기를 생산하는 기술은 이보다는 덜 발전된 단계에 머물고 있으며, 또한 풍력 에너지와 비교할 때 상당히 낮은 잠재력을 보여줄 뿐이다. 그렇다 해도 지구의 일부 지역에서는 매력적인 대안 기술이 될 수 있다. 조수간만의 차가 특히 큰 지역에서 조류는 이미 발전소에서 이용되고 있다. 현재 가동되는 최대 규모의 조력발전소는 프랑스의 랑스 강어귀에 있다. 현재 240메가와트의 전력을 생산하는 이곳이 처음 가동을 시작한 것은 1966년이었다. 이런 전통적인 조력발전소에는 댐 구조물이 필요하므로 환경에 문제를 끼치지 않는 것은 아니다. 그러나 최근에는 수중 풍력 터빈을 닮은 조력발전소들이 개발돼 왔기에 이제는 더 이상 이런 발전 시설이 바다 표면에 드러나지는 않는다. 조력발전의 본보기들은 오랫동안 콘월(시플로 프로젝트), 함메르페스트(노르웨이), 그리고 시칠리아와 이탈리아 본토 사이의 메시나 해협에서 가동해 왔다. 이런 유형의 발전설비가 지니는 장점은 환경에 해를 끼치지 않으면서 여러 다른 지역에 설치될 수 있다는 점이다. 앞으로 5~10년 동안 이런 해류 터빈은 지금의 앞바다 풍력 에너지 발전설비가 그랬던 것과 비슷하게 흥미진진한 발전의 과정을 겪을 것이다.

파도 에너지의 가능성을 모색하는 프로젝트들도 진행 중이다. 파력 발전소는 2000년 이래 아일레이라는 스코틀랜드 섬에서 가동되고 있다. 이 기술도 역시 걸음마 단계에 있으며 그 잠재력은 풍력 에너지와 비교해 아주 낮은 편이다. 그렇더라도 이런 형태의 에너지가 지역에서는 중요할 수 있다. 스코틀랜드에서는 전기 수요량의 40퍼센트가 파력 발전소로 충당될 수 있다는 추산도 있다.

마지막으로 다소 이색적인 두 가지 구상은 바다의 온도차와 염도차를 이용해 전기를 생산하자는 제안들이다. 해양열에너지변환OTEC은 따뜻한 표층의 바닷물과 차가운 깊은 바닷물 간의 온도차를 열역학 순환 과정에서 이용할 수 있다는 원리를 말해주는 이름이다. 이에 비해 삼투 발전소는 강어귀 근처에 나타나는 염도차를 이용하고자 한다. 이런 곳에서는 삼투 압력의 차이를 만들어낼 수 있기 때문이다.

가까운 미래에 에너지를 공급할 현실적 가능성을 좀 더 지닌 것처럼 보이는 마지막 구상으로는 따뜻한 바다 온도를 이용하자는 것도 있다. 열펌프를 거쳐 해안 도시를 따뜻하게 만들자는 것이다. 겨울철 몇 달 동안에 일부 추운 지역에서도 바다 온도는 여전히 섭씨 10도 정도를 기록한다. 이런 온도는 전통적인 열펌프의 기초에 이용되는 지하의 온도와도 비슷하다.

해저, 이산화탄소의 저장소

지금의 기후 문제는 일차적으로 대기에 이산화탄소가 축적되면서 초래된 것이다. 인간이 지금까지 일으킨 온실효과 가운데 60퍼센트가 이 기체에서 비롯했다지만, 다른 기체의 상승은 이미 누그러졌기 때문에 이산화탄소가 온실효과에 기여하는 몫은 다음 수십 년 동안에도 계속 커질 것으로 생각된다. 바다 산성화는 사실상 전적으로 이산화탄소 수치 증가로 인해 초래된다. 그러므로 되도록 빨리 대기 중 이산화탄소 농도의 증가를 멈추는 일이 매우 중요하다.

이런 증가의 주요 원인은 화석연료의 연소 중에 생성되는 이산화탄소 배출이다. 이 과정에서 이산화탄소는 성가신 부수 효과로 생성되는 게 아니라 사실상 연소 자체의 주요한 산물이다. 초목과 화석연료(그 자체가 수백만 년 된 초목이다)를 태워서 에너지를 얻을 수 있는 이유는 초목이 광합성을 통한 탄소환원의 과정을 거쳐서 태양에서 얻은 에너지를 저장하기 때문이다. 탄소가 다시 산화하면 에너지를 다시 얻게 된다. 탄소의 산화 형태가 바로 이산화탄소이다.

그러니 가장 확실한 방법은 연소 기체들에서 이산화탄소만을 분리해 대기로 들어가지 않도록 안전하게 격리하는 것이다. 분리 공정의 비용(연소 과정에서 얻은 에너지의 15~30퍼센트 가량이 소모될 수 있다)과 운송 방법도 문제이기는 하지만, 여기에서 주요한 문제는 적합한 저장 장소를 찾는 일이다. 지금 우리는 엄청난 양의 처리 방법에 관해 얘기하고 있는 중이다. 즉 이산화탄소 저장 방법만으로 기후 문제를 해결하고자 한다면, 2100년까지 1,000기가톤 탄소(4,000기가톤의 이산화탄소에 상응하는 양)를 포집하고 저장해야 할 것이다. 이런 수치는 적당한 '현 추세 지속' 시나리오(1,500기가톤 탄소)와 완화 시나리오(500기가톤 탄소) 간의 배출량 차이에서 나왔다. 하지만 현실적으로는 기껏해야 그 중에서 일부만 저장할 수 있을 것이다.

여러 해에 걸쳐 이산화탄소를 그냥 깊은 바다에 내다버리는 방법에 관한 논의가 있었다. 어떤 제안을 보면, 이산화탄소를 지브롤터 해협에 주입할 수 있으며 그렇게 하면 이산화탄소는 지중해에서 들어오는 염도 높고 무거운 바닷물과 더불어 최소 1,000미터 아래로 가라앉을 것으로 예측했다. 그러나 바다에 주입하는 이산화탄소가 아주 오랜 동안에 걸쳐 대기와 분리되는 상태로 머무르지는 못할 것이므로, 지금은 이 방법이 문제를 그저 뒤로 늦춰 손자 손녀 세대에 떠넘기는 꼴이 될 것으로 여겨지고 있다. 이와 더불어 바다에 버리는 방법의 생태학적인 영향을 예측하기는 전적으로 불가능하다(예컨대 산성화). 이에 따라 이런 방향에서 이뤄지던 사실상 모든 연구는 중단되었다. 최근에는 미국조차도 이런 선택에 대한 관심을 포기하기로 결정했다.

그렇지만 지하의 지질학적 구조물 안에 저장하는 문제에서는 상황이 다르다. 땅속이나 해저 바닥 밑에 이산화탄소를 집어넣는 방법은 가능하다. 예를 들어 한때 수백만 년 동안 가스를 머금고 있었던 이전의 원유나 가스 매장지 안에다 주입하는 방법이 있다. 이런 곳에다 이산화탄소를 주입하면 추가 이득도 생기는데, 그것은 이 방법이 남아 있는 원유나 가스의 추가 매장량을 강제 배출시켜(이른바 석유회수 증진기술EOR이라고 한다) 매장지의 개발 효율을 높여준다는 점이다. 또 다른 선택의 대상은 소금물을 함유한 지하수층인 대수층, 다른 말로 염수층saline aquifer일 수 있다. 이곳에서는 이산화탄소가 소금물에 용해해 더 이상 기체 상태로 머무르지 못하며, 그래서 상층으로 나아가는 힘을 잃게 된다. 실제로 이산화탄소가 풍부한 물은 주변의 다른 물보다 훨씬 더 무거워진다.

그런데 왜 우리는 이산화탄소를 그냥 육상에다 저장하지 않고 훨씬 더 많은 노력이 들어가는 해저 바닥 밑에다 저장하고자 할까? 그 이유 중 하나는 사고의 위험이 적다는 점이다. 우리가 호흡하는 대기에서 이산화탄소의 농도가 10퍼센트 이상이 되면, 이산화탄소는 인간의 생명을 위협하는 기체가 된다. 1986년 8월 카메룬의 화산호수 니오스Nyos에서는 엄청난 양의 이산화탄소가 갑자기 배출되는 사고가 발생했다. 이에 앞서 화산 가스 분출로 인해 니오스 호수의 물은 이미 이산화탄소 포화 상태에 있었다. 이 사고로 인해 호수에서 최대 10킬로미터 이내에 있던 대략 1,700명의 사람과 수천 마리의 동물이 죽음을 당했다. 만일 육지에서 대규모의 이산화탄소 배출 사고가 일어난다면 비슷한 시나리오가 전개될 수 있다. 이에 반해 해저 바닥에서 일어나는 배출 사고는 바닷물에 용해될 정도 규모의 이산화탄소 배출만을 초래할 것이기에 적어도 사람을 직접 위험에 빠뜨리지는 않을 것이다.

이산화탄소 저장에 관해서는 견해들이 엇갈리고 있다. 일부는 신기술에 대한 기대를 우려한다. 아직 충분히 개발되지 않았고 적어도 15년 이내에 대규모 용도로는 사용할 수 없을 새로운 기술에 우리 희망을 걸다보면 이미 쓸 수 있는 재생가능 에너지로 나아가야 할 필수적 전환이 늦춰질 것이며, 결국에는 기후 보호의 획기적 진전이 미뤄지게 된다는 것이다. 어떤 경우에도 이산화탄소 저장을 우리의 모든 기후 문제를 풀어줄 해법, 즉 만병통치약으로 여겨서는 안 된다. 그 기술은 한정된 범위에서 과도기에만 쓸 수 있고 그렇게 써야 하기 때문이다. 그것은 대규모의 배출원(예컨대 발전소)이 적합한 저장 장소 근처에 있을 때에만 의미가 있을 것이다.(높은 운반 비용 때문이다.) 이와 더불어 이산화탄소 저장의 위험 요소와 지속가능성도 또한 분명하게 판별되어야 한다. 2006년 바다에 관한 어느 보고서에서 독일 지구환경변화 자문위원회WBGU는 적어도 1만 년의 이산화탄소 저장 기간이 확실히 보장될 필요가 있다는 권고를 제시했다.(이는 연간 0.01퍼센트 미만의 누출률을 감안한 것이다.)

여기에서 또 다른 중요한 쟁점은 비용 문제이다. 앞에서 얘기했듯이 풍력발전은 이미 화석연료를 이용한 전기 생산의 비용에 대해 경쟁할 수 있는 수준에 왔다. 풍력발전에 의한 전기 생산 비용은 10년 만에 절반으로 떨어졌고, 앞으로 이 기술에 관해 더 많은 지식이 쌓일수록 그 비용은 훨씬 더 떨어질 것으로 예견된다. 반면에 화석연료의 비용은 장기적으로 계속 상승할 운명에 처해 있다. 이산화탄소를 포집하고 저장하다 보면 화석연료로 생산되는 전력의 관련 비용은 추가로 30 내지 60퍼센트 상승할 것이다. 경제적인 이유만으로도, 재생가능 에너지는 온실가스 배출을 피하는 더욱 더 매력적인 선택 대상이 될 것으로 보인다.

그렇지만 이산화탄소 저장이 실제로 충분하게 제 의미를 다할 수 있는 조건은 존재한다. 예컨대 석유회수 증진기술EOR과 결합하면 비용 대비 효과를 높일 수 있다. 바로 이런 결합 방식은 2005년 한바탕 소동을 일으킨 어느 보고서에서 노르웨이 환경단체 벨로나Bellona가 노르웨이 대륙붕에 있는 기존 유전의 생산량을 늘리기 위해 요구했던 그것이었다. 이 보고서는 그 대신에 새로운 개발 유전으로 제안된 북해의 스노핏Snohvit 유전은 파헤칠 필요가 없어지며 이로 인해 노르웨이의 이산화탄소 배출량은 줄어들 것이라고 주장했다. 2005년 10월에 선출된 새로운 연립정부는 이런 제안을 대체로 수용했다.

노르웨이는 1996년 이래로 이미 이산화탄소 포집과 저장 기술을 노르웨이 해안에서 250킬로미터 떨어진 북해 해상 슬라이프너Sleipner 석유개발대의 해저 바닥 아래에서 소규모로 시험 운용하고 있다. 지금까지 대략 800만톤의 이산화탄소가 그곳 염수층 내부에 주입되었으며, 앞으로 총 2000만톤을 집어넣을 계획을 세워두고 있다. 이런 경우에는 경제적인 의미도 생기는데, 왜냐하면 어차피 채굴된 천연가스에서 이산화탄소를 분리해야만 그 가스를 사용할 수 있고, 노르웨이 정부가 대기에 배출되는 이산화탄소에는 세금을 매기기 때문이다. 이와 더불어 노르웨이의 에너지기업 스타트오일Statoil은 그 과정에서 부가로 얻게 되는 전문지식이 미래의 이산화탄소 격리와 기후 보호 기술에 기술적이고 상업적인 이득을 가져다주리라고 기대하고 있다.

그러므로 전반적으로 볼 때 이산화탄소를 해저 아래에 저장하는 기술은 기후 보호를 위한 제3순위의 선택 대상으로 여겨질 수 있다. 에너지 효율의 향상과 재생가능 에너지원이 그보다 앞선 순위이다. 다른 두 가지 선택 대상과는 대조적으로 이산화탄소 저장은 여전히 아주 많은 부분에서 원형 개발 단계에 있으며, 대규모로 사용하기에는 아직 준비가 덜 되어 있다. 먼저 위험성과 지속가능성을 충분히 분석한 뒤라야 더 지속가능한 기술로 나아가는 과도기에 기후를 보호하는 데 기여할 수 있을 것이다.

9 미래를 내다보며

세계 대양의 다음 수십 년 또는 수백 년은 어떤 모습일까? 미래를 예측하는 일이 가장 어렵다는 유명한 문구가 있다. 우리 행동이 낳을 결과를 미리 내다보는 데에는 언제나 많은 불확실성이 뒤따른다. 현대 과학 덕분에 우리가 어떤 것들에 대해서는 확신을 가질 수 있다 해도 그렇다. 예를 들어 이산화탄소 농도 증가는 기후를 더 뜨겁게 할 것이며 바다를 더 산성화할 것이다. 하지만 미래는 우리가 하기 나름이기 때문에 불확실할 뿐 아니라 사실상 여러 가능성을 여전히 열어놓는다. 다행히 이 책에는 좋은 소식이 담겨 있다. 미래는 여전히 (대체로) 우리 손에 달려 있다는 말이다. 그러므로 우리는 대안의 시나리오를 생각할 수 있을 뿐 아니라 서로 다른 결과 중에서 선택할 수도 있다. 우리는 해수면이 상승하고 바다가 인간한테 다 빼앗기고 산성화하는 어두운 미래를 선택할 수 있다. 또 다르게 우리는 바다를 지속가능한 방식으로 이용하여 바다의 생명력과 아름다움을 보존하는 길을 선택할 수 있다. 이 책의 마지막 장에서는 우리의 상상력을 펼치면서 미래에 나타날 수 있는 여러 시나리오 가운데 개인적으로 그려볼 수 있는 두 가지 그림을 제시하고자 한다.

어두운 미래 : 쇠락하는 바다

실수에서 배움을 얻지 못하고 전개되는 사태의 징후를 읽어낼 뜻이 없거나 그런 능력이 없는 인간 사회, 아니 오히려 과학자들의 경고를 무시하려는 인간 사회를 상상해보라. 아니면 공유 자원을 보전하며 장기 위협에 대처할 제도적 역량을 갖추지 못하고 정치적 선거 주기와 분기별 주식 보고서 같은 단기 관심사에 빠져 있는 사회를 생각해 보라.

이런 유형의 사회에서 경제 발전은 예측이나 예방책 없이 앞만 보며 내달린다. 뒤따르는 영향은 생각하지도 않은 채 가장 값싼 화석 연료를 채굴해 이용하는 길을 택할 것이다. 대기 중 이산화탄소 농도는 계속 가파르게 상승해 금세기 말에는 거의 1,000피피엠(ppm)에 도달한다. 이산화탄소 증가의 일부는 생물권에서 나타나는 양의 되먹임 순환 때문에 일어난다. 다시 말해 바다 그리고 육상 생물권에 의한 이산화탄소 흡수량이 줄어들면서 인간의 배출량이 대기에서 차지하는 비중은 20세기 때보다 더 커진다는 뜻이다.

확실하게 지구 온난화의 손아귀에 사로잡혀 지구의 온도는 점점 더 뜨거워진다. 처음에 온난화는 1980년대 이후에 그랬던 것처럼

10년마다 섭씨 0.2도 정도의 속도로 계속된다. 그러다가 나중에는 가속이 일어나기 시작한다. 2050년쯤에 지구 기온은 산업혁명 이전과 비교해 섭씨 2도나 높은 문턱을 건너간다. 이런 수치는 20세기 말에 많은 과학자들이 넘지 말아야 한다고 경고했던 중대한 한계값이었다. 지구 차원에서 볼 때에 온난화는 매우 불균일하게 일어나, 북극의 대부분 지역에서는 섭씨 6도의 상승치를 넘어선다. 이제 여름철에 북극해에는 얼음이 거의 보이지 않는다. 얼마 남지 않은 최후의 북극곰들은 굶주린 채 먹이를 찾아 북극 지역 도시들의 거리를 배회한다.

2045년쯤에는 우주에서 촬영한 파란색 북극의 지구 사진이 이미 〈타임〉을 비롯해 여러 다른 잡지들의 표지에 실린다. 지구에서 일어나는 변화는 명백해서 수백만 킬로미터 떨어진 우주 공간에서 보더라도 볼 수 있을 정도이다. 결국에는 산업계의 로비 집단조차도 우리가 예기치 못했던 온난화 시기의 한복판에 살고 있음을 인정한다. 이들은 이런 문제의 원인이 인간임을 받아들이지만, 어떻게든 많은 정치인들한테는 이와 관련해 무언가 행하기에는 이제 너무 늦었다는 점을 설득시킨다. 이번에는 이들이 맞는 말을 했다. 이산화탄소 배출을 억제하려는 국제적인 노력은 2032년에 이르러 마침내 붕괴되고 만다. 정치 세계는 수많은 적대적인 블록으로 갈라진다. 거대한 경제 열강인 중국, 인도, 유럽과 미국은 모두 다 자신의 생존을 위해 분투하며 점점 더 희소해지는 화석 자원들을 얻으려고 맹렬하게 경쟁한다. 재난적인 가뭄 위기의 타격을 받은 몇몇 허약한 나라들(주로 아프리카의 나라들)은 무너지고, 이보다는 운이 좋은 나라들은 갈수록 늘어나는 환경난민들을 막는 엄청난 국경 방위 체계를 구축하고 있다. 기후 위기의 영향을 가장 강력하게 받은 나라들에서 절망과 부당한 희생 의식이 폭넓게 퍼지면서 경제적 중심에 대한 테러 공격이라는 새로운 흐름도 촉발된다.

바다는 생태적 쇠락의 징후를 점점 더 많이 보여준다. 산호 백화 현상의 사례는 폭넓게 나타나며, 많은 산호가 복원되지 않고 있다. 바다의 자연산 물고기는 값비싼 사치품이 되어 비교적 부유한 20퍼센트의 인간들만이 먹을 수 있다.

해수면은 20세기에 20센티미터 상승한 데 이어 2000년 이래 다시 30센티미터 더 상승했다. 카리브 해는 위험 지역이 되었으며, 그곳의 해변이 사라지고 관광 리조트에 허리케인 피해가 잦아지면서 관광업은 급격히 쇠락의 길을 걷는다. 이제 유람선들은 열대폭풍의 영향을 받는 바다 지역을 회피하고 있다. 그러나 북극해를 관통하는 해상 유람선은 큰 인기를 누리는 사업이 되었다. 6등급 태풍(2030년에 세계기상기구가 도입해야 할 더 강력한 새로운 등급의 태풍)이 상하이의 상당 부분을 파괴하면서, 중국의 경제 발전은 2039년에 커다란 좌절을 경험한다.

2100년까지 온도는 훨씬 더 상승할 것이며, 산업혁명 이전 시대의 지구 평균온도보다 섭씨 5도나 높은 수준에 이를 것이다. 고위도 지방과 여러 내륙 지역에서는 온도 상승이 심지어 섭씨 8~10도 수준을 넘어선다. 유럽과 북아메리카의 거주민은 열파heat wave의 무더 위에 시달리며 극심해진 산불로 고통을 받는다. 몬순 기후의 예기치 못한 이상 현상으로 인해 어떤 때에는 가뭄이 또 어떤 때에는 큰 홍수가 일어나는 바람에 인도에서는 경제적 재난이 초래되고 기근이 지속된다.

많은 바다 생태계의 풍요로움productivity은 산성화와 온난화라는 이중의 스트레스를 받아 붕괴하고, 이로 인해 대기 중 이산화탄소의 농도는 훨씬 더 상승한다. 북대서양에서 상황은 더 악화한다. 북대서양 해류가 50퍼센트 느리게 흐르고 이에 따라 심해수 형성과 이산화탄소 흡수 능력이 떨어지기 때문이다. 탄소순환에 나타나는 이런 유형의 되먹임 순환고리feedback loop는 이산화탄소 배출량의 많은 부분을 차지하며, 배출량을 줄이려고 엄청난 비용을 들여 수행하는 인간의 필사적인 시도들을 저해한다.

그린란드와 남극에서는 빙상들이 놀랄 만한 속도로 사라지고 있다. 해안을 따라 형성된 빙붕은 21세기 내내 하나하나씩 떨어져나가며, 빙하와 빙류ice stream에서 나오는 물의 유량은 어디에서나 몇 배나 더 빠르게 많아진다. 북극곰과 그 밖의 여러 북극 생물종은 멸종 상태로 나아간다. 해수면은 이제 인간에 의한 기후 변화가 서서히 시작한 19세기와 20세기 때보다 1미터 이상이나 높아졌다. 대형 폭풍에 대비한 방벽들의 바깥쪽에 있는 뉴욕 저지대는 불법거주자들만이 사는 황폐한 건물들의 버려진 땅이 되었다. 케네디공항은 오래전에 버려졌다. 많은 섬나라들이 물에 잠겨, 그 나라의 옛 시민들은 새로운 땅을 찾기 위해 국제재판소에서 싸우지만 소용이 없다.

밝은 미래 : 바다와 조화를 이루는 인류

이제 장기 예측을 갖고서 지혜롭게 행동하는, 훌륭한 관리 수단을 갖추고 청정 기술에 전략적 투자를 하며 위험과 도전에 대처하는 인류 문명을 상상해 보자. 급속한 경제적 세계화에 이어 국제 협력은 점점 더 공고해져 기후 변화, 빈곤, 에이즈, 생물의 멸종 사태 같은 지구적 문제에 신속하게 대처하는 미래를 상상해 보자. 바다, 대기, 숲 같은 아름다운 우리 행성의 공유 자원들이 마구 개발되는 게 아니라 지속가능한 방식으로 이용되도록 하는 지구적 시민사회가 등장한다고 생각해 보자. 이런 상상은 앞에서 본 어두운 미래보다 더 생각하기 어려울까? 그렇지 않기를 바란다.

이런 유형의 문명은 자신이 지구 차원의 위기에 직면해 있음을 알아차릴 것이다. 말하자면 외계인의 공격만큼이나 인간의 생명과 인간 사회의 미래을 위협하는 위기이다. 그렇지만 그 위기는 우리 자신이 일으킨 것이다. 그리고 우리의 지적인 노력과 정치적, 경제적, 기술적 노력을 이 문제에 집중한다면 다스릴 수 있는 위기이다. 그렇다. 이것은 실제로 위기이지만 달리 보면 위기는 우리에게 엄청난 기회이기도 하다. 인류가 제3의 산업혁명을 이루는 데 도움이 될 기회이며, 건전하고 지속가능하며 더 공정한 에너지 체계를 가져다줄 기회이다. 이렇게 되면 기후 변화, 해수면 상승과 바다 산성화는 멈출 뿐 아니라 원유와 가스 확보 경쟁으로 야기되는 국제적 긴장이 줄어들고 오늘날 세계의 많은 지역에 나타나는 에너지 빈곤을 완화하는 데 도움이 될 것이다.

다가오는 몇 년 안에 기후 정책에 진정한 전환점이 이뤄진다고 상상해보자. 마침내 국가 수장들은 이 문제를 진지하게 받아들여 환경 관련 장관들한테만 맡겨두지 않는다. 지도적인 나라들은 자국의 온실가스 배출을 줄이기 위한 야심 찬 계획과 시간표를 만들고, 또한 그에 맞춰 행동한다. 이는 교토의정서의 후속 조치를 마련하려는 국제적 협의에 새로운 생명력을 불어넣는다. 중국과 인도 같은 신흥 경제 강국들은 기존 산업국가들이 그들의 숙제를 진지하게 수행하고 있음을 인식하고, 이와 동시에 지구 온난화에 맞선 전투에서 패한다면 자신들도 많은 것을 잃어버릴 것임을 이해하기에 이른다. 그리하여 이들도 이런 노력에 동참한다.

재생가능 에너지원에 대한 중국의 대규모 투자 덕분에 관련 기술의 가격은 빠르게 떨어진다. 이후 불과 몇 년 안에 발전도상국들은 중국산 풍력 터빈을 이전의 절반 가격으로 사들여, 비용의 측면에서 모든 화석연료 발전이나 핵 발전 방식을 앞서기 시작한다. 앞으로 25년 동안에 지구 차원의 풍력발전은 해마다 20퍼센트씩 지속적으로 성장하여(지난 10년 동안 그랬던 것처럼), 2030년쯤에는 세계 전력 수요량의 약 40퍼센트를 충당하게 된다. 이와 더불어 이전에는 화석연료를 찾는 데 들어가던 그 정도 규모의 투자가 이제는 재생가능 에너지 연구에 쏠리면서, 바다에서 에너지를 생산하는 기술은 물론이고 육상에서 태양에너지를 활용하는 기술에서 수많은 획기적 진보가 일어난다. 2030년부터 태양전지solar cell는 처음에는 우리의 전력 수요량 중 적은 부분을 차지하나, 이후에는 빠르게 성장하며 더 많은 부분을 충당하면서, 이보다 40년 앞서 풍력발전이 그랬던 것처럼 발전의 계기를 키울 것이다.

재생가능 에너지의 발전은 전기만을 제공하는 게 아니라 열대지방의 여러 나라에 새로운 소득원이 된다. 북아프리카는 유럽에서 사용하는 전기의 주요 공급자 중 하나가 되어 바람 많은 대서양 연안을 따라 전력을 생산한다. 또한 사막에는 태양열 발전소가 세워져 여기에서 생산된 전기는 유럽을 가로지르는 종합송전망supergrid에 공급된다.

에너지 효율은 소비제품 분야에서 기술혁신의 초점이 된다. 예컨대 대기 상태에서도 0.25와트 이상의 전기를 소모하는 텔레비전과 음향기는 시장에서 사라진다. 지구 행성이 직면한 위기의 한복판에서 이처럼 시대에 뒤떨어진 '공룡' 기술을 쓸 여유는 없다. 자동차의 평균 연료 소비와 온실가스 배출은 수십 년 만에 다시 떨어지기 시작한다. 2030년쯤에 새로운 자동차들의 평균 배출량은 절반으로 줄어들고 점점 더 많은 자동차들이 전기로 달린다. 전기 자동차는 내연기관보다 훨씬 더 효율이 높은 기술이다. 2040년쯤에는 거의 모든 새 건물들이 새로운 '제로 에너지' 표준을 좇아 건설된다. 대부분의 산업국가에서 시민들은 더 큰 번영을 누리면서도 이산화탄소 배출량은 급속하게 줄어든다. 전환점에 도달한 것이다. 지구촌의 온실가스 배출 거래 시장에서 탄소 가격은 떨어진다. 엄중한 지구 기후 정책들에 힘입어 생겨난 기술적 진보가 저배출 기술의 비용을 낮추었기 때문이다.

2050년에 미국 항공우주국NASA과 유럽기후센터의 과학자들은 지구 온도의 상승이 산업혁명 이전과 비교해 섭씨 1.5도 상승하는 수준에서 사실상 정지했음을 공동으로 선언한다. 북극 바다얼음의 면적은 절반으로 줄었으며, 과학자들은 이제 최저점에 도달한 것인지, 그리고 언제 다시 회복 과정이 시작할 것인지 여전히 확실하게 알지는 못한다. 해수면은 여전히 높아지고 있으며, 모든 연안 국가들은 제방을 높이고 범람을 막는 방벽을 세우는 데 많은 해안 보호 비용을 들여야 하지만, 지금까지 포기해야 했던 땅은 극히 일부에 불과하다. 베네치아에 있는 범람 방벽 체계인 '모세'는 거의 절반의 시간을 폐쇄해 둘 수밖에 없고 베네치아 운하의 생태가 일부의 해를 입었지만, 이 도시는 여전히 번성하는 관광지로 남아 있다. 산업혁명 이전 시기보다 30센티미터 높아진 해수면 상승은 심각한 문제이지만, 대처하고 관리할 수 있는 수준이다.

그러는 동안에 다른 영역에서도 중요한 진전이 이뤄진다. 마침내 여러 나라 정부들은 물고기 개체군의 산란 능력 이상으로 많은 물고기를 잡는 어획 활동이 근시안적임을 인식한다. 이런 어획 활동은 어쩔 수 없이 전체 물고기 수의 감소로 이어져 결국에는 수산업에 아무런 이득을 주지 않기 때문이다. 이제는 과학적 자료에 바탕을 두는 지속가능한 어획 할당제도가 수산업 관리 분야에서 일상적으로 활용되고 물고기 개체군의 안전성을 보장하는 적절한 여지를 두면서 준수된다. 이와 더불어 보호의 대상이 되는 바다 지역과 바다

공원의 지구적 네트워크가 구축된다. 그 영역은 세계 바다의 30퍼센트를 차지한다. 이는 여러 생물종한테는 종 회복을 위해 피난할 수 있는 보호 지대가 되어 바다 생태계의 복원력은 커지고 기후 변화나 다른 압력의 영향을 받는 바다 생물종의 취약성은 줄어든다. 여러 지역에서 이런 정책들로 인해 물고기 군체나 다른 전반적인 바다 생물이 점차 회복 단계에 이른다. 노르웨이 과학자들이 수행한 선구적인 연구 덕분에 지속가능하고 청정한 방식의 바다 목장을 만드는 데 크나큰 진전이 이뤄져, 바다는 이제 물고기 군체가 고갈되지 않으면서도 세계인들한테 풍부한 단백질을 제공할 수 있게 된다.

화석연료 사용이 감소하고 재생가능 에너지의 비중이 높아지면서, 여러 다른 오염물질과 더불어 원유에서 나오는 탄화수소를 감당해야 했던 바다의 부담이 줄어든다는 즐거운 부수적 효과도 나타난다. 그래서 관광객들은 이제 더 많은 바다 생물이 사는 더 깨끗한 바다를 즐길 수 있다. 바다 관광업에서는 일부 변화의 흐름도 등장한다. 유럽에서는 눈에 띌 정도의 기후 변화가 남부 지역의 지속적인 가뭄과 산불 문제와 합쳐지다 보니 이제는 지중해의 해변보다는 북해와 발트 해의 해변을 찾는 사람들이 훨씬 더 늘어난다. 소수의 관광객들만이 바다 수평선 저 멀리에서 풍차를 돌리는 데 반대한다. 풍차가 있는 이색 풍경에 이미 오래전에 익숙해지고 대부분 사람은 이제 풍차가 가져다주는 혜택이 사소한 풍광의 불편보다 훨씬 더 중요함을 인식한다.

끝맺는 말

일어날 수 있지만 서로 완전히 다른 두 갈래의 미래를 지금까지 보았다. 이런 상상을 미래 예측으로는 오해하지 말아야 한다. 진짜 미래에 일어날 일이 우리의 상상과는 많이 다를 것이라고 생각한다. 그렇지만 인류가 다음 십 년 동안에 취하는 결정들이 우리의 미래를 앞에서 얘기한 미래의 여러 측면들과 닮은 이런 방향 또는 저런 방향으로 이끌 가능성이 크다. 이런 결정들은 오늘날에 교토의정서와 생물 다양성협약 같은 국제적 차원부터 지역과 국지 차원까지 여러 가지 정치적 단계에서 이미 논의되고 있다. 이 결정들은 수천 년 동안 우리 바다에 영향을 끼칠 것이다. 다음 십 년을 위한 에너지 기반 시설에 대해 크나큰 투자들이 계획되고 있으며, 특히 한번 지어지면 수십 년 동안 가동되는 발전소에 대한 투자는 우리가 2050년까지 온실가스 배출량이 적은 사회로 가느냐, 많은 사회로 가느냐를 결정할 것이다. 이것은 다시 바다가 얼마나 더워지고 얼마나 산성화할지, 그리고 해수면은 얼마나 상승할지를 결정할 것이다. 우리는 여전히 선택의 갈림길에 서 있다. 하나는 이산화탄소 농도의 급속한 상승을 내다보지 못한 채 행하는 무모한 실험과 바다 자원을 마구잡이로 개발하는 길이며, 다른 하나는 건강한 바다를 간직하는 지속가능한 미래의 길이다. 과연 어떤 선택의 길로 나아갈지를 둘러싸고 여러 가지 영역에서 싸움이 벌어지고 있다. 우리가 자동차나 냉장고를 살 때, 우리가 휴일 계획을 세울 때, 또는 우리가 이런 쟁점을 두고 친구들과 대화를 나눌 때에, 즉 우리 모두가 일상적으로 행하는 선택들이 이런 싸움에 영향을 준다. 이와 관련한 논의를 북돋우는 데 이 책이 도움이 되었으면 한다. 또한 우리 모두가 행하는 중요한 결정들은 우리가 원하든 아니든 바다의 미래에 영향을 끼치기에, 바다가 어떻게 작동하며 얼마나 무너지기 쉬운지를 현실적으로 이해하면서 그런 결정을 내릴 수 있도록 하는 데 이 책이 도움이 되길 바란다.

용어 설명

교토의정서Kyoto Protocol 교토의정서는 1997년에 동의를 얻었다. 이 의정서는 산업국가들한테 온실가스 배출을 2008~2012년 중에 1990년 수준과 대비해 평균 5.2퍼센트 감축하도록 요구한다. 교토의정서는 러시아 비준 이후 2005년 2월 발효되었다.

국제해사기구International Maritime Organization: IMO 해사와 해운에 관한 국제기구로서 유엔의 특별 기구이다. 런던에 본부가 있다.

규조류Diatoms 이산화규소(규산) 성분의 껍질을 갖춘 미생물로서, 바다에서 식물플랑크톤의 주요한 부분을 차지한다.

기후 모형Climate model 실험을 수행할 때 그 기초로 사용되는 지구 모형을 만드는 데에는 물리학 법칙들이 이용된다. 기후의 전개 과정을 기술하는 모든 물리 방정식과 매개변수들을 충분히 결합한 것을 두고서 기후 모형이라고 부른다. 이에 해당하는 수학적 방정식의 복잡성 때문에, 수치해석 방법과 고성능 컴퓨터의 도움을 빌려 해를 근사적으로 구한다.

기후 민감도Climate sensitivity 이산화탄소에 따라(좀 더 일반적으로 말하면 지구 복사 균형의 변화에 따라) 변화하는 기후 체계의 민감도로서, 기후 체계에서 가장 중요한 물리적 매개변수 중 하나이다. 대체로 기후 민감도는 이산화탄소 농도가 지속적인 2배로 상승할 때 나타나는 지구 표면 평균온도의 증가분을 말한다. 가장 근사한 그 값은 섭씨 3도일 것으로 여겨진다. 현재 추정값의 범위는 최소 2도, 최대 4.5도이다.

기후 변화 정부간 위원회IPCC 기후 변화 정부간 위원회는 1988년 국제연합환경계획(UNEP)과 세계기상기구(WMO)에 의해 창설됐다. 그 목적은 두 가지이다. 한편으로는 기후 연구의 과학적 이해를 문헌으로 정리하는 것이며, 다른 한편으로는 세계 정책의 수립을 위해 정보를 제공하는 것이다. 세계를 이끄는 기후 연구 과학자 수백 명이 IPCC 보고서에 글을 기고한다. IPCC 보고서는 지구 기후변화에 관해 가장 믿을 만한 과학 보고서로서 널리 받아들여지고 있다.

단스고르-외슈거 사건Dansgaard-Oeschger events 지난 빙하기에 일어났던 급속한 기후온난화 사건으로, 이 용어는 그린란드의 얼음 시추시료에서 얻은 데이터에서 기후 요동을 발견했던 빌리 단스고르와 한스 외슈거의 이름을 따서 지어졌다. 단스고르-외슈거 사건이 일어나는 동안에 그린란드 지역의 온도는 10~20년 만에 대략 섭씨 10도나 갑작스럽게 상승했다.

대기Atmosphere 지구 둘레를 덮고 있는 기체. 행성의 대기는 그 행성의 기후를 결정하는 데 명확한 역할을 한다. 예를 들어 금성의 대기는 주로 이산화탄소로 이뤄져 있어서 매우 강력한 온실효과를 내기 때문에 금성의 표면은 매우 뜨겁다.

대륙붕 바다Shelf sea 대륙붕 바다라는 용어는 북해처럼 편평한 해안을 지닌 바다를 설명하는 데 사용된다. 이런 바다는 보통 최대 200미터 정도의 수심을 지니며 대륙판의 끝자락에 있다.

동물플랑크톤Zooplankton '식물플랑크톤'의 용어 해설을 참조하라. 동물플랑크톤은 동물 형태의 플랑크톤을 말한다. 요각류, 크릴, arrow worms, 물고기 유생, foraminifera 등이 있다. 단일 동물 종으로서 생물 총량의 최대 기록은 (지금까지 알려진 바로는) 요각류인 칼라누스 핀마르키쿠스

(Calanus finmarchicus)가 유지하고 있다. 이 생물종의 생활사에 대해서는 제2장에서 더 자세한 설명을 볼 수 있다.

디메틸 황화물Dimethyl sulfide; DMS 바다에서 대기로 방출되는 황 화합물로서, 대기에서 구름 생성을 촉진해 기후에 영향을 끼칠 수 있다. 식물플랑크톤의 여러 종들이 DMS 전 단계의 물질을 만들어내기 때문에, 현존하는 식물플랑크톤의 종 분포에 따라서 DMS가 얼마나 많이 대기로 유입될지가 결정된다.

라니냐La Niña 엘니뇨/남방진동(ENSO) 주기에 나타나는 한랭화 단계를 말한다. 라니냐는 적도 부근 태평양에서 이상 냉각 현상으로 나타나며, 엘니뇨와 마찬가지로 지구 기후에 영향을 끼친다.

메탄 하이드레이트Methane hydrate 물 분자의 분자상자(molecular cage) 안에 결합된 고체 형태의 메탄. 메탄 하이드레이트는 흙 묻은 흰 눈처럼 생겼는데 불이 붙어 탈 수 있다. 저온과 고압의 조건(바다 바닥의 조건)에서는 안정적이다.

무역풍Tidal winds 아열대에서 적도 지방 쪽으로 향하는 바람의 패턴. 적도에 가까울수록 무역풍의 서향 성분이 강해진다. 적도 지방 부근의 무역풍은 바다와 대기의 상호작용은 물론이고 엘니뇨와 라니냐 현상의 출현에 중요한 구실을 한다.

배출 시나리오Emissions scenarios 온실가스 배출의 미래를, 대체로 2100년까지 내다보는 몇 가지의 가정들. 이런 시나리오들은 세계 경제와 에너지 체계의 미래 발전에 대한 현재 예측에 바탕을 두고 있다. 배출 시나리오는 미래 예언의 형식을 취하지 않는다. 2100년까지 배출되는 온실가스의 양을 지금 미리 결정할 수는 없지만, 그 양이 정치적으로는 영향을 받을 수 있기 때문에, 배출 시나리오는 여러 다른 행동을 택할 수 있다는 특징을 보여준다. 배출을 줄이려는 일치된 정치적 노력에 바탕을 둔 기후 보호 시나리오(이른바 완화 시나리오)와 그런 노력을 하지 않은 채 지금까지 하던 대로 행하는 시나리오 사이에는 뚜렷한 차이가 나타난다. 배출 시나리오는 기후 모형에 입력되어, 다양한 기후 시나리오의 후속 영향을 계산하는 데 사용된다.

복사평형Radiation balance 지구가 평형 상태를 유지하려면, 긴 시간에 걸쳐서 지구에서 나가는 복사에너지와 같은 양의 에너지가 지구에 입사되는 태양에너지에서 지구로 흡수돼야 한다. 지구에서 우주로 나가는 복사는 긴 파장의 열적 복사라는 형태를 띤다. 복사평형은 흡수되는 복사에너지와 방출되는 복사에너지 간의 균형을 말한다. 만일 복사평형에 변화가 생기면(예컨대 대기 중 이산화탄소 농도가 증가하면 긴 파장의 복사 부분에 영향을 줄 수 있다), 그로 인해 지구의 표면 온도는 변한다.

부영양화Eutrophication 물의 생태계로 유입되는 유기물의 증가 현상. 그 양은 광합성에 따라 달라지기 때문에, 부영양화의 원인은 대체로 영양소(질소와 인)의 이용도가 증가한 데에서 찾을 수 있다. 이런 영양소가 식물플랑크톤의 광합성을 촉진한다.

북대서양 해류North Atlantic Current 북대서양에서 유럽 해안을 향해 북동쪽 방향으로 흐르는 해류로서, 멕시코만류(대서양의 서쪽)와도 이어져 있다. 이 때문에 북대서양 해류는 종종 멕시코만류의 일부라고 여겨진다. 하지만 두 해류를 일으키는 힘이 서로 달라, 둘은 구분된다. 멕시코만류는 주로 바람에 의해 추동되지만, 북대서양 해류는 대체로 고위도 바닷물의 냉각화 그리고 이와 연관된 바닷물 밀도의 차이에서 기인한다.

분출(分出)빙하Outlet glacier 거대한 빙상(그린란드, 남극)이나 이보다 작은 빙원에서 나온 대규모의 얼음 흐름.

브레브톡신brevetoxin 조류 독성의 일종으로서, 그 이름은 열대지방에 흔한 카레니아 브레비스(Karenia brevis)라는 생물종의 이름을 따라 붙었다. 이 생물종이 밀집하면 독성을 띠는 조류 번성을 일으키며 물고기 떼죽음을 초래할 수 있다.

빙붕Ice shelf 빙하나 빙상이 해안 쪽으로 흘러내릴 때에 해수면 위에 형성되는 얼음 층. 그러므로 이것은 바다에 떠 있는 대륙빙의 일부('빙상' 참조)이지 바다얼음은 아니다.

빙상Ice sheet 그린란드와 남극에 있는 거대한 대륙의 얼음덩어리를 일러 빙상이라고 한다. 이보다 작은 육상 얼음덩어리는 빙원(ice cap, 예컨대 아이슬란드나 스피츠베르겐) 또는 빙하(glacier, 산의 경사면에 있는)로 불린다. 바닷물이 얼어 형성되는 바다얼음과는 달리, 빙상은 눈이 쌓여 형성된다. 흔히 '빙상'과 '빙붕'을 잘못 혼동하는 경우가 있다.

산성화Acidification 인간에서 유래하는 이산화탄소(CO_2) 중 일부(대략 30퍼센트)는 바다에 흡수되어 바닷물의 산성화(pH 값 감소)를 일으킨다. 이런 영향은 측정할 수 있다. 산업화가 시작된 이래로 pH 값은 대략 0.11단위가 감소해 왔다.

삼투 발전소Osmotic power plant 발전을 할 목적으로, 거대한 바다 염분 농도 차이의 삼투압을 이용하고자 고안한 미래형 발전소.

생물 다양성Biodiversity 어느 한 생태계 또는 지구 전체에 나타나는 서로 다른 생물 형태(종)의 다양성.

생물 다양성 협약Convention on Biological Diversity 생물 다양성을 보존하자는 국제조약. 1992년 리우데자네이루에서 열린 지구정상회의에서 채택됐다.

생물학적 펌프Biological pump 유기물질을 바다의 표층에서 심해층 또는 해저 바닥으로 (가라앉음으로써) 운반하기.

석유회수 증진기술Enhanced oil recovery; EOR 이산화탄소를 유전에 주입해 매장지에서 석유를 더욱 더 철저하게 뽑아내는 공정. 어떤 상황에서는 이런 방법이 기후 보호의 목적으로 이산화탄소를 저장하는 데 사용될 수도 있다. 동시에 두 가지 효과가 있기 때문에, 비용 측면에서 효과적이다.

석회비늘편모류Coccolithophores 현미경으로 관찰할 수 있는 아주 작은 탄산칼슘 성분의 조류. 대체로 공 모양의 단세포로 이뤄져 있다. 무엇보다 이 생물종은 발트 해에 있는 독일 뤼겐 섬의 회백질 절벽과 영국 남부 해안 항구도시 도버의 백회질 절벽을 만든 중요한 일부이다.

성층권Stratosphere 수직의 온도 분포로 볼 때에, 지구 대기는 몇 개 층으로 나뉠 수 있다. 고도 10~15km까지 이르는 낮은 층은 대류권(troposphere)이라 불린다. 그 바로 위에 성층권이 있다. 성층권은 대략 50km의 고도까지 이어져 있다. 성층권에는 지상 생물이 살아가는 데 아주 중요한 오존층이 있다.

스베르드루프Sverdrup; Sv 해양학자들이 해류 세기를 측정할 때 널리 쓰는 측정 단위. 1스베르드루프는 1초당 100만 세제곱미터(m^3)의 유량을 말한다. 비교하면 1스베르드루프는 아마존 강의 유량보다 대략 10배나 많다.

시아노박테리아Cyanobacteria 광합성을 하는 박테리아의 일종. 세포핵이 없기 때문에 전문지식으로 볼 때 조류에 속하지 않지만, 일반적으로 남조류(blue-green algae)라 불리기도 한다.

식물플랑크톤Phytoplankton 플랑크톤이라는 말은 물에서 자유로이 떠다니지만 흐름을 거슬러 헤엄칠 수 있는 능력은 없는 유기체를 가리키는 데 쓰인다. 그런 플랑크톤 중에서 식물체를 식물플랑크톤이라 한다. 식물플랑크톤은 바다의 1차 생산자이다. 태양에너지를 활용하고 이산화탄소와 영양소를 이용하여 광합성 과정을 통해 생물자원을 만들어낸다. 바다에서 일어나는 모든 광합성 가운데 대략 95퍼센트가 식물플랑크톤에서 비롯한다. 대표적인 식물플랑크톤으로는 규조류, 녹조류, 황조류(gold algae), 쌍편모조류, 청조류(시아노박테리아) 등이 있다. '동물플랑크톤' 참조.

심해수Deep water 바다 깊은 곳에 있는 물 덩어리이지만, 저층수(bottom water)보다는 위쪽에 있다. 예컨대 대서양에서 북대서양 심해수는 대략 수심 2,000~3,000미터에 있으며, 훨씬 더 깊은 바닷물이 예컨대 남극 저층수에서 발견된다.

쌍갈림Bifurcation 어느 동역학적 체계에서, 그 체계의 매개변수(예컨대 대서양에 유입되는 민물)에 생긴 작고도 잔잔한 변화가 그 체계의 장기적 거동(예컨대 해류)에 갑작스런 변화를 초래할 때 쌍갈림 현상이 일어난다.

쓰나미Tsunami 지진이나 해저 산사태로 촉발되는 홍수파(flood wave). 제1장 참조.

아열대 환류Subtropical gyres 바다 분지의 폭에 맞먹는 거대한 유사 원을 그리며 도는 해류들을 말한다. 지구에 흔하게 나타나는 바람의 패턴(무역풍과 서풍 벨트)이 이런 해류를 일으킨다. 아열대 환류의 서쪽 끝은 극지 쪽 방향으로 흐르면서 서쪽 경계부의 좁은 해류를 형성한다. 예컨대 북대서양의 멕시코만류가 그렇다. 이 환류의 동쪽 면에는 적도 쪽 방향으로 더 넓게 더 천천히 흐르는 해류가 나타난다.

알베도Albedo 태양에서 입사되는 햇빛과 비교해 구름이나 땅 표면, 바다 표면 같은 표면에서 반사되는 정도. 표면이 더 밝을수록 알베도는 더 높고 어두운 표면에서는 알베도가 훨씬 더 낮다.

에너지 공급의 탈탄소화Decarbonization of energy supplies 이산화탄소 배출을 피하기 위해 에너지 체계를 다시 구축하기. 예를 들면, 재생가능 에너지의 사용 등이 있다.

에어로졸Aerosols 대기 중에 떠 있는 물질 또는 입자. 에어로졸은 대기의 복사평형과 관련해 중요한 요인이다. 인간에 의해 대기에 유입되는 에어로졸은 냉각 효과를 내기 때문에 인간 유래 온난화를 감소시킨다.

엘니뇨El Niño 지구 기후에 나타나는 가장 강력한 단기적인 자연 요동이다. 엘니뇨는 적도 태평양에 일어나는 거대 규모의 온난화 현상으로, 평균 4년에 한 번씩 나타나 전 세계에 이상 기후를 불러일으킨다. 엘니뇨 현상은 엘니뇨/남부진동(ENSO)이라는 주기의 일부이다. 이 주기 중에서 한랭화 단계를 라니뇨라 부른다. ENSO를 예측할 수 있게 되면서, 계절 예보에서 매우 획기적인 진전이 가능해졌다.

열대 사이클론Tropical cyclone 고도로 조직화하여 회전하는 폭풍 체계. 열대지방에서 발생한다.(그렇지만 바로 적도대(equatorial band)에서 발생하는 것은 아니다.) 각자 나름의 역사를 지니기에, 열대 사이클론은 북아메리카에서는 허리케인으로, 아시아에서는 태풍으로 불린다(제4장 참조).

열염순환Thermohaline circulation 바다에서 열염순환을 일으키는 것은 바닷물의 온도와 염도 차이이다. 그리고 이런 차이는 바다 표층의 가열과 냉각, 증발, 민물 유입뿐 아니라 바다의 혼합 과정에 의해 생겨난다. 그러므로 열염순환은 바람이 일으키는 해류나 조류와는 다르다. 대서양의 열염순환은 열을 북쪽으로 운반해 유럽 기후를 온후하게 하는 데 중요한 구실을 한다. 북대서양 해류는 열염순환의 일부이다.

염도Salinity 바닷물의 소금 함량. 보통 바닷물 1킬로그램에 들어 있는 소금의 그램 수(즉, 0.1퍼센트 또는 천분율, 퍼밀〔per mille〕)로 말한다. 거대한 바다의 염도는 33퍼밀 내지 38퍼밀이다.

염초지Salt meadows 바닷물의 만조선보다는 높지만 자주 바닷물이 범람하는 지대의 해안 생태계. 흙에 염분이 많기 때문에 바다 라벤더, 바다 애스터, 바다 쑥쑥 같은 독특한 식물들이 자란다.

엽록체Chloroplast 식물세포 안에 있는 구면체의 소기관으로, 엽록소를 지니며 광합성을 일으킨다.

영양단계Trophic levels 먹이사슬의 단계. 일차 생산자인 식물플랑크톤은 첫 번째 영양단계를 형성한다. 식물플랑크톤을 먹으며 사는 유기체는 두 번째 영양단계를 형성하고, 제2 단계의 생물을 잡아먹는 동물은 따라서 제3 단계에 속한다. 여러 가지 이유로 이런 개념은 바다 생태계에 중요하다. 또한 영양단계가 높아질수록 여러 오염물질의 농도가 점차 증가한다는 점은 사람한테도 중요한 문제이다.

오존Ozone 오존은 산소 3원자로 이뤄져 있다. 대부분 오존은 성층권(대략 고도 15킬로미터 이상)에서 생긴다. 성층권의 오존층은 사람한테 해로운 자외선 복사를 흡수하기 때문에 지표면까지 도달하는 자외선의 세기를 줄여준다. 그렇지만 사람도 오존을 만들어내는데, 특히 여름에 전형적인 스모그 날씨의 조건에서 그렇다. 지표면의 오존과 성층권의 오존을 혼동해서는 안 된다.

온실가스Greenhouse gases 온실효과와 관련되는 미량기체들. 자연적인 온실효과에서 가장 중요한 온실가스는 수증기이다. '인간이 일으키는' 온실효과만을 따지면, 이산화탄소가 대략 60퍼센트를 차지해 가장 큰 영향을 끼친다.

온실효과Greenhouse effect 대기에 있는 특정한 미량기체들은 스펙트럼에서 열 영역에 있는 전자기파 복사를 흡수하고 방출하는데, 그래서 지표면과 하층 대기에 추가 온난화의 효과를 일으킨다. 자연적인 온실효과의 규모는 대략 섭씨 33도이다. 인간은 기후와 관련되는 이산화탄소 같은 특정한 미량기체의 농도를 증가시킴으로써 지구온난화의 원인인 온실효과를 증강해왔다.

요각류Copepods 갑각류에 속하는 작은 생물. 여러 가지 다른 종들이 바다와 민물에서 발견된다. 더 큰 바다 유기체들한테는 중요한 먹이가 된다.

용승Upwelling 바닷물의 상승 운동, 특히 심해 층에서 표면 층으로 올라가는 상향 운동을 설명하는 일반용어. 용승은 특히나 적도를 따라, 그리고 해안을 따라 일어나며, 바람과 지구 자전의 상호작용에 의해 조절된다. 또한 용승은 생물학적으로도 매우 중요한 구실을 하는데, 빛이 풍부한(따라서 광합성을 할 수 있는) 바다 표층에 새로운 영양소를 가져다주기 때문이다. 따라서 용승 지역에는 대체로 생물종들이 매우 번성한다.

유공충Foraminifera 작은 단세포 미생물. 여러 종들이 탄산칼슘 성분의 껍질 형태를 띤다. 죽은 뒤에는 바다 퇴적물이 된다. 여러 지역에서 이런 껍질들이 해저 퇴적물 가운데 상당량을 차지한다.

이산화탄소Carbon dioxide ; CO_2 대기에 있는 미량기체로, 그 분자구조로 인해 적외선 영역의 복사를 흡수한다. 이 때문에 낮은 농도에서도 기후에 영향을 준다.(이는 대기를 구성하는 양대 기체인 질소, 산소에 대조되는 성질이다.)

일차 생산Primary production 햇빛과 영양소를 (광합성을 통해) 식물의 물질로 바꾸는 과정을 말한다. 이후에 광합성을 하지 못하는 다른 유기체가 이를 활용한다.

잔류성 유기 오염물질Persistent organic pollutants 오랜 동안 환경에 잔류하는 화합물 그룹. 살아 있는 사람과 동물에 축적되며 공기와 물을 통해 멀리까지 옮겨질 수 있다. 건강을 위협하는 대표적인 물질이다.

저층수Bottom water 심해에서 해저 부근에 있는 물. 예컨대 대서양 저층수.

조금(또는 소조〔小潮〕)Neap tide 조수가 가장 낮은 때를 가리키다. 지구에서 볼 때 해와 달이 90도 각도로 떨어져 있을 때(즉 반달이 뜰 때) 나타난다. 따라서 반달과 마찬가지로 조금은 14일에 한 번씩 나타난다. '한사리(또는 대조〔大潮〕)' 참조.

조력발전소Tidal power station 조수 간만이 일으키는 바닷물의 운동을 이용해 터빈을 돌려 전기를 생산하는 발전소.

조류 번성Algal bloom 식물플랑크톤 농도가 매우 높은 상태. 이런 번성은 자연적으로도 일어나지만, 예를 들어 지나치게 많은 영양소(질소, 인)를 자연에 유입시키는 것 같은 인간 행동에 의해서도 촉진될 수 있다. 어떤 조류 번성은 사람한테 질병을 일으킬 수 있으며, 인간의 상업 활동에도 해를 끼칠 수도 있다. 사람에 해를 끼치는 조류 번성은 독성을 띤 식물플랑크톤이 우세해질 때 발생한다.

조수 간만의 차Tidal range 만조와 간조 사이의 해수면 차이.

체제 교체Regime change 한 생태계가 어떤 상태에서 다른 상태로 넘어가는 변화. 예를 들어 현미경으로나 볼 수 있는 바다의 작은 플랑크톤이 광합성을 하는 지배적인 유기체로서 큰 육상식물을 대신하는 경우가 그렇다.

코리올리의 힘Coriolis force 지구 자전이 폭넓은 지역에 걸친 거대 규모의 운동에 끼치는 효과 중 하나. 바람이 고기압권과 저기압권 안에서 등압선과 평행하게 분다는 것은 기압 차이의 힘과 코리올리 힘 사이에 힘의 균형이 이뤄져 있음을 보여준다. 이런 현상을 지형류 평형(geostrophic equilibrium)이라 부른다.

탄산염 펌프Carbonate pump 바다 표층수에 있는 탄산칼슘이 더 깊은 심해층이나 해저로 이동하기(가라앉기).

탄산칼슘Calcium carbonate 화학식 $CaCO_3$로 표시되는 화학 성분. 탄산칼슘은 지구에서 아주 흔하다. 선석(아라고나이트)이나 방해석 같은 광물 형태로 바다에서 발견된다. 산호, 홍합, 달팽이의 뼈대는 이 탄산칼슘으로 이뤄져 있다.

퇴적층Sediment 해저에(또는 다른 어느 곳에서건) 물질이 쌓여 형성되는 층. 심해 퇴적물은 수백만 년에 걸쳐 쌓인다. 사실, 수백만 년이라고 말할 수는 없다. 대륙 이동의 영향으로 바다에 덮인 판의 일부가 다시 지각과 융합해 지상으로 드러날 때까지 쌓이기 때문이다. 일반적으로 말하면 1,000년 동안에 고작 몇 밀리미터 내지 몇 센티미터 정도의 새로운 퇴적층 형태가 형성된다. 퇴적층을 시추한 시료를 채집해 퇴적층의 연대를 자세히 연구할 수 있으며, 과거의 바다 생물에 관해 새로운 발견을 하거나 과거의 기후 상태나 해류가 어떠했는지 그려볼 수 있다.

트리부틸틴Tributyltin; TBT 선체를 보호할 목적으로 선박에 칠하는 갖가지 오염방지용 페인트에 사용되는 화합물. 일부 달팽이 종들한테 불임이나 다른 생식 문제를 유발한다.

파력발전 단지Wave power farm 바다 표면의 파도를 이용해 전기를 생산하는 발전소. 시범 시설이 스코틀랜드에서 가동되고 있다.

하인리히 사건Heinrich events 엄청난 양의 얼음이 쪼개져 나와 대서양으로 미끄러져 들어간, 지난 빙하기의 돌발적 사건으로, 이로 인해 해수면이 몇

미터나 상승했다. 민물의 대량 유입으로 심해수 형성도 방해를 받았을 것이다. 이는 퇴적층 데이터에 나타나 있는데, 퇴적층 데이터는 또한 북대서양 지역의 한랭화 사건도 설명해준다. 하인리히 사건은 심해 퇴적층에서 나온 작고 견고한 암석들의 층을 통해 처음 알려졌다. 작고 견고한 암석은 해류나 바람의 작용으로 그곳까지 옮겨질 수는 없었기에, 빙산이 녹아내리면서 그곳까지 실려왔던 것이다.

한사리(또는 대조〔大潮〕)Spring tide 14일마다 한 번씩 해, 지구, 달이 일직선상에 놓일 때(대체로 초승달과 보름달이 뜨는 때에) 나타나는 특히나 높은 만조 현상. 폭풍해일과 혼동하지 말 것. '조금(또는 소조〔小潮〕)' 참조.

해류 발전기Ocean current power generator 수중 터빈으로 해류를 이용해 발전을 하는 동력장치. 바다 표면에는 아무런 장치도 드러나지 않는다. 영국, 노르웨이, 이탈리아에서 시범 발전기가 설치돼 가동되고 있다.

해수온도차 발전Ocean thermal energy conversion; OTEC 미래에 실현될 수 있는 발전소의 한 원리. 바다 표층의 따뜻한 물과 깊은 곳의 차가운 물 사이에 나타나는 온도차를 열역학적 순환을 통해 이용한다.

해안 관리Coastal zone management (통합적인) 해안 관리라는 개념은 지속가능성에 초점을 맞추는 관리 방식을 말한다. 해안 개발을 둘러싼 갈등을 줄이고 환경의 질을 보전하며, 또한 해안 개발 과정에서 생기는 상업적, 사회적, 생태적 요구 사이에 균형이 이뤄지도록 지원하는 것을 목표로 삼는다.

해양오염방지협약MARPOL 선박에 의한 해양 오염을 막기 위한 국제 협약. 국제해사기구(IMO) 주관.

혼획종Bycatch 어획 대상 종에 섞여서 우연히 함께 집힌 다른 종.

화석연료Fossil fuels 화석연료에는 석유, 천연가스, 석탄이 있다. 화석연료는 수억 년 전에 형성돼, 오늘날에는 동력을 생산하는 데 사용된다. 화석연료의 연소는 인간이 만들어내는 가장 중요한 이산화탄소 배출원이다.

참고 문헌 및 그림 출처

굵은 글씨로 표시한 문헌과 인터넷 페이지는 읽어볼 만한 것으로 추천하는 것들이다.

Archer, D. (2007): ***Global Warming: Understanding the Forecast***. Blackwell Publishing, Malden(USA).

Carson, Rachel (1951): *The Sea Around Us*. New York, Oxford University Press.

Charlson, R. J., Lovelock, L. E., Andreae, M. O., and Warren, S. G. (1987): "Oceanic Phytoplankton, Atmospheric Sulphur, Cloud Albedo and Climate". *Nature* 326: 655~661.

Church, J. A., and White, N. L. (2006): "A 20th Century Acceleration in Global Sea-Level Rise". *Geophysical Research Letters* 33: L01602.

Domingues, C. M., et al. (2008): "Improved estimates of upperocean warming and multi-decadal sea-level rise". *Nature* 453, doi: 10.1038/nature07080

Emanuel, K. (2005): "Increasing Destructiveness of Tropical Cyclones Over the Past 30 Years". *Nature* 436: 686~688.

Grill, Adrian E. (1982): *Atmosphere-Ocean Dynamics*. Academic Press, London.

IPCC (2007): ***4th Assessment Report (AR4) of the IPCC (Intergovernmental Panel on Climate Change) on climate change (Part Ⅰ: Climate Change 2007, the Physical Science Basis)***. WMO, Geneva. http://www.iopcc.ch/

Jackson, J. B. C., et al. (2001): "Historical Overfishing and the Recent Collapse of Coastal Ecosystems". *Science* 293: 629~636.

Kurlansky, M. (2001): ***Cod: A Biography of the Fish that Changed the World***. Vintage.

Leier, M. (2007): ***Weltatlas der Ozeane (World Atlas of the Oceans)***. Frederking & Thaler, Munich.

Pauly, D., Christensen, V., Dalsgaard, J., Froese, R. and Torres, F. (1998): "Fishing Down Marine Food Webs". *Science* 279: 860~863.

Rahmstorf, S., and Ganopolski, A. (1999): "Long-Term Global Warming Scenarios Computed with an Efficient Coupled Climate Model". *Climatic Change* 43: 353~367.

Rahmstorf, S., and Schnellnhuber, H. J. (2006): ***Der Klimawandel (Climate Change)***. C. H. Beck Verlag, Munich.

Rodenberg, H.-P. (2004): ***See in Not. Die größte Nahrungsquelle des Planeten: eine Bestandsaufnahme (Oceans in Trouble. The Largest Source of Food on the Planet: Taking Stock)***. Marebuchverlag, Hamburg.

Royal Society, The (2005): ***"Ocean Acidification Due to Increasing Atmospheric Carbon Dioxide". Policy Document 12/05. http://***

www.royalsoc.ac.uk/displaypagedoc.asp?id=13539

Schnellnhuber, H. J., et al (2006): ***Avoiding Dangerous Climate Change***. Cambridge University Press, Cambridge.

Steffen, W., Sanderson, A., Tyson, P. D., Jäger, J., Matson, P. A., Moore III, B., Oldfield, F., Richardson, K., Schnellnhuber, H. J., Turner II, B. L. and Wasson, R. J. (2004): *Global Change and the Earth System: A Planet Under Pressure*. Springer, Berlin.

WBGU (2006): ***The Future Oceans-Warming Up, Rising High, Turning Sour. Special report. German Advisory Council on Global Change. http://www.wbgu.de/wbgu_sn2006_en.html***

Worm, B., et al. (2006): "Impacts of Biodiversity Loss on Ocean Ecosystem Services". *Science* 314: 787~790

그림 출처

그래픽은 모두 Peter Palm, Berlin.

그림 1-3은 Gill 1982; 그림 1-4는 Rahmstorf and Ganopolski 1999에 따름; 그림 3-3은 ⓒ Helge Thomsen; 그림 4-2는 Church and White 2006; 그림 4-4는 Archer 2007에 따름; 그림 4-5는 ⓒ British Antarctic Survey; 그림 4-7은 Emanuel 2005; 그림 6-1은 FAO의 데이터(www.fao.org)에 따름; 그림 8-3은 ⓒ Deutsche Meerwasser-Entsalzung e.V.; 그림 8-4는 ⓒ Greenpeace 2004

옮긴이의 말

우리는, 아니 나는 바다를 너무 모르고 있었다. 땅의 환경과 생태계에 관한 얘기는 많이 듣고 있으면서도, 정작 지구 시스템을 이루는 가장 큰 구성요소인 바다에서 일어나는 일에 관해서는 얼마나 알고 있었던가. 이 책의 지은이가 말하듯이, 우리가 바다를 걱정할 때란 대개 연안의 기름띠 오염 사고나 적조 현상, 물고기나 고래, 물개 같은 몸집 큰 바다 생물의 멸종 위기 등 우리 눈과 감정에 호소하는 일들에 눈길을 줄 때뿐이었던 것이 아닐까. 바다 환경에 지대한 영향을 끼치는 무수한 미생물과 플랑크톤 종들이, 우리가 내뿜는 이산화탄소와 상호작용하는 바닷물이 어떻게 역동적 변화를 겪고 또는 일으키는지에 관해선 너무도 둔감하지 않았던가. 아마도 우리가 바다가 아닌 육지에 살고 있기 때문일 것이다. 그러니 바깥에서 바라보는 바다는 늘 인간 중심의 관점으로 볼 때에만 눈에 띄는 대상이었을 것이다. 이 책의 지은이는 바다에 관한 중요하고도 흥미로운 과학적 사실을 제시하면서 우리의 둔감함을 일깨워준다.

책을 읽으면서 '보이는 바다'뿐 아니라 '보이지 않는 바다'를 볼 수 있는 새로운 눈을 얻었다. 책이 다시 보여주는 바다는 우리가 다 알지 못하는 복잡계이다. 탄소, 질소 같은 여러 원소의 지구적 순환을 일으키는 바다에서는 바람과 해류, 그리고 플랑크톤과 몸집 큰 물고기의 먹이사슬, 온실가스와 바다의 상호작용, 열과 염분의 이동 등이 시간과 공간 양 측면 모두에서 거대 규모로 일어나고 있다. 그런 복잡계에서 각 요소들이 보여주는 연결성 또는 얽히고설킴은 그동안 과학이 밝혀낸 중요한 사실로 부각된다. 식물플랑크톤의 생태가 수온·심해수·해류 등의 변화 및 바다 산성화와 어떻게 긴 연쇄사슬로 이어져 얽히고설켜 있는지, 그리고 식물플랑크톤의 변화가 대기와 육지의 기후 변화에 어떻게 연결돼 있는지를 이 책을 통해 비로소 알게 된다. 물론 이런 연결성은 현대 과학도 아직 충분히 밝히지 못한 것이 사실이다. 하지만 복잡계와 연결성은 이제 관심의 초점이 되고 있으며, 그런 복잡계에 인간 개입이 끼치는 영향은 실로 중요하고도 진지한 연구 주제이다.

책에서 강조하는 바다 규모의 거대함도 인상적이다. 거대한 바다는 인간이 일으키는 기후 변화를 묵묵히 받아들일 만한 용량을 지녔으며 또한 훌륭한 복원력을 갖추고 있다. 하지만 이러한 규모의 거대성은 일단 바다 환경과 생태계가 어떤 '문턱'을 넘어선 훼손의 단계로 치닫고 나면 더 이상 쉽게 복원력을 발휘하기 힘들다는 역설로 연결된다. 최근에 밝혀낸 과학적 사실들을 제시하며 바다 환경이 지구 시스템에서 얼마나 중요한지를 일깨우는 이 책은 우리 행성 지구를 이해하는 데 많은 도움을 줄 것이다. 좋은 책을 읽고 번역할 기회를 준, 그리고 서툰 번역을 교정하고 편집하느라 고생한 도서출판 길의 편집자들께 감사를 드린다.

2012년 3월

오철우